KB265732

서술형 글쓰기

박효정 지음

우리 아이 유형별, 학년별 글쓰기 지도법

초등1년부터 시작하는 서술형 글쓰기

초판 1쇄 인쇄 2011년 3월 11일
초판 1쇄 발행 2011년 3월 18일

지은이 박효정
펴낸이 김선식

Story Creator 박은정
Design Creator 김태수
Marketing Creator 권두리

3rd Creative Story Dept. 이선아, 박은정, 정지영, 홍다휘, 박고운
Creative Design Dept. 최부돈, 황정민, 김태수, 조혜상, 이성희, 김경민
Creative Marketing Dept. 모계영, 이주화, 김하늘, 권두리, 신문수
　　　　　Communication Team 서선행, 김선준, 박혜원, 전아름
　　　　　Contents Rights Team 이정순, 김미영
Creative Management Team 김성자, 김미현, 김유미, 정연주, 권송이, 서여주
Outsourcing 기획편집진행 손효진, 디자인 이인희

펴낸곳 (주)다산북스
주소 서울시 마포구 서교동 395-27번지
전화 02-702-1724(기획편집) 02-703-1725(마케팅) 02-704-1724(경영지원)
팩스 02-703-2219
이메일 dasanbooks@hanmail.net
홈페이지 www.dasanbooks.com
출판등록 2005년 12월 23일 제313-2005-00277호

필름 출력 스크린그래픽센타
종이 신승지류유통(주)
인쇄 · 제본 (주)현문

ISBN 978-89-6370-529-3 13590

"글쓰기 안 하면 안 돼요?" 라고 묻는 우리 아이, 서술형 시험 어떻게 대비해주죠?

인류 역사가 시작된 이래 아이에 관한 모든 책임을, 지금처럼 엄마 혼자 짊어져야 했던 때는 없었습니다. 선사시대에는 공동체 생활을 하며 마을 사람들이 같이 아이를 키웠고, 아이들은 산과 들로 뛰어다니며 삶의 많은 부분을 스스로 깨우쳤습니다. 가까운 조선시대만 하더라도 교육은 아빠, 예절은 할아버지 할머니, 생활 규범은 동네 어른들이나 형들을 통해 자연스레 배웠고, 엄마는 아이가 속상한 일은 없는지, 배가 고프지는 않은지 정도만 살펴주면 되었지요.

하지만 지금은 이 많은 사람들이 나누어졌던 짐을 엄마 혼자 짊어지고 있습니다. 공부도 시켜야 하고, 특기적성도 살려줘야 하며, 성격

좋은 아이로 크는지, 책을 집중해서 읽는지, 미래를 어떻게 설계해야 할지도 엄마가 챙겨야 합니다. 이뿐입니까? 키가 잘 크고 있나, 왕따를 당하지는 않나? 영어가 뒤떨어지지는 않나? 더 가르칠 것은 없나? 살필 게 한둘이 아닙니다. 이 모든 걸 엄마 혼자 해나가야 하죠. 엄마들, 지쳐서 나가떨어질 만합니다. 아니, 엄마들이 무슨 초능력자협회 사람들입니까? 어떻게 이걸 혼자 다 하라는 겁니까?

그런데 이건 또 무슨 날벼락! 이젠 초등학교 아이들 시험에 서술형, 논술형 문제가 나온답니다. 문제집 풀도록 시키는 것도 힘들어죽겠는데 서술형, 논술형 글쓰기는 어떻게 준비시켜야 하나요? 답답하고 속상하고 방법을 몰라 막막한 가슴으로 무릎이 팍 꺾이시는 엄마들을 현장에서 너무나 많이 만납니다. 엄마들은 묻습니다.

"뭘 어떻게 해줘야 해요?"

실은 글쓰기라는 것이 자신을 표현하고 드러내는 일이라 신나게 푸하하하 웃으며 할 수도 있는 건데, 마음속에 들어있는 신나고 예쁜 모습이 글을 통해 나오기도 전에 윽박지르고 야단치는 잘못된 교육 방법을 먼저 만나서 글 쓰라는 소리만 들어도 주눅 들고 위축되는 아이들 역시 셀 수 없이 많이 만납니다. 아이들은 말하죠.

"선생님, 글쓰기 안 하면 안 돼요?"

자, 이제 우리 내려놓자고요. 글쓰기란 진저리나게 괴로운 일이고, 하기 싫은 숙제고, 무서운 시험이라는 잘못된 신념! 다 싹싹 모아 분리수거통에 던져버립시다. 재미난 글쓰기는 노래방에서 노는 것보다

속 시원하고, 놀이동산 롤러코스터보다 짜릿합니다. 엄마가 약간만 노력하면 아이와 함께 깔깔 웃으며 글쓰기를 할 수 있고, 신나게 엄마와 함께 놀고 난 아이는 논리력과 창의력이 쑥 자라서 그까짓 서술형, 논술형 문제쯤은 허들 뛰어넘듯 훌쩍 뛰어넘어 버릴 수 있습니다.

압니다. 뭘 더 해주기도 지치고 힘든 지금의 상황. 저도 아이를 키우는 엄마인데 모를 리 있나요. 하지만 글쓰기 지도는 엄마만이 해줄 수 있습니다. 학원 선생님은 절대로 봐줄 수 없는 것이 글쓰기입니다 (왜 그런지는 본문에 나와있어요.).

글쓰기를 가르치는 선생이지만 엄마이기도 한 제가 항상 고민한 결과가 이 책입니다. 엄마와 아이의 성격을 파악해 글쓰기 궁합을 맞추고, 학년별로 꼭 익혀야 하는 글을 마스터하면서 한발씩 오르면 어느새 가장 높은 봉우리에 올라있게 됩니다.

어렵지만, 힘들지만, 조금만 더 힘을 내서 우리 아이가 글과 친한 아이가 되게 해준다면 논리적이고 현명한 아이, 만들 수 있습니다. 서술형, 논술형 문제, 막힘없이 쓰도록 할 수 있습니다. 100만 원짜리 과외선생 없이도 어렵다는 논술시험 볼 수 있습니다.

엄마에게 모든 책임을 전가시키는 '이 더러운 세상!'에 홀로 맞서며, 어려움 속에서도 힘을 내서 아이를 성장시키려고 노력하는 이 땅의 모든 엄마들께 마음을 다해 박수를 보냅니다.

이 책이 그 열정과 노력에 작은 힘을 보탤 수 있기를 바랍니다.

– 봄바람 향긋한 날 박효정

차 례

수업을 시작하기 전에 "글쓰기 안 하면 안 돼요?"라고 묻는 우리 아이, 서술형 시험 어떻게 대비해주죠? · 005

1장 집에서 배워야 서술형 시험 만점받아요

01 글쓰기가 가정에서 시작되어야만 하는 이유 · 014
많은 사람들이 글쓰기에 주목하는 이유가 뭘까요? · 016
엄마들이 아이를 어떻게 도와줄 수 있을까요? · 020

02 글쓰기를 지도하기 전에 준비할 일 · 022
옆집 엄마 말에 귀를 닫을 것! · 022
신뢰감 형성이 일차 목표! · 025
작은 글, 자주 접촉하게 하라 · 027

03 글을 쓰는 것은 집을 짓는 것 · 034

2장 우리 아이 유형별 글쓰기 지도

01 **사교형** · 048
사교형의 특징 · 048
내가 사교형 엄마라면 · 053
사교형 우리 아이 글쓰기 지도 · 055

02 **주도형** · 060
주도형의 특징 · 060
내가 주도형 엄마라면 · 063
주도형 우리 아이 글쓰기 지도 · 066

03 **신중형** · 071
신중형의 특징 · 071
내가 신중형 엄마라면 · 075
신중형 우리 아이 글쓰기 지도 · 077

04 **안정형** · 082
안정형의 특징 · 082
내가 안정형 엄마라면 · 085
안정형 우리 아이 글쓰기 지도 · 087

3장 우리 아이 학년별 글쓰기 지도

01 **1학년 때 알려주자! 일기** · 096
1학년 아이들은 어떤 특징을 가지고 있을까요? · 096
1학년 우리 아이, 어떻게 도와줄까요? · 098

일기, 왜 필요한가요? · 101

일기, 어떻게 시작할까요? · 110

이렇게 다양한 일기가 있어요? · 116

일기 쓸 때 이것만은 챙기자! · 131

일기 쓰기 싫은 우리 아이, 상황별 대처법 · 134

일기 쓰기를 시키는 우리의 자세 · 155

02 2학년 때 보여주자! 독서 · 162

2학년 아이들은 어떤 특징을 가지고 있을까요? · 162

2학년 우리 아이, 어떻게 도와줄까요? · 164

독서, 모든 문제의 해결책일까? · 168

독서를 시키는 우리의 자세 · 192

03 3학년 때 잡아주자! 독후감 · 200

3학년 아이들은 어떤 특징을 가지고 있을까요? · 200

3학년 우리 아이, 어떻게 도와줄까요? · 203

왜 독후감을 써야 할까요? · 205

쉽게 독후감 쓰기 · 209

미치게 재미있는 독후활동 · 215

아이가 책을 안다는 것은 · 220

04 4학년 때 느끼자! 시 · 225

4학년 아이들은 어떤 특징을 가지고 있을까요? · 225

4학년 우리 아이, 어떻게 도와줄까요? · 227

시를 쓰기 전에 · 231

시 쓰기의 원칙 · 240

시를 다 쓰고 나서 확인할 것들 · 258

05 5학년 때 설명하자! 설명문 · 264

5학년 아이들은 어떤 특징을 가지고 있을까요? · 264

5학년 우리 아이, 어떻게 도와줄까요? · 266

설명문이란 어떤 글인가요?　·　269

설명문 직접 써보기　·　279

설명문을 다 쓰고 나서 확인할 것들　·　281

06　6학년 때 주장하자! 논설문　·　286

6학년 아이들은 어떤 특징을 가지고 있을까요?　·　286

6학년 우리 아이, 어떻게 도와줄까요?　·　288

논설문이란 어떤 글인가요?　·　291

논설문의 형식　·　296

논설문 직접 써보기　·　302

논설문을 다 쓰고 나서 확인할 것들　·　305

07　글에 화룡점정을 찍는다! 첨삭　·　310

08　이렇게 쉬웠네! 원고지 사용법　·　321

수업이 끝나고 나서　우리는 엄마이기 때문에 할 수 있습니다. 엄마니까요!　·　331

〈글쓰기 지도 완벽정리 TIP〉

글쓰기의 시작, 이런 방법 어때요?　·　030

백일장, 이렇게 준비하자　·　038

엄마의 말투, 아이의 정신세계를 만든다　·　159

초등 저학년 서술형, 논술형 문제 격파하기!　·　197

언어와 사고의 관계, 이렇게 막강하다　·　222

시 쓰기, 이렇게 하니 너무 쉬워요!　·　260

시 쓰기, 이렇게 하면 안 돼요!　·　262

초등 고학년 서술형, 논술형 문제 격파하기!　·　283

아이가 자신의 목소리를 가지려면　·　306

부록　·　338

집에서 배워야 서술형 시험 만점받아요

글쓰기가 가정에서 시작되어야만 하는 이유

우리는 살면서 "아, 제가 다른 건 몰라도 노래는 좀 부릅니다."라며 노래방에서 실력을 보여주겠다는 사람을 만나기도 하고, "내가 무사고 운전 15년이거든?" 하면서 운전 실력을 자랑하는 사람을 만나기도 합니다. 그런데 혹시 "제가 글을 참 잘 쓰거든요. 글쓰기 실력은 다른 사람한테 안 뒤져요."라는 사람 만나본 적 있으신가요? 생각이 안 나시지요? 그래요. 우리는 그런 사람을 만나본 적이 없습니다. 왜 자신을 드러내는 것이 미덕인 시대에 자기가 글을 잘 쓴다고 말하는 사람은 없는 걸까요?

그 이유는 바로 '글이 자신의 내면을 다 보여준다는 것, 글쓰기가

자신을 완전히 드러내는 일이라는 것'을 우리가 무의식중에 알고 있기 때문입니다. 글은 다른 어떤 일보다도 나를 확실하게 드러내는 일입니다. 내 자신이 어떤 사람인지 다른 사람에게 내 속이 드러나게 될까 봐 사람들은 글쓰기를 두려워하지요.

어떤 사람이 써놓은 글을 보면 그 사람이 덤벙대는 사람인지, 분석적인 사람인지, 잘난 척을 하는 사람인지, 삶에 고민이 많은 사람인지 금방 알 수 있답니다. 그 사람이 환경문제에 관심이 많은지, 재테크에 관심이 많은지, 아이 교육 때문에 속을 끓이고 있는지도 알 수 있지요. 은연중에 이러한 사실들이 글에 드러나기 때문이에요.

사실 고스톱을 치거나 운전을 할 때도 그 사람의 숨은 본성이 좀 나옵니다만, 글만큼 그 사람을 잘 보여주는 매체는 없어요. 말로는 번지르르하게 남을 속일 수 있지만 글은 그럴 수 없습니다. 워낙 글이 가진 속성이 정직하기 때문이지요. 글을 보면 그 사람을 알 수 있습니다.

자, 그런데 말이지요. 우리가 살았던 시대에는 글이 그렇게 중요하지 않았습니다. 30여 년 전만 하더라도 학생 한 명보다는 학급이, 학급보다는 학교가, 학교보다는 사회 전체가 중요하게 생각되던 전체주의 사회 속에 살지 않았습니까? 그때는 개개인의 능력과 가능성이 존중받지 못했던 시대였지요. 그러므로 우리 세대는 선생님 말씀을 열심히 듣고 문제집을 열심히 풀고 교과서 달달 외워서 전체 속에서 몇 등 안에만 포함되면 좋은 대학도 들어가고 좋은 회사도 들어갈 수 있었습니다. 학교 다닐 때 연애편지로 특기 적성을 살린 어머님들도 계시겠지만 그 외에는 글을 써서 각광받는 일은, 작가가 되는 게 아니라면 필요가 없는 사회에 살았지요. 그만큼 자신을 보여줄 필요가 없는 사회 속에서 우리는 살았습니다. 그러나 우리 아이들이 살아갈 사회는 전혀 다릅니다. 요즘은 초등학교에 입학하면서부터 '네 생각이 무엇이냐?'를 묻습니다. 1학년 때부터 책을 읽고 자신의 생각을 적어 학교 홈페이지에 독서인증을 받아야 하고 5~6학년이 되면 시험도 서술형, 논술형으로 봅니다. 서울시 교육청은 2010년 4월부터 치르는 1학기 중간고사부터 서술형, 논술형 문제를 일정비율 이상 출제하도록 의무화했습니다. 중·고생은 답안 분량이 300~500자 이상으로 긴 논술형 문제의 비율을 50%로 확대 시행키로 했습니다(〈중앙일보〉 2010년 1월 20일 자).

앞으로는 문제집을 달달 외우는 시험이 점점 줄어들고 자신의 생각을 글을 통해 드러낼 기회는 점점 늘어날 것입니다.

많은 사람들이 글쓰기에 주목하는 이유가 뭘까요?

대학에서 객관식 시험으로 아이를 뽑던 우리시대에는 이 아이가 문제집을 달달 외워서 시험을 잘 본 아이인지, 정말 똑똑해서 시험을 잘 본 아이인지 알아낼 방법이 없었습니다. 그러니 이런 방법으로는 창

의력 있는 인재를 선별해낼 수가 없었지요. 하지만 지금의 대학이 진정 원하는 것은 성적은 좀 부족하더라도 창의력과 가능성을 가진 인재들이 입학하는 것입니다. 그래야만 그 인재들이 학교의 위상을 드높일 테니까요. 이러한 이유 때문에 옛날 방식으로는 더 이상 학생을 뽑을 수는 없게 된 것이요. 자, 그래서 논술이 등장한 것입니다.

"네 생각을 보겠다. 네가 어떤 생각을 하는 녀석인지 우리한테 보여라." 이것이 논술의 핵심입니다. 이는 창의력 있는 인재를 뽑는 가장 바람직한 방식입니다. 사실 외국의 선진 대학들은 아주 오래전부터 이러한 방식으로 아이를 뽑고 있습니다. 프랑스의 예를 들자면 바칼로레아를 보고, 이 바칼로레아 점수가 대학을 결정합니다. 바칼로레아는 '철학이 세상을 바꿀 수 있는가? 기술이 인간의 조건을 바꿀 수 있는가? 과거에서 벗어날 수 있다면 우리는 자유로운 존재가 될 수 있는가?'와 같은 매우 높은 철학적 사고를 필요로 하는 문제들을 출제하고, 그 문제를 누가 얼마나 타당성 있게 논증해내느냐를 보는 시험이지요. 프랑스 옆 나라 영국도 중·고생의 거의 모든 시험을 논술형 주관식으로 봅니다. 〈금발이 너무해〉라는 영화에서 멋만 짤짤 내면서 강아지를 데리고 다니는 여자 주인공이 하버드 법대에 입학하는 것 보셨지요? 이것이 자신을 보여주는 논술의 힘입니다.

논술은 아이의 현재 점수를 보는 시험이 아니라 아이의 가능성을 보는 시험입니다. 논술은, 정부정책에 따라 그 비중이 줄었다 늘었다 하며 널은 뛰겠지만 결국 대학이 아이를 선별하는 가장 막강한 도구가 될 것입니다.

　그런데 여기서 우리가 오해하는 사실이 하나 있습니다. 논술에 필수적인 '논리성'이 학원에서 키워진다는 오해지요. 물론 입시 논술에 필요한 스킬의 일부는 학원에서 갈고닦으면 좋아지는 것도 있습니다. 하지만 논술시험에서 가장 중요한 것은 '스킬'이 아닙니다. 논술을 보는 목적이 그 아이의 생각을 들여다보는 것이기 때문에 논술을 통해 아이는 자신이 가진 논리력과 창의적 사고를 드러내야 합니다. 그런데 이 논리력과 창의적 사고는 절대로 학원 의자에 쪼그려 앉아서는 키워질 수 없습니다.

　창의력은 아이가 자신의 환경에서 많은 자극을 받고, 그 자극을 자유롭게 사고할 때 만들어집니다. 이 사고를 한층 발전시키면서 논리력이 자라는 것이고요. 결국 창의력과 논리력은 가정에서 키워집니다. 가정에서는 돌봐주지 못하지만 좋은 학원에 맡기니까 안심하고 계신다구요? 천만에요. 절대 학원이 그런 일을 대신해줄 수는 없습니다. 아무리 능력이 뛰어나고, 강의료가 비싼 강사도 아이의 창의력과 논리력을 높여줄 수는 없습니다. 창의력과 논리력은 자신의 생활 속에서 자신의 태도를 반성하고 성찰하면서 만들어지는 것이기 때문입니다.

　엄마 아빠와 손잡고 숲 속을 걸으며, 나무와 풀이 각자 어떻게 자신을 보호하고 살아가는지를 눈으로 보고 직접 만져보면서 창의력이 싹 틉니다. 이렇게 알아낸 사실들을 집에 와서 책을 찾아보고, 궁금한 것

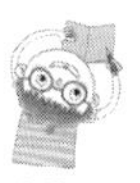

을 주변 사람들에게 물어보는 과정을 통해 더 깊은 지식을 습득하고, 그 사이에서 생긴 의문들을 풀어내려고 더 많은 자료를 찾으면서 논리력이 생깁니다. 이런 과정 없이 '학원 선생님이 다 알아서 해주겠지…….' 하신다면, 우리 아이가 좋은 대학을 가는 것은 포기하세요. 지금 우리의 아이들이 대학을 가는 시기에는 아이의 가능성을 들여다보고자 하는 논술과 입학사정관 전형은 더욱 늘어날 테니까요.

물론 좋은 대학을 가는 것이 인생의 성공을 담보해주지는 않습니다. 대학을 나오지 않고도 성공해서 많은 사람의 모범이 되는 사회인이 얼마나 많습니까? 저부터도 제 아이가 "엄마, 저는 머리 만지는 게 적성에 맞아요. 대학에 진학하지 않고 미용사가 될래요."라고 한다면 그러라고 할 겁니다. 아이가 적성에 맞는 일을 찾았다니 같이 기뻐해야지요. 그럼 미용사가 될 아이에게나 축구선수가 꿈인 아이에게는 논리력과 창의력이 필요 없는 것일까요? 그렇지 않습니다. 미용사가 되어 손님의 머리를 만질 때 어떻게 하면 손님과 어울릴지 창의적으로 생각해야 하고, 손님과 문제가 생겼을 때 손님을 설득해서 이해시키는 논리력도 필요하겠지요. 머리 자르는 기술만 좋다고 좋은 미용사가 될 수는 없습니다. 공만 잘 찬다고 좋은 축구선수가 되나요? 히딩크 감독이 우리 대표팀 감독을 처음 맡았을 때 "한국 국가대표 선수들은 공만 열심히 차는 기계 같다."라고 말했던 것 기억나시지요? 축구에도 창의력 있는 감각과 논리적인 패스가 필요합니다.

어떤 남자가 프러포즈하는 장면을 떠올려보자고요. 이 남자는 사랑하는 여자에게 자신과의 결혼이 지금보다 더 나은 삶을 줄 것이라는 것을 논리적으로 설득해야 하지 않겠어요? 그래야 여자가 남자와의 결혼을 결심할 것 아닙니까? 낭만만이 존재할 것 같은 이 순간에도 논리력이 필수입니다.

이처럼 우리 인생의 매 순간, 선택의 상황을 만날 때마다 필요한 것이 창의력과 논리력입니다. 그러므로 만일 우리가 아이들에게 창의적인 사고력과 논리적인 힘을 유산으로 물려줄 수 있다면, 그래서 우리의 아이들이 이 막강한 힘을 가지고 자신의 생각을 드러내는 글쓰기를 어렵지 않게 하면서 일생을 살아갈 수 있다면, 이건 몇 억짜리 아파트를 유산으로 남겨주는 것보다 훨씬 유익한 일이 될 것이라고 확신합니다.

엄마들이 아이를 어떻게 도와줄 수 있을까요?

그 해답을 찾아 지금부터 같이 떠나겠습니다. 우리 아이에게 이러한 사고력의 힘을 키워주는 일은 아주 길고 어려운 작업입니다. 십 년이 넘게 걸리는 프로젝트지요. 아이에게 처음으로 책을 읽어주는 순간부터 시작해서, 아이가 엄마의 그늘에서 벗어나는 순간까지 이 일은 계속됩니다. 그러나 이 책에서는 엄마의 손이 절실히 필요하고 글쓰기의 스트레스를 직접적으로 받는 초등학년 시기를 집중적으로 다룰 것

입니다. 이 시기에만 엄마가 아이를 잘 다져줘도 아이는 그 이후에 스
스로 책을 읽거나 글을 쓰면서 자신의 창의력과 논리력을 스스로 키
워나갈 테니까요.

02 글쓰기를 지도하기 전에 준비할 일

옆집 엄마 말에 귀를 닫을 것!

모든 아이는 성향이 다르고 성장 과정이 다르고, 학습의욕이나 삶의 경험도 다른 각각의 개체입니다. 그러므로 아이에게 어느 시기에 어떤 것을 꼭 해야만 한다거나 이 시기에는 이 정도는 해야 한다는 객관적 기준이란 있을 수 없는 거죠. 교육학의 기본 모토는 '아동의 개별성을 인정하라.'입니다. 언어적 능력이 뛰어나서 일찍 글쓰기를 시작하는 아이도 있고, 글쓰기는 서툴지만 공차는 능력이 뛰어난 아이도 있습니다. 그런데 우리는 모든 아이에게 공통의 기준을 적용합니다.

일주일에 세 번씩 일기를 쓰고, 일주일에 한 편 권장도서를 읽고 독후감을 써서 독서인증을 받으라는 것이 그것이죠. 더 문제인 것은 매우 뛰어난 아이에게 그 기준이 맞추어져 있다는 사실입니다. 조금 뒤처지고 느리게 시작하는 아이를 기다려줄 여유가 없습니다.

학부모 모임에서 잘하는 아이 얘기를 잔뜩 듣고 온 엄마는 말합니다. "405호 윤정이는 1학년인데 벌써 혼자 일기도 척척 알아서 쓰고 독후감도 일주일에 세 편씩 쓴단다. 너는 뭐 하는 거야! 오늘부터 너도 책 읽고 독후감 좀 써!" 아이는 다른 아이와 비교를 당하며 주눅이 듭니다. 글쓰기의 자존감이 점점 낮아지죠. 그렇지만 입장을 바꿔놓고 생각을 해보자고요. 남편이 내가 차린 밥상에 앉아 얘기하는 겁니다. "이 차장 마누라는 약국하면서 돈도 잘 버는데다가 집에 가면 밥상도 끝내주게 차려놓고 기다린다더라. 당신은 집에서 하는 일도 없으면서 밥상이 이게 뭐냐? 에이 밥맛없어. 잘 좀 해!" 그럼 그 얘기를 듣고 '아, 그렇구나. 나는 부족한 것이 많은 마누라였구나. 이제부터 더 열심히 남편 밥상을 차려야겠다.' 하고 생각하시는 분, 설마 안 계시겠지요?

"어이구! 그렇게 좋으면 이 차장 마누라랑 결혼하지 왜 나랑 했냐? 돈도 쥐꼬리만큼 갖다 주는 주제에. 내 밥상 싫으면 네가 차려먹어!" 이런 소리가 절로 나오겠죠? 그리고 다음날부터는 밥상 차리기가 딱 싫어집니다. 남편이 내가 하는 일을 이렇게 안 알아주는데 인생의 의미를 어디서 찾나 싶은 서글픈 마음도 들고, 지금까지 살림하며 바친

내 청춘이 다 억울해집니다.

아이들도 마찬가지예요. 아이는 엄마에게 인정받고 싶고 칭찬받고 싶어서(아이가 가장 인정받고 싶어하는 존재는 절대적으로 엄마거든요.) 나름대로 노력을 했는데 엄마가 야단을 친다거나 다른 아이와 비교를 하면 맥이 쭉 풀리면서 서글프고 억울하고 정말 다시는 글 같은 것은 쓰기 싫어집니다. 글쓰기에 재미를 붙이기도 전에 글쓰기로부터 완전히 멀어지지요. 어쩌면 우리가 아이들이 글쓰기 싫어하게 만드는 주범인지도 모릅니다.

그런데 이런 어머님들 계실지도 몰라요. "아니 아무리 그래도 학교에서 하라는 건 해가야 할 것 아니겠어요? 방학 중에 일주일에 세 편 독후감 쓰기가 있는데 어떻게 해요. 저도 좋아서 시키는 거 아니라고요." 저는 묻고 싶습니다. 일주일에 세 편씩 독후감 쓰라고 숙제 내주신 선생님, 선생님은 일주일에 세 편 책 읽고 독후감 쓰실 수 있으세요? 일주일에 독후감 세 편은 어른도 감당하기 어려운 과제입니다. 이런 어려운 일을 태어난 지 겨우 7~8년 밖에 안 된 아이들한테 시키다니요. 이런 방학 숙제 내주는 학교들, 각 시ㆍ도 교육청에 고발하고 싶은 마음입니다.

우리 아이가 감당할 수 없는 숙제를 학교에서 내 준다면 과감하게 거부하세요. 무조건 안 해가라는 얘기가 아니라(숙제를 안 하면 안 되겠지요?) 예를 들어 일주일에 세 편 이상 독후감 쓰기가 숙제라면 독후감을 독후활동으로 바꿔서 독후활동 결과물을 가지고 가는 방법이 있

습니다. 저도 저희 아이 1학년 때 독후감 숙제가 많아서 독후활동 한 것을 묶어 포스트잇에 '독후감 대신 독후활동 한 것을 가지고 왔습니다.'라고 붙여서 보냈습니다. 선생님한테 혼이 났을까요? 천만에요. 아이의 독후활동 결과물은 방학과제물 전시회에 전시되었습니다. 만약 일기 쓰기 때문에 힘들어하면 선생님께 전화를 드려서 양해를 구하세요. "아이가 일기 쓰기 때문에 너무 힘들어합니다. 성심껏 쓰도록 지도할 테니 일주일에 한 번만 쓰게 하면 안 될까요?" 엄마가 이런 성의를 보이는데 안 된다고 하면서 애 야단치시는 선생님 없습니다. 오히려 '아, 엄마가 아이 교육에 관심이 많구나.' 하고 아이를 관심 있게 봐주시지요.

자, 옆집 애 글 잘 쓰는 것에 우리 아이 비교해서 열 받지 말자고요. 나중에 누가 정말 글을 잘 쓰게 될지 모르는 거니까요. 좀 늦되더라도 우리 아이가 천천히 즐겁게 갈 수 있도록 엄마가 보호막이 돼주어야지요.

신뢰감 형성이 일차 목표!

글은 마음을 여는 일입니다. 처음 만난 사람에게나 별로 친하지 않은 사람에게, 또는 싸워서 사이가 나빠진 사람에게 구구절절 자신의 마음을 털어놓는 사람은 설마 없겠지요? 마음을 열고 자신의 생각을 털어놓는다는 것은 두 사람간의 신뢰가 매우 두터울 때 비로소 가능한 일입니다. 아이가, 자신을 그저 한 명의 학생으로 대하는 학원 선생님 앞에서 좋은 글을 쓸 수 없는 가장 큰 이유입니다. 아이들은 자신을 믿어주고, 사랑해주고, 지지해준다는 확신, 어떤 글을 써도 야단맞지 않는다는 확신이 생겨야만 서서히 마음의 문을 열고 자신이 가지고 있는 놀라운 재능을 '반짝!' 하고 보여줍니다. '저 친구는 내가 한 이야기를 어떤 곳에 가서도 발설하지 않을 것'이라는 무한 신뢰가 있어야 내가 가진 비밀을 털어놓는 것처럼 말입니다.

그래요. 아이에게 믿음을 보여주세요. 아이가 '제대로 못 쓴다고 등짝을 맞겠지. 이렇게밖에 못 쓴다고 야단을 맞겠지.'라고 공포에 떨면서 글쓰기를 시작하지 않고, '어떤 얘기를 써도 엄마가 재미있게 읽어주겠지.'라는 믿음을 가지는 것이 중요합니다. 아이 글에 깔깔 웃어주고, 글씨가 너무 예쁘다고 감탄해주고, 공감해주고("정말 이때 이런 기분이었어? 속상했겠다."), 감동하고 인정해주는("우와! 우리 딸 이러다가 세계적인 작가가 되는 거 아니야?") 엄마! 글 잘 쓰는 아이를 만들겠다는 과제 앞에 반드시 선행되어야 할 전제조건입니다.

엄마한테 왕창 야단맞은 아이가 울면서 수학 문제는 풀 수 있습니다. 엄마를 원망하는 마음을 가득 담고 문제집을 풀 수는 있어요. 그러나 글은 못 씁니다. 글은 마음을 열어야만 시작할 수 있는 일이니까요. 글 못쓴다고 아이 야단치고 울리지 마세요. 글 점점 더 못씁니다.

잊지 마세요. 글쓰기를 지도하기 전에 엄마와 아이는 반드시 서로를 믿고 사랑하는 사이어야 한다는 것을!

작은 글,
자주 접촉하게 하라

아주 비싼 달팽이 요리나 입맛을 당기는 양념치킨도 두세 번 먹으면 질리는데 된장찌개는 매일 먹어도 질리지 않은 이유가 무엇 때문일까요? 그것은 우리가 아주 어렸을 때부터 자주 먹어왔기 때문입니다. 그렇지만 된장찌개를 먹고 자라지 않은 외국인에게 매일 된장찌개를 준다면 그보다 더 큰 고문이 없겠지요? 어릴 때의 경험은 이렇게 중요하지요.

글이란 자꾸 먹어봐야 그 맛을 아는 된장찌개 같은 존재입니다. 아이가 어릴 때부터 작은 글을 많이 접해보고 글이 주는 좋은 점을 깨닫는다면 글 쓰라는 잔소리 안 해도 스스로 쓰게 된답니다. '작은 글'이 뭐냐고요? 예를 들면 이런 거예요. 아이가 유치원 다닐 때 꼬불꼬불한 글씨로 적어온 카드 기억나시지요? "엄마 저를 위해서 매일 밥도 해주시고 빨래도 해주셔서 감사합니다. 더 착한 어린이가 될게요." 이게 바로 작은 글입니다. '작은 아이가 고사리 같이 작은 손으로 적은 글' 저는 이런 글이 너무 예뻐서 '작은 글'이라고 부른답니다. 이런 작은 글부터 시작해서 아이들은 차츰 긴 글로 옮겨가게 되지요. 작은 글을 통해서 칭찬도 받고 지지도 받고 속상한 마음도 털어놓고 억울함도 호소해봤던 아이는 긴 글을 쓸 때 크게 거부감을 가지지 않습니다. 대체로 여자 아이들이 남자 아이들보다 글쓰기를 쉽게 받아들이고 거부감도 적은 것은 바로 이런 이유 때문입니다. 여자 아이들은 '엄마, 아빠께' 이런 글들도 더 자주 쓰고 친구들끼리도 쪽지 보내기, 비밀일기 쓰기 같은 것을 많이 하잖아요. 그러니 긴 글에 거부감이 작을 수밖에요. 이런 글들로 충분히 트레이닝 시키지 않은 상태에서 바로 독후감을 쓰라고 들이미는 것은 운동이라고는 해본 적이 없는 사람에게 풀코스 마라톤을 달리게 하는 것과 같습니다. 뛰기도 전에 포기하게 만들든지 뛰다가 쓰러지든지, 둘 중 하나지요. 아이에게 너무 감당하기 어려운 일이에요.

자, 이제부터 아이가 작은 글을 많이 접하게 해주자고요. 그러기 위해서는 아이가 쓴 글에 강호동 씨의 호들갑을 능가하는 액션으로 칭찬과 감동을 해주는 것이 우선이구요. 엄마도 작은 글을 써서 아이에게 전해야 합니다. 아이에게 전할 말이 있으면 써서 식탁 위에 올려놓고, 야단치고 싶은 게 있으면 잔소리로 하지 말고 '너의 이런 행동 때문에 엄마가 너무 속상하다. 엄마 마음이 울고 있다. 네가 이런 행동을 다시는 안 해주었으면 좋겠다. 너의 답장 기다릴게.'라고 쓴 쪽지를 아이 필통 속에 넣어보면 어떨까요? 아이가 엄마가 쓴 글을 반복해서 읽으면서 반성할 시간도 주고, 알림장에 아이 모르게 '네가 보고 싶어서 엄마 눈이 튀어나오고 있어. 빨리 집으로 달려와서 네 예쁜 얼굴 보여줘!'라고 포스트잇을 붙여놓아서 아이를 웃겨주고, 집을 비울 일이 있으면 '엄마가 급한 일이 있어 잠깐 나가거든. 바람처럼 달려오고 있는 중이니까 잠깐만 기다려줘. 냉장고에 맛있는 간식 있으니 찾

아보렴. 숨겨놓았지~'라고 쓴 종이를 냉장고에 붙여놓는 식으로, 아이에게 글이 얼마나 많은 일을 하는지 자연스럽게 느끼게 해주는 겁니다. 엄마와 이런 경험을 나누었던 아이는 친구와 싸웠을 때 친구에게 사과의 편지를 씁니다. 자기도 모르게 그렇게 하는 것이지요. 글쓰기가 숙제가 아니라 삶의 꼭 필요한 도구라는 생각을, 아이가 자연스럽게 하도록 도와주세요.

글쓰기의 시작, 이런 방법 어때요?

집에서 글과 친해질 수 있는 방법들을 몇 가지 알려드릴게요. 이런 방법들은 시도하기가 어렵지는 않지만, 꾸준히 하는 것은 생각보다 어렵습니다. 몇 번 하다가 흐지부지되기 쉽지요. 하지만 참고 계속 하시다 보면 확실하게 효과를 보는 방법들이니까 꾹 참고 몇 달만 지속적으로 해보세요. 아이를 위해서라면 뭐든지 할 수 있는 우리나라 엄마의 의지로 이까짓 거 못하겠습니까?

① 식탁 위에 포스트잇을 놔두고 할 말이 있는 사람은 냉장고에 포스트잇으로 써서 붙여놓습니다. 또는 문구점에서 파는 작은 칠판을 신발장 앞에 붙여서 서로에게 문자 메시지를 보내는 것도 좋고요. 디지털 시대에 참으로 아날로그적 방법입니다만 아이가 스스로 글을 쓰게 하는, 의외로 좋은 방법입니다.

② 가족끼리 번갈아 쓰는 돌림노트를 식탁 위에 올려놓습니다. 이런 노트, 학창시절에 써본 적 있으실 거예요. 학과 사무실에도 놔두고 오가는 사람 누구나 쓰게 해서 서로 만나지 못하더라도 서로의 기분이나 근황을 알게 하고 그랬었잖아요. 자주 만나지 못하지만 각자 있었던 일을 쓰면서 서로 위로도 해주고 웃어주기도 하는 거예요. 노트 안에서요. 처음에는 아이가 잘 협조하지 않더라도 부모님이 먼저 열심히 쓰시면 서서히 참여

할 겁니다. 나중에는 가족의 훌륭한 자산이 됩니다.

③ 어느 날 아이들이 서로 대판 싸웁니다. 그리고는 와서 엄마한테 이르지요. "형이 먼저 나를 때렸다고요." "네가 먼저 내 레고 부쉈잖아!" 이런 싸움의 특징은 끝이 안 난다는 거지요? 엄마가 형 편을 들자니 동생이 억울할 것 같고, 동생 편을 들자니 형이 기가 죽을 것 같습니다. 그때는 이렇게 말하는 거예요. "각자 방에 가서 무슨 일이 있었는지 자세하게 써와. 글을 읽어보고 누가 벌을 받을지 판단하겠어." 아이들이 엄마한테 인정받는 글을 쓰기 위해 각자의 방으로 쏜살같이 사라지지요. 집이 갑자기 조용해지면서 전쟁터 같은 집안에 평화가 찾아옵니다. 아~ 행복하네요. 아이들이 글을 써 오면 사건의 진실은 일단 덮어두시고 글만으로 평가해서 벌을 주세요. 벌을 받은 아이는 억울해서 울겠지만 다음에는 기필코 잘 써서 이 억울함을 갚겠다고 벼르게 되지요. 글쓰기 실력의 일취월장은 시간문제입니다.

④ 어느 날 아이가 무언가를 사달라고 조릅니다. 꼭 필요하다고 징징거리지요. 그럼 말하세요. 그 물건이 꼭 필요한 이유를 다섯 가지 이상 써가지고 오라고요. 아이가 '그냥 갖고 싶으니까, 친구들은 다 가지고 있으니까' 같은 이유를 써 온다면 과감하게 거부하세요. 이런 것은 꼭 필요한 이유가 될 수 없다고 분명히 못을 박는 겁니다. 그렇게 꼭 갖고 싶다면 이유가 있어야 한다는 것을 말해주세요. 이 과정은 아이의 논리성을 자라게 하는 데 매우 효과가 좋습니다. 엄마를 설득하기 위해서는 그 이유가

합당해야 하는데 이것은 토론에서 반드시 필요한 '상대방을 설득하는 능력'이기 때문입니다. 이 과정을 통해 아이는 이 물건을 꼭 갖고 싶은 이유가 뭘까 심사숙고해서 고민하게 되지요. 만일 아이가 써 온 이유가 아이 입장에서 합당하다면 맘에 안 들더라도 눈 질끈 감고 사주세요. 그래야만 글을 통해 다른 사람을 설득할 수 있다는 것을 알게 됩니다. '말로 했을 때는 절대 안 들어줄 것 같던 엄마가 글로 쓰니까 들어주네. 와~ 글이 좋은 거구나.' 아이는 글의 힘을 알게 되지요.

⑤ 아이에게 화나는 일이 있으면 화나는 이유 열 가지를 써서 아이에게 주세요. 그러면서 말하는 거지요. "너도 엄마한테 억울한 게 있으면 열 가지 적어서 엄마한테 보여줘라." 그런데 신기한 건 말이지요. 누군가에게 화가 많이 났을 때 그 이유를 적다 보면 신기하게 열 가지를 다 적기 전에 화가 많이 풀립니다. 이건 제가 화가 났을 때 자주 쓰는 방법인데 효과가 끝내줍니다. 화가 머리끝까지 나서 펄펄 뛰고 싶을 때 앉아서 화가 나는 이유를 하나씩 써보세요. 화가 맥주 거품 꺼지듯 확 가라앉는 게 보이실 거예요. 이건 제가 수없이 많이 경험한 일이기도 하거니와 제 얘기를 듣고 실천해봤던 사람들이 모두 입증하는 방법이니까 꼭 한 번 해보세요.

우리의 목표는 이겁니다. 나도 이성을 찾은 상태에서 아이의 잘못을 지적하고, 아이도 차분한 마음으로 엄마의 잘못을 얘기하게 하는 거지요. 그렇게 서로를 객관적으로 바라보다 보면 나는 이해의 폭이 넓어지고('아이 입장에서는 그럴 수도 있었겠구나.'), 아이 역시 한 뼘 자라게 됩니다('내가 엄마라도 화가 났겠다.'). 서로 소리 지르며 상처를 주지 않아도 되고, 더 깊은 관계로 발전하기도 하지요. 아이가 '엄마가 소리 지르면 너무 속상해요.'라고 쓴 글을 읽는 것은 말로 듣는 것보다 훨씬 울림이 큽니다. 반성을 더 깊이 하게 되지요('아이 앞에서 이제는 소리 좀 지르지 말아야겠다.'). 아이 역시 그렇고요.

이런 작업을 하실 때 반드시 기억해야 할 점은 문장에 오류가 있다거나 받침이 틀렸어도 절대 지적하지 않는 겁니다. 받침을 잡아주는 것에 신경을 쓰다 보면 아이를 야단치게 되고, 그러면 아이는 '엄마가 나 받침 잘 쓰게 하려고 이거 시키는 것이구나.' 하고 생각하면서 아예 동참하려고 들지 않지요. 목적을 가지고 시행하는 일이니 만큼 목적에만 충실하자고요.

글을 쓰는 것은 집을 짓는 것

아이가 논리력을 가지고 논술을 쓰게 되기까지의 과정은 집을 짓는 것과 같습니다. 자, 우리가 이제 집을 지을 겁니다. 그럼 무엇을 제일 먼저 해야 할까요? 그래요. 바닥을 다져야죠. 땅을 파고 돌을 골라 비가 오거나 바람이 불더라도 집이 넘어가지 않도록 든든하게 바닥 다지기를 먼저 할 것입니다. 이 바닥 다지기가 유아기부터 초등 저학년까지 해줘야 하는 '책 읽으며 자유롭게 사고하는 단계'입니다. 이 시기는 엄마가 읽어주는 책을 들으며 책 속에서 마음껏 상상하고, 책 속의 주인공들과 여행을 떠나고, 그 느낌을 엄마에게 자유롭게 얘기하는 단계로 아이가 사고력을 쌓는 기초가 되는 단계입니다. 이 시기에 아이가 싫다는 책을 억지로 읽게 하거나, 글씨를 안다고 읽기가 서툰 아이에게 너무 일찍 스스로 책 읽기를 시키거나, 책을 읽고 사고를 하기도 전에 읽은 느낌을 억지로 얘기해보라거나 써보라고 시킬 경우 아이는 마음속에 이런 생각을 가지게 됩니다. '아, 책 읽는 것은 너무 어려운 것이구나. 엄마가 억지로 뭘 시키는 거구나. 책을 읽고 나면 항상 독후감 쓰기 숙제가 나를 기다리고 있구나. 아, 읽기 싫다. 책!' 이런 생각이 어린 마음속에 가득 차게 되면 초등 저학년까지는 엄마의 성화에 못 이겨 책을 읽을 수 있을지 몰라도 정신적으로 엄마로부터 어느 정도 독립하는 초등 고학년이 되면 책을 딱, 멀리하게 됩니다. 자신에게 상처를 주었던 사람을 멀리하려는 것과 같은 이치이지요. 바닥 다지기가 엉망으로 된 겁니다. 기둥, 세우려 해도 세워지지도 않을 뿐더러 억지로 기둥 세운다 하더라도 곧 무너집니다. 바닥 다지기를 잘하기 위해서는 책은 무조건 즐겁게 읽어야 합니다. 이 시기에 다양한 독후활동과 즐거운 책 읽기를 통해 책은 재미있는 것이라는 생각을 가지고 자신이 읽은 내용을 엄마에게 잘 이야기 해준다면 일단 바닥은 잘 다져진 것입니다.

　바닥이 잘 다져졌다면 이제 기둥을 세워야겠죠? 이 기둥을 세우는 과정이 초등 전 과정에서 이루어집니다. 바닥을 잘 다진 아이들은 유치원을 다니면서 또는 초등학교에 들어가면서부터 작은 글들을 통해 자신의 생각을 나타내기 시작합니다. '엄마 아빠 사랑해요. 착한 어린이가 될게요.'라고 꼬물꼬물 써 오는 것들이 그 결과물들이지요. 초등 저학년에는 이 작은 글들을 조금씩 확장해 자신의 생각을 제법 줄글로 만들어가는 시기입니다. 이 시기에는 아이의 관심과 수준에 맞는 양질의 책을 엄마와 함께 읽고, 자신을 둘러싼 환경과 입장에 대해 다각적으로 사고하고, 자신의 생각을 정리하고, 정리한 생각을 적어보고, 이 글을 엄마나 선생님이 칭찬해주시고, 이 칭찬을 통해 자존감이 확립되고, 그 자존감이 다시 글쓰기로 이어지는 선순환이 계속적으로 일어나야 합니다. 이러한 발전이 기둥을 세우는 과정이지요.

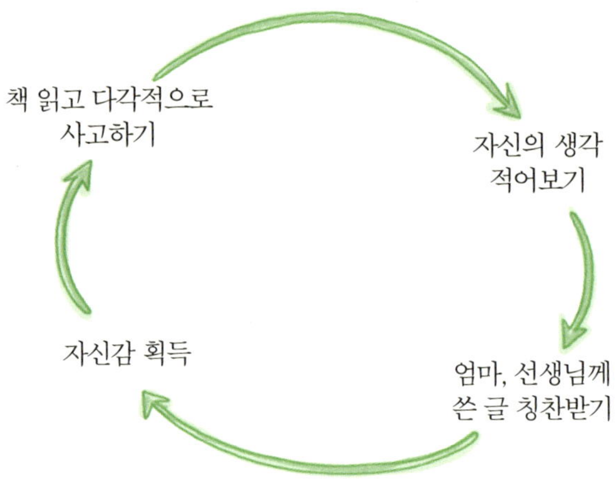

이제 기둥을 세웠으니 지붕을 덮어야 집이 완성되겠지요. 지붕을 덮는 과정은 중·고등학교 시기에 이루어집니다. 초등학교 때 기둥이 튼튼하게 박혀있다면 중·고등학교에서 논리적으로 사고하고, 이

를 표현하고 글로 옮기는 과정은 별로 어렵지 않습니다. 물론 이 시기에도 독서는 꾸준히 이루어져야겠지만 그보다 '자신의 생각을 어떻게 하면 논리적으로 완성도 높게 표현할까?' 하는 것이 이 시기의 고민이 됩니다. 이 시기 동안 아이는 자신의 생각을 객관화하고 타인의 생각을 너그러이 받아들이는 훈련을 하게 됩니다.

자, 집이 완성되었습니다. 바닥 다지기와 기둥 세우기와 지붕 얹기 가운데 어느 하나라도 빠지면 집이 완성되지 않는 것처럼 아이들의 글쓰기도 차례로 순서에 맞게 하나씩 단계를 밟아나가야 합니다.

백일장, 이렇게 준비하자

　사실 지금의 백일장은 1980년대까지 우리를 지배했던 반공 이데올로기가 만들어낸 웅변대회와 글짓기 대회의 잔재입니다. "우리 모두 힘을 합쳐 공산당을 몰아내자고 이 연사 힘차게 외칩니다!!"라고 부르짖던 시기에, 웅변대회와 함께 글짓기 대회가 많이 열렸지요. 글쓰기라는 것이 다 각기 다양한 개성과 시각을 가지고 있는 것인데 이것을 1, 2, 3등으로 나눈다는 것은 어떻게 보면 참으로 어이없는 일입니다. 하지만 백일장은 글을 서열화 한다는 나쁜 점 이외에 좋은 점도 가지고 있습니다. 참가한 어린이들이 자신의 글에 대해 깊이 생각하고 반성하여 첨삭하는 시간을 가질 수 있다는 점이 그것이지요. 백일장에 참가하는 시간은 집중해서 자신의 글을 들여다보는 시간이 되지요. 또한 아이가 백일장에 참가해서 상이라도 타게 되면 그 아이의 글쓰기 자신감이 훌쩍 높아지는 좋은 점도 있습니다. 그래서 한번쯤 백일장에 내보내 볼까? 하는 생각을 하시게 될 거예요.

　백일장을 준비시키기에 앞서 엄마의 마음자세가 무엇보다 중요합니다. 백일장에서 상을 타는 아이가 반드시 그 대회에서 가장 글을 잘 쓴 아이는 아닙니다. 아까도 말했지만, 글은 등수를 매길 수가 없으니까요. 또한 우리 아이보다 더 못 쓴 다른 아이의 글이 이번 백일장의 성격과 맞는 경우에 그 아이가 뽑히는 경우도 있습니다. 그러므로 수상 여부에 너무 연연하지 마세요. 엄마가 수상 여부에 연연하면 아이는 부담을 훨씬 많이 느끼게 되고 '어떻게 잘 쓸까?'가 아니라 '어떻게 하면 뽑힐까?'를 고민하게 돼서 좋은 글을 쓰지 못합니다. 또 상을 못 받으면 너무 실망한 나머지 글을 쓰려는 의욕도 꺾이고 말지요. 자, 아이에게 얘기해주세요. 뽑히기 위해서 나가는 것이 아니라 네 글을 네 스스로 다듬는 기회를 가지기 위해서 나가는 것이라고 말이지요. 그렇더라도 뽑히면 정말 좋겠지요? 상을 받으면 아이는 그야말로 '지붕 뚫고 하이킥!'을 날리는 기분이 된답니다.

① 주제는 내가 정한다!

제가 글을 쓰는 학과를 나왔는데 그때 대학입학 실기시험 시제가 '남대문'이었습니다. 이때 '남대문은 우리나라 국보 1호로서……'라고 쓴 학생들은 모조리 다 탈락했습니다. 모두 다 알고 있는 사실 쓰는 거 재미없잖아요. 그런 식상한 이야기를 시간 내서 읽고 싶어하는 사람이 어디 있겠어요. 저는 남대문 시장에서 장사를 하시던 친할머니를 뵈러 엄마 손을 잡고 좁은 남대문 골목을 걸어가면서 느꼈던 냄새, 소리, 색깔 등에 대해 썼습니다. 그때 시장에서 들리던 그 생동감 넘치는 소리가 지금도 뚜렷하게 기억이 나거든요. 주제는 남대문이었지만 결국 제 얘기였던 거지요.

우리 학과에 또 한 친구는 지방에서 올라온 친구라 서울에 시험 보러 와서 서울역에 내려 버스를 타고 시험장으로 오면서 남대문을 처음으로 봤답니다. 그러니까 그 친구는 남대문과 관련된 기억이 하나도 없었던 거지요. 그 친구는 솔직하게 썼습니다. 자기는 남대문을 처음 봤고 아무 감흥도 없고 그러므로 지방에서 올라온 학생에게 남대문이라는 소재는 너무 불공평하다, 그런데 생각해보면 언제나 우리나라는 지방 사람들에게 불평등하다, 마치 우리나라는 서울로만 구성된 나라인 것 같다, 등등. 그리고는 이제까지 살면서 지방 사람으로서 겪었던 에피소드를 쭉 썼다고 합니다. 이 친구는 수석을 했습니다.

백일장에서 자기가 생각하지 않았던 시제가 나오거나 자기와 딱히 관련이 없는 시제가 나오면 아이들은 당황합니다. 예를 들어 '동생'이라는 시제가 나오면 동생이 없는 아이는 자기는 전혀 쓸 게 없다고 하지요. 그렇지만 동생이 없어서 속상했거나 엄마 아빠한테 동생을 만들어달라고 졸랐거나, 동생이 있는 친구가 아주 불쌍했거나 했던 일을 적으면 됩니다. 자세하고 진솔하게.

중요한 것은 이것입니다. '소재는 백일장에서 주지만 주제는 내가 정한다!'

쓸 게 없다는 것은, 글감을 내가 아닌 다른 곳에서 찾고 있기 때문입니다. 그러니 어떤 글감이 나와도 그와 연관이 있는 나의 얘기를 하면 되는 겁니다. 그 이야기가 생생하고 진솔하며 그래서 읽는 사람에게 감동을 준다면 심사위원들은 소재에 연연하지 않습니다.

② 글씨는 무조건 예쁘게!

음식이 아무리 맛있어도 접시 여기저기에 정체 모를 국물이 튀어있다면 젓가락이 안 가겠지요? 심사위원들은 아주 많은 원고를 읽어야 하기 때문에 글씨가 엉망인 글은 일단 열심히 읽지 않고 휙 넘겨버리게 됩니다. 글씨가 깔끔해야 성의 있는 글로 보지요. 이제까지 글씨를 엉망으로 쓰고 당선된 사람을 한 번도 본 적이 없습니다. 그러니 일단 글씨는 무조건 예쁘고 깔끔하게 씁시다.

③ 첨삭만이 살길이다

백일장은 경연장, 즉 경쟁하는 자리입니다. 그러므로 대충 써서 내려면 참가할 필요가 없겠지요? 아이가 자신의 글을 여러 번 첨삭하도록 지도해주세요. 한 단어를 가지고 고심하고, 한 문장 때문에 땀 흘리며 고민해봐야 글이 늘지요. 그리고 이런 글은 심사위원들도 알아보지요. 그러니 쓰고 나서 반드시 심사숙고하며 자신의 글을 다듬게 해주세요.

아이가 이러한 과정을 거쳐서 백일장에 참가한다면 꼭 상을 타지 않더라도 자신의 글을 집중해서 읽는 끈기가 생기고, 자신의 글이 다른 친구들과 비교할 때 어떤 부족한 점이 있는지 깨닫게 돼서 글을 대하는 태도가 달라집니다. 이런 것이 백일장에 참가하는 장점 중 하나이기도 하지요. 하지만 역시 이런 이유 때문에 백일장에 억지로 끌려 나간다면 상을 타기는 힘듭니다. 제 스스로 자신의 글을 열심히 써보려는 의지가 있는 아이에게 백일장을 권합니다.

우리 아이
유형별
글쓰기 지도

어떤 아이는 수학을 잘하고 어떤 아이는 수영을 잘하며 또 어떤 아이
는 노래를 잘 부릅니다. 아이마다 전부 스타일과 유형이 다르지요. 그
런데 우리는 모든 아이에게 천편일률적인 글쓰기를 강요하고 있지는
않나요? 일기 쓰기가 좋다니까 일괄적으로 일주일에 세 편 이상 일기
쓰기를 강요하고, 독후감을 쓰면 좋다니까 책 읽고 나면 꼭 독후감 쓰
기를 독려하지는 않나요? 어떤 아이에게는 독후감 쓰기가 약이 되지
만 어떤 아이에게는 독이 됩니다. 그렇다면 가장 먼저 해야 할 일은
우리 아이가 어떤 아이인지 파악하는 것 아닐까요? 물론 엄마 자신에
대해서도 알아야 합니다.

어떤 엄마는 아이에게 너무 차분한 글쓰기를 강조해서 아이를 따분하게 하기도 하고, 어떤 엄마는 아이에게 빨리 글을 쓰라고 다그쳐서 아이를 두려움에 떨게 하기도 하죠. 엄마와 아이가 어떤 유형인지 알아보고 이에 맞는 글쓰기를 할 수 있다면 '글쓰기 스트레스 물리치기' 그리 어렵지만은 않습니다. 지금부터 그 방법을 속 시원히 알려드릴게요. 먼저 아래에 있는 '유형 판별표'를 작성해주세요. 아이의 성격이 아니라, 엄마가 본인 성격을 답하시는 거예요. 아이 성격은 엄마가 잘 알고 있기 때문에 굳이 판별표를 작성하지 않으셔도 쉽게 아실 수 있으니까 엄마 성격을 체크하세요. 위의 박스는 장점을, 아래 박스는 단점을 나타냅니다. 하나의 가로줄에서는 하나의 단어만 체크하세요. 예를 들어 첫째 줄에 '생동감 있음/모험적/분석적/융통성 있음' 네 단어 중에서 나와 가장 비슷한 단어 하나에만 체크하시는 겁니다. 여러 개가 해당된다 싶어도 반드시 하나에만 체크하세요. 해당되는 게 없는 것 같다고요? 그렇더라도 그중 가장 비슷한 것 하나를 골라 체크하세요. 다 체크하신 후에는 A, B C, D 각각의 장점 합계와 단점 합계를 적으신 후에 둘을 더해서 최종합계를 적으시면 됩니다. 최종합계가 가장 많이 나온 것이 나의 성격입니다.

이 테스트를 해보면 어떤 분은 한 가지 성격이 매우 높게 나오는 분도 있고 어떤 분은 네 가지 성격이 골고루 나오는 분도 있습니다. 사실 인간이 얼마나 다양한 존재인데 인간의 유형을 네 가지로 나눌 수가 있겠습니까? 그러므로 우리는 우리 안에 이 모든 유형을 다 가지고 있습니다. 다만 어떤 유형으로 좀 치우쳐있지요. 그러므로 나는 '완전히 이런 유형이구나.' 하고 단정 짓지 마시고 설명을 들으시면서 자신에게 부족한 부분을 보완한다고 생각하시면 됩니다.

자, 그럼 시작합니다.

유형 판별표
〈장점〉

A	✔	B	✔	C	✔	D	✔
생동감 있음		모험적		분석적		융통성 있음	
쾌활함		설득력 있음		끈기 있음		평온함	
사교적		의지 강함		자기희생적		순응함	
매력 있음		성취욕 강함		이해심 많음		감정을 다스림	
참신함		비상한 능력		존중함		배려	
유쾌함		실용적 판단		민감함		수용적	
장려함		긍정적		계획적 행동		참을성 있음	
순발력 있음		나에 대한 확신		신뢰성 있음		과묵함	
낙천적		솔직함		질서정연		포용력 있음	
재치 있음		주관이 뚜렷함		착실함		친절함	
즐거움		과감함		섬세함		외교적인	
명랑함		자신감 있음		교양 있음		안정감	
격려함		독립적		이상주의		유순함	
표현에 능함		단호함		몰두함		부드러운 농담	
쉽게 어울림		행동가		음악을 좋아함		중재자	
말하길 좋아함		성취지향		사려 깊음		관대함	
열정적		책임감		충성스러움		듣는 사람	
무대체질		지도력 있음		체계적		만족함	
인기 많음		생산적		완벽추구		편안함	
활기참		담대함		예의바름		중립적	

46

〈단점〉

A	✔	B	✔	C	✔	D	✔
허세를 부림		권력적		숫기 없음		무표정	
규율 없음		동정심 없음		용서 못함		열정 없음	
장황함		반항적		분을 품음		상관하지 않음	
건망증		직설적		까다로운		두려움	
중간에 끼어듦		결과만 중시		자신감 없음		결단력 없음	
예측할 수 없음		애정표현 없음		인기 없음		망설임	
대충함		완고함		불만스러움		단조로움	
성급함		거만함		염세적임		목표 없음	
욱하는 성격		논쟁을 좋아함		자기 방어적		안일함	
피상적(겉만 훑는)		자만		부정적		염려함	
칭찬을 바람		일벌레		뒤로 물러섬		소심함	
말 많음		무례함		과민함		확신 없음	
무질서함		지배하려 함		낙담함		무관심	
변덕스러움		관대하지 못함		내성적		중얼거림	
어지름		조종하려 듦		우울함		느림	
과시함		고집 셈		회의적임		게으름	
시끄러움		주장 강함		외로움		나태함	
산만함		성미 급함		의심 많음		억지로 함	
침착하지 못함		경솔함		복수심 강함		일관성 없음	
타협함		약삭빠름		비판적임		관망적임	

장점 합계	A ( )	B ( )	C ( )	D ( )
단점 합계	A ( )	B ( )	C ( )	D ( )
장점+단점 합계	사교형 ( )	주도형 ( )	신중형 ( )	안정형 ( )

※ '제2장 우리 아이 유형별 글쓰기 지도'는 DISC 프로그램을 기본으로 작성되었습니다. DISC 프로그램이란 미국 콜롬비아대학 심리학 교수인 William Moulton Marston 박사가 인간이 환경을 어떻게 인식하고 또한 그 환경 속에서 자기의 힘을 어떻게 인식하느냐에 따라 인간을 네 가지 유형으로 나누어놓은 프로그램입니다. DISC란 'Dominance, Influence, Steadiness, Conscientiousness'의 약자입니다.

사교형의 특징

이 유형은 외향적이고 호기심이 왕성한 유형입니다. 친밀하고 붙임성이 좋아서 친구도 많고 인기도 많지요. 어려운 순간이나 결정적인 순간에 으싸으싸 힘도 잘 냅니다. 한마디로 에너제틱 파워를 자랑하지요.

엄마가 야단치면 훌쩍 훌쩍 울면서 반성을 잘하는데 돌아서면 또 언제 그랬냐는 듯이 다 잊어버리고 신나게 노는 우리 아이. 반성을 안 하는 게 아니라 사교형이어서 그렇습니다. 사교형 아이들은 눈치도 빠릅니다. 시장바구니 들고 들어오는 엄마가 약간만 저기압인 것 같

아도 바람같이 책상 앞으로 달려가 공부하는 척합니다. 눈치 빠르고 애교도 많아 집안의 귀여움을 독차지하지요. 말썽을 부려도 미워할 수 없는 유형이에요. 또 새로운 곳에 데리고 가면 친구도 금방 사귀고 무대 체질이어서 앞에 나가 발표도 잘하지요. 주로 반의 오락부장들이 이 유형입니다. 〈전국 노래자랑〉에서 참으로 민망한 춤을 자신 있게 추시는 분들, 사교형의 성향이 강하신 분들입니다. 이런 사교형들은 속상한 일이 있어도 툭툭 털고 잘 일어납니다. 〈전국 노래자랑〉에서 인기상을 탄 사람들을 조사해보니 일반인보다 삶에서 스트레스 지수가 훨씬 낮더라는 연구 결과도 있어요.

물론 성격에 단점도 있겠지요? 사교형은 순발력은 좋은데 지구력이 떨어지는 유형이에요. 뭘 시켜도 오래 하지를 못합니다. 피아노 학원에 보내도, 미술 학원에 보내도 석 달을 못 버티고 가기 싫다는 말이 나옵니다. 왜냐? 사교형이 가장 싫어하는 것이 지루한 반복이거든요. 때문에 처음에는 새로 시작한 일이 너무 재미있다가 이것이 반복되면 바로 지겨운 일로 변하는 것이지요. 그러므로 아이가 사교형일 경우에는 한 가지 일을 꾸준히 하는 것보다는 여러 가지 일을 다양하게 시켜보는 것이 아이의 발전에 훨씬 도움이 됩니다.

호기심이 가득한 사교형은 산만하다는 말도 자주 듣습니다. 선생님은 가만히 앉아서 문제를 풀라고 하시는데 아이는 짝이 새로 가지고 온 필통도 만져보고 싶고, 뒷자리 앉은 친구에게 아까부터 궁금하던 것도 물어봐야 하고 참견하고 싶은 것, 재미있는 것이 너무나 많습니다. 그러니 가만히 앉아있을 수가 없지요. 사교형 아이들은 이런 말을 많이 듣습니다. "머리는 좋은데 산만합니다."

　엄마와 선생님 눈에 사교형 아이는 호기심이 많은 아이가 아니라 산만하고 의지력이 떨어지는 아이로 보이기 쉽습니다. 또한 사교형은 정리정돈에 약합니다. 제가 사교형이 많이 나오는데 고등학교 때 이런 일이 있었어요. 정리정돈에 정말 약한 저는 방을 어지르고 있기 일쑤였지요. 하루는 엄마께서 "효정아~" 하고 제 이름을 부르시면서 방문을 여셨습니다. 문을 여시는 순간, 온갖 물건으로 발 디딜 곳이 하나도 없는 제 방에 화가 나신 엄마는 하시려고 했던 말을 싹 잊어버리시고, 소리를 지르시더니 문을 쾅 닫고 나가시지 뭐예요. "너는 전생에 구더기였을 거야!" 헉! 아무리 방이 더러워도 그렇지 딸한테 '구더기'가 뭡니까? 나중에 이때 이야기를 하면서 '구더기'라는 말은 너무 했다고 말씀 드렸더니 엄마는 기억이 전혀 안 나신대요. 역시 상처는, 받은 사람에게만 오래가는 법인가 봅니다.

　우리 아이가 사교형이라면 정리정돈 하라고 잔소리 심하게 하지 마세요. 아무리 야단쳐도 안 고쳐집니다. 생긴 게 그런 걸 어쩝니까? 애가 개념이 없어서 그런 게 아니라고요. 옆 사람에게 피해를 줄 정도만 아니면 좀 봐주세요. 나중에 어울리는 짝 만나 그럭저럭 삽니다. 저도 여전히 정리를 못하지만 집이 더러워도 그냥저냥 잘 참아주는 남편 만나 크게 괴로운 일 없이 살고 있어요. 물론 남편은 괴롭겠지만, 그게 자기 팔잔데 어쩝니까.

그런데 이 유형, 의외로 소심합니다. 목소리가 크고 에너지가 많기 때문에 흔히 사람들은 이 유형이 매우 용감한 성격의 사람들인 줄 알지만 사실 이 유형이 다른 사람으로부터 상처도 많이 받고 심성이 여린 사람들이에요. 다른 사람의 어려움에 눈물도 잘 흘리는 감성적인 면도 많지요. 연속극에 물아일체 되어 남자주인공이 여주인공한테 사랑한다고 말하면 같이 쓰러지고, 심장병 앓는 어린이가 TV에 나오면 ARS 전화 제일 많이 거는 사람들이 사교형입니다. 그러니까 우리 아이가 씩씩하다고 해서 야단칠 때 아무 얘기나 막 하시면 안 됩니다. "바보같이 굴지 마라!", "너는 애가 왜 그러냐!" 애가 속으로 울고 있어요.

사교형 사람들은 주변의 인정과 인기가 에너지의 근원이 됩니다. 옆에서 자신을 인정해주고 지지해주는 사람이 있다면 힘이 불끈 솟아오르지요. 그러므로 사교형 아이에게는 함께 이야기할 사람과 우호적인 환경이 매우 중요합니다. 만일 사교형 아이가 주변에 자기를 좋아해주는 사람이 없고, 자신의 능력을 인정해주는 사람도 없다고 생각하면 아주 빠르게 소심해집니다. 그렇기 때문에 우리 아이가 사교형이라면 엄마와의 관계가 너무 중요하지요. 자신을 항상 믿어주고 자신의 능력을 인정해주는 엄마가 있다는 것이 아이에게는 무엇과도 바꿀 수 없는 힘이 됩니다.

사교형 아이에게는 자신의 생각을 자유롭게 이야기할 기회를 충분히 제공해주셔야 합니다. 이 유형은 꾸준히 노력해서 성과를 내는 것보다는 반짝이는 아이디어가 시도 때도 없이 튀어나오는 유형이기 때문에 자신이 이야기하는 것이 중간에 거절당하지 않고 사람들에게 잘 전달되는 것을 매우 중요하게 생각합니다. 그러므로 아이의 이야기를 막지 말고 잘 들어주시고, 간혹 어이없는 말을 하더라고 많이 웃어주세요. 아이의 잠재력이 상처받지 않게요. 만일 사교형 아이가 자신의 의견을 얘기하려고 하는데 "너는 왜 이렇게 말대꾸가 많아? 시끄러워. 엄마가 하라는 대로 해!" 같은 말로 아이의 말을 막으시면 아이가 가지고 있는 반짝이는 재능은 죽고 맙니다.

앞에서도 말했지만 사교형 아이들에게는 혼자서 꾸준히 연습을 해야 하는 일보다는 클럽활동이나 스카웃활동같이 자신의 재능과 리더십을 발휘할 수 있는 기회를 제공해주시는 것이 좋습니다. 많은 친구들을 만나서 소통하면서 자신의 능력을 꽃피우는 유형이니까요. 우리 아이가 사교형이라면 아이가 하는 일에 충분히 보상해주시는 것이 중요합니다. 선물을 주시는 것도 괜찮지만 그보다는 아이를 인정해주세요. "와, 네가 이렇게 하리라고 엄마는 기대하지 않았는데 정말 대단한걸? 우리 아들 다시 봐야겠네. 우리 딸이 이렇게 도와주니까 자식을 키운 보람이 팍팍 생긴다." 인정과 지지가 있으면 춥고 배고파도 끄떡없는 것이 사교형의 특징입니다.

내가 사교형 엄마라면

테스트 결과가 사교형으로 나오신 엄마들은 일단 성격이 좀 급하신 분들입니다. 성격이 급하다는 것이 무슨 일이든 후딱 해치우기 때문에 살림을 할 때도 일처리를 할 때도 화끈하다는 소리를 듣는 반면, 아이를 키울 때에는 스트레스를 많이 받지요. 왜냐하면 아이는 후딱 자라지 않거든요. 그래서 사교형 엄마들은 늘 혼자 앓기도 하지요. "내가 엄마 자격이 없는 것은 아닌가? 다른 엄마들은 잘하는 일들이 나한테는 왜 이렇게 힘들까?"

자신이 무슨 일이든 후딱 해치우다 보니, 사교형 엄마들은 아이가 꼼지락거리는 것이 답답하고 화가 나서 "빨리 해!"를 입에 달고 살게 됩니다. 엄마가 빨리하라고 다그치게 되면 아이는 빨리 못하는 자신을 비하하면서 점점 자신감을 잃거나, 그 반대로 엄마의 행동을 모방해서 엄마에게 무엇인가를 요구할 때 "빨리 해줘 엄마!"라고 신경질을 내는 아이가 되기도 합니다. "빨리 머리 안 빗겨주고 뭐 해! 빨리 돈 달라고! 빨리 저 장난감 사줘!" 급한 아이를 만들게 되지요. 아이는 빨리 자라지 않는다는 것을 잊지 마세요. 아이는 천천히 배우고 천천히 자랍니다. 저도 제 아이를 쳐다보며 매일 도 닦는 심정으로 이 말을 되뇝니다. '아이는 천천히 자란다.'

특히 글을 쓸 때 "빨리 써!"라고 말하는 것은 아이를 절망의 구렁텅이로 몰아넣는 일입니다. 아이도 빨리 쓰고 싶습니다. 안 써지는 걸

어쩝니까? 재촉하고 닦달한다고 똥이 나오나요? 글도 마찬가집니다.

사교형 엄마들은 아이의 말을 충분히 경청하는 것을 힘들어합니다. 엄마 의견을 빨리 말하고 싶기 때문이지요. 아이가 "그게 아니라……" 하고 운을 떼면 아이의 말을 막아버리기도 하지요. "그게 아니긴 뭐가 아니야, 하여간 학원 계속 가. 《체르니 30》까지는 치고 끊어." 자신의 의견이 묵살되는 경험을 한 아이는 좌절감을 느끼고 엄마 앞에서 자신의 이야기를 하려들지 않습니다. 아이의 말을, 아이의 입장에서 끝까지 경청해주세요.

사교형 엄마들은 기분파이기도 하지요. 기분이 좋을 때는 더할 수 없이 착하고 좋은 엄마였다가 기분이 나쁘거나 피곤하면 바로 팥쥐엄마로 돌변합니다. 평소에는 너그럽게 대하다가도 아이가 엄마와의 약속을 안 지키거나 시험을 못 봐서 엄마를 좌절시킨 날에는 소리를 지르고 매를 대면서 말 그대로 아이를 잡지요. 이때 아이 마음에는 엄마에 대한 불신이 생깁니다. 일단 아이가 엄마를 불신하게 되면 엄마가 시키는 일도 안 하게 되지요. 못 믿는 사람 말을 어떻게 듣습니까? 아이에게 신뢰를 주세요. 사실 아이에게는 항상 냉담한 엄마보다 변덕이 심한 엄마가 더 나쁜 영향을 줍니다. 엄마가 계속 냉담하다면 아이는 엄마의 행동을 예측할 수 있습니다. '아, 이렇게 상을 타봤자 우리 엄마는 칭찬해주지도 않으니까.' 하고 엄마의 행동을 예측할 수 있고 그래서 상처로부터 자신을 보호하는 방법을 스스로 터득하게 되지요. 그런데 같은 일을 했는데 엄마가 어떨 때는 마구 칭찬을 해주다가

어떨 때는 심드렁하다면, 또 어떨 때 한 행동은 괜찮다고 하다가 어떨 때는 마구 야단을 친다면 아이는 자신의 행동에 엄마가 어떻게 반응할지 몰라서 불안해하게 됩니다. 만약 남편이 어떤 날은 집에 들어올 때 꽃도 사오고 선물도 사오고 너무 예쁜 마누라라고 칭찬을 아끼지 않다가, 어떤 날은 자기 기분이 안 좋다고 밥상을 뒤엎고 폭력을 행사한다면, 오늘은 어떤 기분으로 남편이 들어올지 몰라 남편을 기다리는 아내의 마음이 얼마나 불안하고 초조하겠습니까? 아이를 기를 때에는 분명한 원칙이 있어야 합니다. 원칙을 정하지 않고 기분에 따라 아이를 지도한다면 아이가 불안하고 초조해한다는 것을 잊지 마세요.

사교형 우리 아이 글쓰기 지도

① 같이 쓰기

| 수업 전 준비할 것: 아이 일기장, 엄마 일기장, 필기도구 |

사교형 아이들은 집중력이 짧기 때문에 '같이 쓰기'가 효과가 좋습니다. 엄마가 앞에 앉아서 나와 같이 쓴다는 이유만으로 집중력이 높아지지요. 일기나 독후감을 쓸 때 아이와 마주 앉아서 각자 글을 쓰고 바꿔 읽어보세요. 아이가 글을 쓰기 싫어하는 이유 중 하나는 이 어려운 글쓰기를 자기 혼자 하고 있다는 것, 즉 자기만 희생자라고 생각하는 데 원인이 있습니다. '놀고 싶은데 글쓰기 하느라고 못 놀고, TV 보고 싶은데 글쓰기 하느라 못 보고, 글쓰기가 원수야!' 하는 마음이 아이 속에 자리 잡지요.

이럴 때 엄마가 같이 쓰게 되면 아이는 혼자 격리되어 괴로움을 당하고 있다는 생각을 떨쳐버릴 수 있습니다. 자, 엄마와 아이가 식탁에 마주 앉는 겁니다. 그리고 각자 자기 일기를 쓰는 거예요. 엄마는 엄마 일기를 쓰고 아이는 아이 일기를 쓰는 거지요. 다 쓰고 나면 서로 바꿔 읽는 겁니다. 아이가 새로운 방식에 매우 재미있어 하면서 글에 몰입할 거예요. 저도 제 아이를 지도할 때 같이 쓰기의 효과를 많이 봤습니다. 이때 엄마가 아이에게 보여주기 위해서 일부러 너무 모범적인 일기를 쓸 필요는 없습니다. 세상 살면서 속상하고 힘들었던 일, 신경질 나고 짜증났던 일을 솔직하게 일기에 쓰세요. 아이가 자연스럽게 글을 쓰는 버릇을 들이는 것과 더불어 엄마를 한층 이해하는 아이로 자랄 거예요.

② 액티브하게 쓰기

| 수업 전 준비할 것: 여행지 안내 소책자, 인터넷에서 찾은 여행지 자료, 도화지, 가위, 풀, 필기도구 |

사교형 아이들은 지루한 것을 싫어하고 행동이 '액티브'하기 때문에 여행을 다녀와서 갔던 날짜 쓰고 어디 어디를 갔다 왔다고 시간 순서대로 기행문 쓰는 것을 아주 싫어합니다. 재미있게 갔다 왔으면 됐지 그걸 왜 다시 한 번 반복하라고 하는지 이해를 못하지요. 사교형

아이들이 제일 싫어하는 것이 재미없는 것이니까요.

그러나 재미만 있다면 집중을 잘하는 것이 이 아이들의 특징이니까 글에 재미를 접목시키면 됩니다. 예를 들어 갔다 온 곳의 사진을 붙이고 그곳의 자료를 인터넷에서 찾아서 오려 붙이면서 글을 쓰게 하면 훨씬 신나게 기행문 쓰기를 하지요. 사교형 아이를 지도하시는 엄마들은 어디를 가시든지 고속도로 휴게소나 나들목(인터체인지)에서 방문하시는 곳과 관련된 전단지를 잔뜩 모아오세요. 요즘은 어느 지자체나 홍보 전단지가 잘되어 있습니다. 전단지의 사진이나 자료를 오려 붙이면서 기행문을 쓰면 아이가 자신의 글을 자신이 디자인할 수 있다는 생각에 재미있게 몰두합니다.

사교형 아이와 글쓰기를 하실 때에는 아이가 지루해지지 않도록 신경을 쓰시면서 다양한 주제와 방법을 연구하셔야 합니다. 독후감 역시 가만히 앉아서 자신의 느낌을 이야기하는 것보다는 자신의 느낌을 그림으로 나타내 본다든지 다양한 독후활동을 하고 이것을 붙이는 것이 좋겠지요. 자세한 것은 독후감 편에서 다루겠습니다.

③ 감성 자극하기

| 수업 전 준비할 것: 신문 기사, 다큐멘터리 동영상, 동화책, 편지지, 필기도구 |

사교형 아이들은 사람에 대한 애정이 크고, 다른 사람에게 감정 이입이 잘되는 편입니다. 친구의 아픔에 같이 울어주고 같은 반 친구가 아프면 부축해서 보건실로 데리고 가는 것도 다 사교형 아이들입니다. 그러므로 사회적 약자에 대한 기사나 가슴 아픈 현실에 대한 기사를 신문에서 읽고, 이에 대한 해결책을 쓰는 NIE를 해주시는 것이 도움이 됩니다. 또 동화를 읽고 충분히 공감을 이끌어낸 후에 주인공이나 글을 쓴 작가에게 편지 쓰기를 시키면 가슴 절절한 편지를 써내기도 합니다. 아이가 자신의 기분을 충분히 드러내는 글쓰기를 통해 카타르시스를 느끼도록 도와주세요.

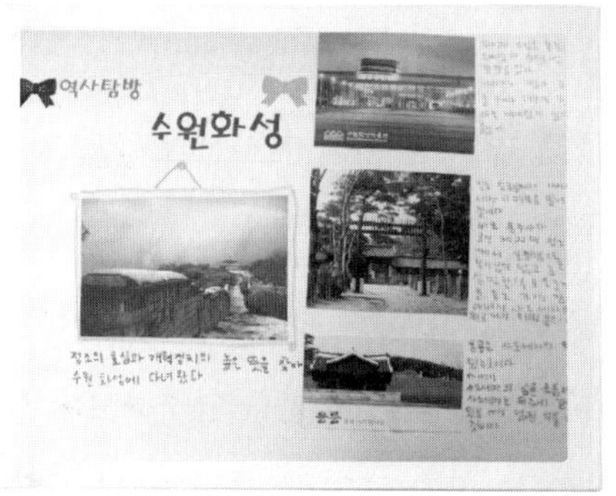

유적지를 갔을 때는 항상 안내 소책자를 받아오세요. 소책자에
나와 있는 내용만으로도 멋진 기행문을 만들 수 있습니다.

영화를 본 뒤에 극장에서 가져온 광고지로 여러 가지 활동을 해
보세요.

<h1 align="center">사교형</h1>

장점	현실지향적, 외향적, 호기심 왕성, 친밀함(붙임성 좋음) 열정적(순간적 Boom Up), 재미 추구, 무대 체질, 좌절에 대한 빠른 회복력 유쾌하고 친근하며 창의적임 유머러스한 말투, 풍부한 표정과 웃음, 다양한 제스처로 친구들 사이에서 인기가 많음
단점	의지가 약함, 차분함이 떨어짐, 인내심이 없음, 과장이 심함, 겁이 많음 정리정돈에 약함
사교형 아이 지도 방법	· 아이가 사회적 인정과 인기, 함께 이야기할 사람, 우호적인 환경, 능력에 대한 인정을 중시한다는 것을 늘 염두에 둘 것 · 자신의 아이디어와 생각을 이야기할 기회를 많이 줄 것 · 자극적이고 사회적인 활동을 할 시간을 확보해줄 것 · 항상 유쾌한 관계를 유지할 것 · 세세한 것은 글로 적어줄 것(아이가 볼 수 있도록 벽에 붙일 것) · 과업에 대해 충분히 보상할 것
사교형 엄마 보완점	· 목표달성을 위해 느긋한 마음을 가지자(아이는 천천히 자란다) · 아이의 말을 충분히 경청하자(참고 기다릴 것) · 신뢰감, 책임의식을 높이자(아이와의 약속을 꼭 지킬 것) · 경솔한 판단을 자제하고 분노를 다스리자 　(아이에게 상처가 된다) · 변덕은 아이 지도에 가장 나쁜 적이다 　(엄마의 행동을 아이가 예상하게 하라)
사교형의 글쓰기	같이 일기 쓰기, 마음이 차분해지는 동시 쓰기, 활동 중심 기행문 쓰기 사회적 약자에 대한 기사 쓰기, 동화 읽고 편지 쓰기

주도형의 특징

주도형은 의지가 강하고 자기 자신에 대한 믿음이 확고한 유형입니다. 자신이 하고 있는 일이 반드시 이루어질 것이라고 긍정적으로 마인드 컨트롤도 잘하는, 정력적이며 실용적인 성격입니다. 주도형이라는 결과가 나오신 엄마들은 항상 무언가를 배우고 바쁘게 살지만, 정적이고 일상생활에 반드시 필요한 것은 아닌 꽃꽂이나 서예 같은 것은 안 배우실 거예요. 이 일이 내 인생에 얼마나 실용적인 도움을 줄 것인가를 중시하는 성격이거든요.

　주도형은 미래지향적이고 도전의식이 높은 CEO형입니다. 어떤 일을 결정함에 있어 다른 사람의 의견을 듣고 마음이 휘둘린다거나 하는 일 없이 자신을 믿고 밀고 나가는 강한 추진력을 가지고 있지요. 때문에 주도형 아이들은 독립심이 강합니다. 어려운 일이 있어도 징징대며 엄마한테 도와달라고 하기보다는 어떻게 해서든 자신이 해결하려는 태도를 보입니다.

　아이들 중에도 아이답지 않은 카리스마가 있어서 선거운동을 많이 하지 않아도 꼭 회장으로 뽑히는 아이가 있지요? 눈빛도 날카롭고 도전의식도 강한 아이들 말이에요. 이런 아이들이 주도형입니다. 제가 고등학교 때 젊은 어린 여선생님이 수업을 하시면 선생님을 무시하고 아이들이 잘 떠들었답니다. 선생님께서 조용히 좀 하라고 아무리 야단치고 부탁해도 소용이 없었어요. 그때 저희 반에 주도형이 아주 강한 친구가 있었는데, 그 친구가 "야! 조용히 해!" 소리 한번 지르면 반이 일순간 조용해지곤 했지요. 평소에는 별로 말도 없는 친구였는데 카리스마가 대단했어요. 성격도 쿨하고 말하는 것도 쿨한 그런 친구들, 반에 한 명씩 있잖아요. 주도형이 강한 아이들이지요.

　자립심, 의지력, 추진력, 자신에 대한 믿음 등 많은 장점을 가진 주도형도 단점이 있습니다. 워낙 카리스마 있게 행동을 하다 보니 다른 사람에게 독선적이라는 평가를 듣게 되는 거지요. 자신이 추진하는 일이 자신의 계획대로 안 될 경우에는 주변 사람들에게 신경질적이 되기도 합니다. 자수성가하신 CEO분들을 상상하시면 될 거예요. 이런 분들은 자기 자신에게 몰두해있기 때문에 타인에 대한 감정이입이 안 되는 분들이라 감정이 무디다는 소리를 잘 듣습니다. 만약 남편이 주도형이라면 와이프가 많이 외롭겠지요. 일에 몰두해서 가정에 소홀하기 쉬우니까요.

추진력이 있다 보니 세부적인 사항보다는 결과에만 집중하게 되는 경향도 있습니다. 만일 우리 아이가 주도형이라면 시험 기간인데 공부 좀 하라는 엄마의 잔소리에 이렇게 말할 겁니다. "시험 점수만 잘 받으면 되지 무슨 상관이에요!"

주도형 아이들은 다른 사람의 지시를 따르는 것을 좋아하지 않기 때문에 자신의 행동을 스스로 컨트롤 할 수 있는 자유를 원합니다. 이 아이들이 제일 싫어하는 것이 엄마 잔소리예요. 그러니까 우리 아이가 주도형일 경우에는 잔소리를 쏙 빼시고 간략하게 요점만 말하세요. 또 이 아이들에게는 자신이 발전하고 진보할 수 있도록 다양한 활동의 기회를 제공해주셔야 합니다. 도전에 성공했을 때에는 그 결과를 발판으로 성장하고, 실패했을 때에는 실패의 원인을 분석하고 다시 도전하면서 스스로 자라는 아이들이거든요.

주도형 아이들은 결과에 몰두해있기 때문에 과정을 별로 중요하게 생각하지 않습니다. 아이가 결과를 이루는 과정에서 타인에게 피해를 주는 일만 하지 않는다면 과정에 세세한 지적은 하지 말아주세요. 주도형 아이들은 평소에는 음악 듣고 놀다가 막상 시험이 다가오면 무서운 집중력을 발휘해서 좋은 점수를 받는 아이들이에요. "고1 때까

지는 전교 200등이었어요."라고 말하면서 서울대 가는 얄미운 아이들이 이 아이들입니다. 우리 아이가 주도형이라면 세세한 계획을 세워서 그 계획대로 아이를 지도해야겠다고 결심하지 마시고 차라리 아이가 자기 스스로 결심하고 행동할 수 있도록 동기유발 요인을 찾으셔야 합니다. 예를 들어 공부를 잘하게 하고 싶다면 시험 계획표를 같이 세우기보다는 자신의 분야에서 성공한 사람의 강연을 듣게 한다거나 아이가 가고 싶은 대학에 직접 가서 그 학교 건물과 그 학교 학생 형, 누나들을 만나보게 하는 것이 아이의 행동 변화를 이끌어내는 데 효과적입니다. 아이에게 동기유발을 해주어서 스스로 자신의 일을 자율적으로 처리하도록 지도하는 것이 주도형에게는 가장 좋은 교육법입니다.

내가 주도형 엄마라면

주도형 엄마가 꽉 잡고 있는 집안은 카리스마 넘치는 강한 어조로 주장을 굽히지 않고 밀어붙이는 엄마 때문에 아이들의 불만이 많습니다. 엄마가 워낙 의지가 굳건하고 존재감이 크기 때문에 아이들이 숨 쉬기 답답한 집이 되지요. 밤늦게까지 돌아다닌다고 딸아이의 머리를 자르고 집에 가두어두던 그 옛날 아버지들이 이 유형이었지 싶습니다. 우리가 학교 다닐 때는 이런 인권 유린을 당연한 것으로 받아들였지만 지금의 아이들은 부모의 이러한 교육방식에 수긍하지 않습니다.

아이들이 강압적인 주도형 엄마한테 대처하는 방식은 대체로 두 가지입니다. 같이 맞서서 대들고 가출하거나, 엄마의 기에 눌려 좌절하고 엄마의 요구를 받아들이는 방식입니다.

주도형 엄마들은 혹시 아이가 엄마로부터 존중받고 배려 받지 못한다고 생각하고 있지 않은지 살펴주세요. 주도형 엄마들이 워낙 단호한 말투를 쓰기 때문에 아이가 이 부분을 강요로 받아들일 수도 있습니다. 늘 아이를 존중하고, 때로 아이가 옳지 않더라도 아이 입장에서 생각해야 한다는 것도 잊지 마시고요.

주도형은 목표지향성이 강합니다. 그래서 일을 처리함에 있어 과정 중심적이 아니라 늘 목표 중심적입니다. 예를 들어 주도형 아빠가 있다고 가정해볼게요. 모처럼 가족끼리 부산에 있는 아쿠아리움을 구경하러 가기로 했습니다. 식구들은 모두 들떠서 집을 나섭니다. 차 안에서 신나게 노래도 부르고 엄마가 싸온 간식도 먹으며 부산으로 차를 달리지요. 갑자기 막내가 화장실에 가고 싶다고 하네요. 아빠는 휴게소에 차를 세웁니다. 놀러가는 사람들로 북적이는 휴게소에는 재미있

는 게 많아요. 뽕짝음악 테이프부터 구운 감자까지. 아이들은 이것저것 사달라고 조릅니다. 엄마도 어차피 들렀으니 커피나 한 잔 하고 가자면서 휴게소 벤치에 앉습니다. 커피 다 마셨으니 이제 일어나서 길을 재촉하자는 아빠에게 아이들이 휴게소 옆 토끼우리를 구경시켜준답니다. 놀이터에서 미끄럼틀도 타고 토끼들에게 먹이를 주는 아이들을 보면서 아빠는 짜증이 나기 시작합니다. '부산에 가려면 아직도 멀었고, 우리는 분명 부산에 가자는 목적으로 나왔는데 부산에 가려는 목적과 아무 상관이 없는 휴게소에서 이게 뭐 하는 짓인가?' 하는 생각이 아빠의 화를 돋웁니다. 인상을 구긴 채 이제 그만 쉬고 어서 차에 타라는 아빠 말에 아랑곳 않고 포켓몬 뽑기 한 번만 하면 안 되냐고 조르는 아이들에게 기어이 아빠가 소리를 지르고 맙니다. "이래서 부산은 언제 갈 거야? 오늘 부산 안 갈 거야!" 차에 타서까지 씩씩대는 아빠 때문에 이번 여행도 행복할 것 같지는 않습니다.

어른과 다르게 아이들은 목표의식이 뚜렷하지 않습니다. 매 순간이 즐겁고 그저 지금 노는 시간이 행복한 것이 아이들의 특징이지요. 자기 자신이 뚜렷한 목표를 가지고 무언가를 실천해나가려면 최소한 5~6학년 이상은 되어야 합니다. 5~6학년은 모두 이렇다는 게 아니라 5~6학년 이상이 되면 이런 아이들이 조금씩 생기기 시작한다는 거지요. 그러니까 사실 모든 아이들은 과정 중심적이라고 할 수 있지요. 엄마랑 도서관에 가자는 목적을 가지고 나왔지만 도서관 가는 길에서 만난 민들레 씨앗도 불어보고 싶고, 자동차 뒤로 숨어버린 얼룩무늬 도둑고양이도 쫓아가고 싶고, 깨지지 않은 보도블록만 밟고 걸어가고 싶습니다. 이 모든 아이의 호기심과 유희가, 도서관에 가는 것을 목적으로 하는 엄마에게는 성가시기만 합니다. 그래서 엄마는 말하지요. "너 도서관 안 갈 거야? 도서관 가기로 했으면 도서관에 얼른 가야지 길에서 언제까지 세월아 네월아 하고 있을 거야!"

그런데 말이지요. 길에서 민들레와 놀고 고양이와 놀고 보도블록과 노는 것이 책을 읽는 것보다 안 좋은 일이라고 말할 수 있을까요? 아이에게는 모든 경험이 아이의 자산이 됩니다. 아이는 과정중심적입니다. 아이를 지도하실 때 너무 결과 중심적으로 아이를 평가하지 마시고 비록 시험 결과가 안 좋게 나왔다 하더라도 그동안 아이의 노력과, 전보다는 나아진 아이의 태도와 같은, 그 과정에 주목해주세요. 아이를 평가하실 때는 단호한 어조보다는 부드러운 말투와 유머도 잊지 마시고요.

주도형 우리 아이 글쓰기 지도

① 상상력 일깨우기

| 수업 전 준비할 것: 북아트 안내 책자, 색지, 가위, 풀, 필기도구 |

주도형 아이는 실용적이고 현실 지향적인 성격이기 때문에 상상력이 부족하기 쉽습니다. 아이가 상상력이 부족하다는 것은 그만큼 창

의력이 떨어진다는 이야기와 크게 다르지 않습니다. 앞으로 아이들이 살아가야 할 세상은 창의력이 있는 인재가 각광받는 시대란 것, 다 아시지요? 주도형 아이에게는 상상력을 일깨워주는 작업이 필요합니다. 엄마와 손을 잡고 걸어갈 때에 이야기 이어나가기를 하세요. 엄마가 먼저 시작하는 겁니다. "옛날에 숲 속에 여우 한 마리가 살고 있었습니다. 그런데 그 여우는 자신이 살고 있는 숲 속이 싫어졌습니다. 그래서 길을 떠나기로 하지요. 그다음 너!" 그러면 아이가 그 말을 받아서 이야기를 만들어 가는 것이에요. "길을 떠난 여우는 어떤 집을 발견하고 그 집에 먹을 것이 있나 들어가 보기로 합니다. 그런데 그 집에서 이상한 고양이 한 마리를 만나게 됩니다. 그다음 엄마!" 이야기 이어나가기는 이야기가 어디로 발전할지 알 수 없기 때문에 자신이 가진 최대한의 상상력을 끌어올려야 합니다. 아이도 즐거워하고 엄마도 어이없어 웃게 되는 참 행복한 놀이에요. 목표의식이 뚜렷한 주도형 아이에게 목표 없이도 행복할 수 있다는 것을 알려주는 좋은 활동입니다. 그 밖에 북아트를 하면서 자신만의 동화책을 만들어보는 것도 좋고, 창의력을 필요로 하는 다양한 독후활동을 통해 아이의 창의력 증진에 신경 쓰는 것도 중요합니다. 간혹 엄마는 여러 가지를 시켜보고 싶은데 아이가 한 가지 독후활동만 계속 고집하는 경우가 있습니다. 그럴 경우에는 그대로 놔두시는 게 좋습니다. 주도형 아이는 자신이, 자신의 능력을 끝까지 밀어붙여 보고 싶어하니까요.

② 근거 있게 주장하기

| 수업 전 준비할 것: 토론할 문제에 대한 질문지(부록참조), 열린 마음 |

주도형 아이들은 다른 어떤 유형의 아이들보다 자신의 주장을 강력하게 이야기합니다. 의지가 강하고 자기 자신의 의견에 자신감이 있는 아이들이지요. 하지만 이런 강력한 주장도 주장으로 그치기만 하면 고집이 되어버리지요. 아이가 강력하게 주장하는 내용이 그 가치를 지니려면 근거가 명확해야 합니다. 명확한 근거와 강력한 주장이 만나면 더 이상 두려울 게 없겠지요. 아이가 어떤 주장을 할 때에는 그것이 어떤 근거를 가져야 하는지 스스로 찾아내게 도와주세요. '왜 엄마가 네 용돈을 올려줘야 하는지 이유를 대봐라.' 같은 간단한 문제에서부터 '사형 제도를 유지시킬 것인가, 말 것인가'와 같은 제법 묵직한 주제까지, 잘만 이끌어준다면 주도형은 즐기면서 해내지요. 아이와 다양한 이야기를 나누시되 아이가 자신의 이야기의 질을 높여가도록 도와주세요.

③ 토론의 강자되기

| 수업 전 준비할 것: 신문 기사, 뉴스 동영상 |

주도형 아이들은 다른 사람과의 경쟁을 즐기는 아이들입니다. 다른 아이와 경쟁을 하면 더 빨리 발전하기도 하지요. 때문에 다른 사람과 토론하면서 자신의 주장을 펼 수 있는 기회를 자주 마련해주시는 것이 중요합니다. 다른 사람의 주장보다 더 근거 있는 주장을 준비하는

과정에서 자신의 주장을 다듬고 다른 사람의 이야기를 경청하게 되니까요. 이런 자리를 마련하기 힘드시다면 한 가지 사건이나 사회적 이슈에 대해 엄마나 가족들과 식탁에 둘러앉아 자주 토론하고, 상대방의 의견에 대해 내 의견을 개진하는 기회를 주셔야 합니다. 그런 경험을 통해 자신의 주장을 다듬고 타인의 의견을 경청하는 습관을 들인다면 누구보다 훌륭한 토론자로 자랄 수 있는 아이들이 주도형 아이들입니다. 아이가 고학년이라면 신문 기사나 사설을 읽고 사설의 내용을 비판하거나 동의하는 글을 쓰는 NIE를 적극 권합니다.

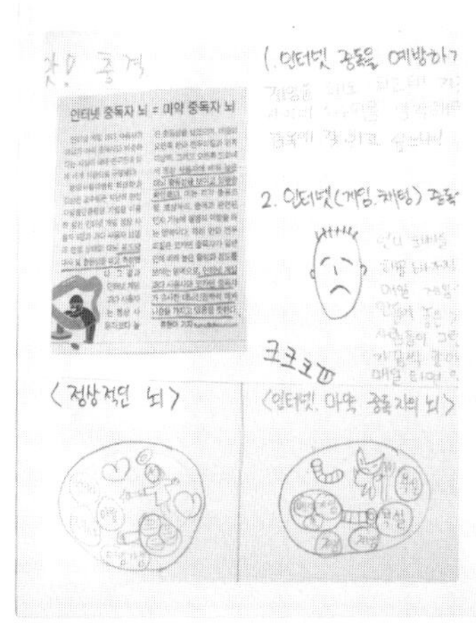

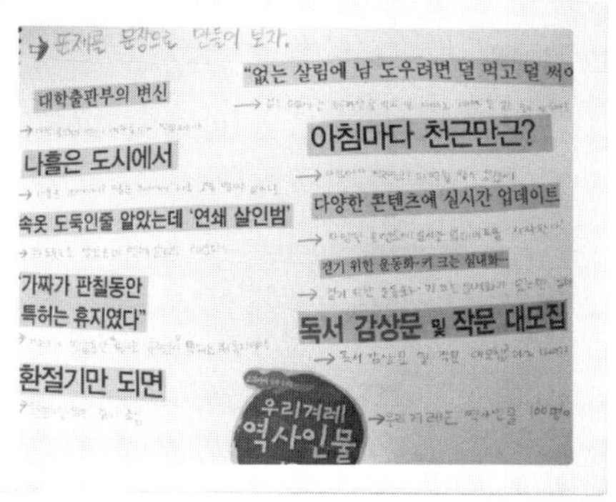

NIE는 수백 가지 다양한 활동으로 확장할 수 있습니다.
도서관에서 NIE 지도책을 빌려 우리 아이 성향에 맞는 NIE를 시작해보세요.

주도형

장점	의지가 강함, 자신에 대한 믿음이 있음, 자립심이 강함, 긍정적임 활동적, 실용적, 미래지향적임 지도자형 타입. 생산적, 강한 추진력 비전을 제시하는 카리스마, 명확한 자기주장이 있음
단점	신경질적임, 냉소적임 위협적, 거만함 감정이 무딤, 자신에게 몰두함 세부사항을 지루해 함, 결과에만 집중함
주도형 아이 지도 방법	· 권위에 도전하는 지위와 자유를 줄 것 · 다양한 활동, 성장, 진보의 기회를 제공할 것 · 직접적으로 간략하게 '요점'만 말할 것(엄마의 잔소리 금지) · 결과에 초점을 두어 평가할 것 · 아이가 취할 이점을 논리적으로 설명할 것 · 동기유발 요인을 찾을 것
주도형 엄마 보완점	· 아이를 인정하고, 격려하고, 칭찬하자 · 아이를 존중하고 배려하자 · 목표중심적이지 말고 과정중심적이 되자(아이는 언제나 과정중심적이다) · 아이를 어떻게 지도할 것인가가 아니라 어떻게 도울 것인가를 생각하자 · 아이에게 좀 더 친절하게 대하자(단호한 단어와 표정을 자제하고 유머 감각을 개발할 것) · 아이의 말을 겸손하게 경청하자
주도형의 글쓰기	상상력을 자극하는 글쓰기(이야기 이어나가기, 동화책 만들기 등), 사회 이슈에 대한 자신의 주장 쓰기, 토론하기. 신문사설로 NIE 하기

신중형의 특징

신중형에는 손재주가 좋고 다재다능한 아이들이 많습니다. 조용히 앉아서 무언가 몰두하는 작업을 좋아하지요. 내성적으로 보이고 수줍음이 많은 아이들이 대체로 신중형입니다. 신중형은 감수성도 풍부하고 예술적 감각도 높으며 많은 친구들과 사귀기보다는 몇 명의 친구와 깊은 우정을 나누는 유형입니다. 다재다능하면서도 감수성이 풍부해서 신중형 중에는 예술가들이 많습니다. 다른 사람들이 못 보고 지나가는 것도 놓치지 않고 찾아낸다거나, 다른 사람은 생각지 못하는 예민한 시각으로 사물을 바라보기도 하지요.

사람들 사이에서 시끌벅적 어울리기보다는 조용하게 혼자 있는 시간을 좋아하는 신중형은, 책도 많이 읽고 지식 수준이 높기 때문에 지식에 기반 하지 않은 다른 사람의 말을 잘 믿지 않습니다. 분위기에 쉽게 휩쓸리지 않지요. 옆집 아줌마가 와서 "요 앞 상가에 새로 생긴 학원 있잖아. 거기가 그렇게 좋대. 엄마들이 거기 보낸다고 지금 난리잖아."라고 해도 "아, 네 그래요." 대답만 할 뿐 자기가 직접 가보고 선생님을 만나보기 전까지 신중형 엄마는 이 말을 절대 믿지 않습니다. 그만큼 신중하고 조심성이 많지요. 돌다리를 두들겨보고도 못 믿는 성격이에요.

이렇게 뭐든 확실한 성격이다 보니 타인과의 약속도 잘 지키고, 못 지킬 약속은 절대 하지 않기 때문에 사람들 사이에서 신뢰가 높습니다. 자신에게 주어진 일은 아무리 어려움이 있어도 끝까지 해내고, 다른 사람에 대해 함부로 떠벌린다거나 싱거운 행동을 하지 않으니 조직에서 꼭 필요하고 없어서는 안 되는 사람이라는 평판을 듣게 되지요. 그러나 때때로 이런 신중한 성격이 비사교적이라거나 부정적이라는 오해를 받기도 합니다. 뭐든 확실히 하려다 보니 고지식하고 부정적으로 비치게 되지요. 무엇이든지 확실하게 하려는 사람들이 가능성보다는 불가능성에 집중하게 되잖아요. 친구가 새로운 일을 시작하려고 한다고 꿈에 부풀어 이야기를 하면, 신중형은 그 일이 성공할 가능성보다는 실패할 가능성에 더 치우쳐 충고를 하기 때문에 때로는 너

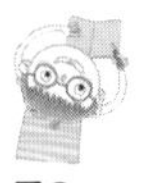

무 비판적이라는 오해를 받기도 합니다.

신중형은 자신이 다른 사람에게 상처 주는 일을 하지 않기 때문에 타인이 주는 상처에 민감하고 한 번 상처받은 일은 절대 잊지 않습니다. 만일 신중형 친구가 있으신 분들은 그 친구가, 나는 다 잊고 있는 옛날 이야기를 끄집어내며 나지막한 목소리로 〈전설의 고향〉에 나오는 주인공처럼 이야기하는 걸 들으신 적이 있으실 거예요. "너 설마 2005년 11월 14일 날 내게 했던 말을 잊지는 않았겠지?" 그만큼 상처에 민감하지요. 남이 나를 어떻게 평가하고 있는가를 매우 민감하게 받아들이는 성격이 신중형입니다. 그러므로 우리 아이가 신중형이라면 아이 마음에 상처가 되는 말을 하지 않도록 아주 조심하셔야 합니다. 사교형 엄마가 화가 나서 별 생각 없이 뚝 던진 말에 신중형 아이는 평생 치유되지 않는 상처를 입을 수도 있으니까요. 이 아이들이 이렇게 상처에 민감한 이유는 자기 자신이 완벽주의자이기 때문입니다. 학교 갔다 와서는 언제나 옷을 똑바로 정리해놓고, 숙제도 알아서 잘하고, 자기 일을 스스로 잘해서 특별히 엄마가 손 갈 것이 없다는 이야기를 들으며 자란 아이들이니 누군가 자신을 비하하면 화가 날만도 하지요. 그런 이유로 신중형 아이들은 자기 스스로 모든 것을 알아서 잘해야 한다는 스트레스가 심합니다. 엄마가 아이의 이러한 스트레스를 알아주시고, 사람은 누구나 실수할 수도 있고 실패할 때도 있다는 것을 늘 깨우쳐주세요.

만일 우리 아이가 신중형이라면 자신이 집중할 수 있는 조용하고

통제된 환경을 제공해주셔야 합니다. 시끄럽고 떠들썩한 환경에 있을 때 신중형 아이들은 스트레스를 많이 받습니다.

학원을 바꾸는 것과 같은 변화 역시 엄마가 결정하기 전에 아이와 먼저 상의하시고, 아이가 적응할 수 있도록 충분히 시간을 주신 후에 바꾸시는 것이 좋습니다. 무작정 여행을 떠난다거나 계획 없이 놀러 가는 것을 신중형 아이는 좋아하지 않습니다. 사교형 엄마가 "야, 오늘 날씨 좋은데 우리 에버랜드 놀러가자!"라고 하면 신중형 아이는 자신이 계획하지 않은 일이 갑작스럽게 일어난다는 것 때문에 기분이 좋지 않습니다. 그럼 엄마는 말하지요. "너는 왜 만날 그렇게 불평불만이 많아? 왜 놀러간다고 해도 싫대?" 그런데 이것은 신중형 아이를 배려하지 않는 처사입니다. 만일 오늘 놀러갈 거라고 저번 주에 미리 알려주었더라면 아이도 충분히 기쁜 마음으로 놀러갔을 텐데요. 신중형 아이와 어떤 활동을 하실 때에는 충분히 계획을 설명해주시고 그것에 관해 생각해볼 시간을 주신 후에 아이도 계획에 동참하게 해주세요. 또한 아이를 설득하실 때에는 정확한 데이터를 가지고, 객관적 시각에서 아이를 설득하셔야 합니다. "엄마 말이니까 들어. 일단 해보면 나중에는 좋을 거야." 같은 말을 들은 아이는, 대답은 "네."라고 하겠지만 마음속으로 절대 동의하지 않습니다. 자신이 동의하지 않는 일에는 누구나 최선을 다하지 않겠지요. 아이가 이해할 수 있을 때까지 성의를 가지고 설득해주세요.

내가 신중형 엄마라면

신중형 엄마는 아이가 내 마음에 맞게 완벽하기를 바랍니다. 먼지 하나 없이 깨끗한 옷차림으로 반듯하게 앉아서 선생님 말씀을 주시하는 우등생 자녀를 바라지요. 그러니 신중형 엄마에게 사교형 아이가 있다면 아이가 덤벙거리는 것이 영 못마땅한 엄마와, 엄마의 꼼꼼함이 지긋지긋한 아이가 부딪혀 서로에게 불만이 쌓여갈 것입니다.

신중형이라는 결과가 나오신 엄마들은 아이의 약점에 관대해지실 필요가 있습니다. 아이는 아이일 뿐입니다. 실수를 하지 않고 엄마의 기대에 완벽하게 부응하는 아이는 없습니다. 엄마와의 약속을 잊지 않고 기억하고 있다가, 반드시 그 약속을 지켜내고야 마는 아이가 세상에 몇이나 되겠습니까? 아이는 그저 지금 살고 있는 이 시간에 충실한 '아이'일 뿐입니다. 덤벙대고, 잊어버리고, 실수하는 것이 아이의 특징이라는 것을 엄마가 이해하지 못한다면 아이는 늘 엄마에게 야단을 맞을 테고, 늘 엄마의 기대에 부족한 자신을 책망하며 자신감을 잃어가겠지요. 엄마의 기대에 아이를 맞추지 마시고 아이의 눈높이에서

바라봐 주세요. 아이의 약점에 관대해지시고 아이를 긍정적 시각에서
바라봐 주실수록 아이의 자존감이 높아진다는 것, 잊지 마시고요.

이불을 펄럭이며 아이는 엄마에게 배게 싸움을 하자고 하지요. 신
중형 엄마가 깜짝 놀라며 아이를 나무랍니다. "아, 이 먼지! 아, 이 집
먼지진드기! 그만두지 못 해?"

그래요, 아이는 확실히 깨끗한 공기 속에 살겠지만, 확실히 창의력
없는 공기 속에 살게 되겠지요. 너무 조용한 집안, 너무 차분한 분위
기에서 아이의 창의력이 죽습니다. 저는 항상 집 청소를 깨끗하게 하
지 못하는데요. 늘 이렇게 위로합니다. '그래, 아이의 창의력이 자라고
있어!'

신중형 엄마는 뭐든지 확실하지 않으면 못 믿는 성격이다 보니 아
이를 그냥 믿어주는 것도 힘들어하지요. 아이의 학원 시간도 꼼꼼하
게 체크하고, 아이가 학원에서 어떤 자세로 공부하는지 선생님들께
자주 피드백을 받으려고 하고, 아이가 풀어 온 시험지도 매일 체크해
야만 직성이 풀리는 성격이다 보니 그만큼 아이는 자신의 행동 하나
하나가 모두 감시받고 있다는 생각을 하게 됩니다. 감시받고 있다고
생각하는 아이에게 창의력을 기대할 수 있겠습니까? 아이를 좀 풀어
주세요.

신중형 엄마들은 우리 아이가 다른 사람에게 어떻게 보이는지를 각
별히 중요시하지요. 아이가 다른 사람의 집에 가서 잘못된 행동을 하
거나 식당에서 떠들거나 어른에게 인사를 안 하거나 하는 일은 신중

형 엄마들에겐 견딜 수 없는 일입니다. 다른 사람은 애니까 그렇겠지, 하고 별로 신경 안 쓰는데 정작 엄마는 아이를 호되게 나무라지요. 혹시 다른 엄마가 우리 아이한테 "아휴, 너무 까분다."라는 식의 말이라도 한다면 그날은 아이의 눈물콧물 쏙 빠지는 날이라고 봐야지요. 남들이 까분다고 하든 산만하다고 하든 너무 마음에 담아두지 마세요. 아이는 자라고, 자라면서 끊임없이 변합니다. 지금의 모습은 그저 아이의 일시적인 모습일 뿐이에요.《믿는 만큼 자라는 아이들》이라는 책도 있지 않습니까? 지금은 부족해 보여도 모두 자라나는 과정이라는 것을 믿어주세요. 아이는 믿는 만큼 자랍니다.

신중형 우리 아이 글쓰기 지도

① 나를 벗어던져!

| 수업 전 준비할 것: 물감, 전지, 물풀, 밀가루, 물, 어차피 청소 한 번 해야 할 목욕탕 |

신중형 아이는 다른 사람이 보기에는 그럴 수 없이 모범적인 아이지만, 본인 스스로는 스트레스 지수가 매우 높은 아이들입니다. 자신이나 엄마가 맞추어놓은 어떤 틀 밖으로 나가는 것을 싫어하지요. 옷이 더러워지는 것도 싫고, 주위를 어지럽히는 것도 싫습니다. 성격이 못된 것도 아닌데 짝이 내 연필을 쓰다가 부러뜨리는 것에도 마음이 괴로운 아이들이에요. 그러므로 신중형 아이들에게는 스트레스를 확

풀면서 정신적 해방감을 맛볼 수 있도록 해주어야 합니다. 온 손가락에 풀을 묻히고 종이 가득 풀그림을 그리면서, 바탕을 꼼꼼하게 칠하는 것만이 그림이 아니라 이런 화끈한 그림 그리기가 있다는 것도 알려주세요. 손뿐만 아니라 발이나 팔꿈치, 무릎 같은 몸의 각 부위를 이용해 물감 찍기 등과 같은, 옷을 버려도 상관없는 활동을 하게 해주세요. 바닥을 더럽힐 눈치 보지 않고 목욕탕에서 밀가루 반죽으로 동물 만들기를 할 수도 있지요. '눈 가리고 잡기'와 같은 신체활동도 도움이 됩니다. 독후감을 쓰더라도 독후활동을 먼저 한 후에 하게 해주시고 글쓰기를 하더라도 그림을 첨가하면서, 반드시 글쓰기가 꼼꼼함이나 완벽함을 추구하는 장르가 아님을 알려주세요.

② 꼼꼼함이 나의 힘!

| 수업 전 준비할 것: 스케치북, 가위, 풀, 필기도구, 신문, 박물관 · 미술관 안내 소책자 |

꼼꼼함이 신중형 아이들의 큰 장점이므로 자신이 관심 있는 분야에 대해 신문 뉴스 스크랩하기 등을 같이 해주시면 아이가 매우 좋아합니다. 특히 올림픽이나 월드컵 같은 국제적인 큰 행사가 있을 때 자신이 관심 있는 분야의 신문 스크랩을 하면 신중형 아이들이 진가를 발휘하지요. 이러한 스크랩은 놔뒀다가 방학 숙제로 제출하면 방학과제물 전시에서 반드시 상을 탑니다. 스크랩이라고 해서 너무 거창하게 생각하실 것은 없고요. 저학년은 일반 스케치북에, 고학년은 조금 큰 스케치북에 자신이 읽은 기사를 오려서 붙이고 간단하게 자신의 의

견을 첨가한 후, 그림 등으로 적당히 꾸미면 끝이랍니다. 하기에는 어렵지 않지만 다 해놓으면 제법 멋져서 두고 두고 뿌듯합니다. 올림픽이라면 메달을 딴 우리나라 선수들 기사를 매일 스크랩 할 수도 있고, 월드컵이라면 대륙별 진출 국가 기사를 붙여도 되겠네요. 감성적인 여학생이라면 박물관이나 미술관에 갔다 온 후에, 그곳에서 본 것이나 알게 된 내용을 사진을 붙이면서 스크랩을 해도 좋겠습니다.

③ 완벽함이 나의 힘!

| 수업 전 준비할 것: 관찰기록지(부록 참조), 관찰 대상, 필기도구 |

신중형 아이들은 무엇인가를 완벽하게 해냈을 때 성취감을 크게 느끼는 아이들입니다. 그러므로 관찰기록문, 조사기록문을 만들면서 자신의 장점을 한껏 드높일 수 있답니다. 아무리 아파트만 가득한 곳이라 하더라도 집 밖으로 나가면 나무 한 그루쯤은 만날 수 있지요? 나뭇잎을 따다가 크기도 재고 그물맥인지 나란히맥인지 잎맥도 조사하고, 따온 나뭇잎을 그리면서 관찰기록문을 완성하게 해주세요. 꼼꼼하고 완벽하게 완성되어가는 자신의 작품을 보면서 글에 대한 자신감이 날로 높아집니다.

신중형 아이들은 자신이 머릿속으로 계획하고 있는 대로 자신의 일을 완성시켜가는 것에 큰 기쁨을 느끼는 아이들이므로, 신중형 아이들이 집중해서 어떤 일을 할 때에는 되도록 간섭하지 마시고 그대로 놔두세요. 비록 시간은 오래 걸릴지 모르지만 아이는 이렇게 완성한 것에만 의미를 부여합니다. 신중형 아이는 엄마 손이 많이 간 글을 자신의 글이라고 생각지 않아요. 엄마가 거의 다 해주었어도 어디 가서는 내가 다 했다고 주장하는 사교형 아이들과는 정반대지요. 엄마가 도와준 글은 자신의 글이 아니므로 그 글에서 어떤 보람이나 의미를 찾을 수 없어합니다. 뭐랄까, 자신의 글이 순결하지 않다고 느낀다고 할까요? 그러니 엄마한테 도와달라고 하기 전에는 무조건 가만 놔두세요. 그게 도와주시는 겁니다.

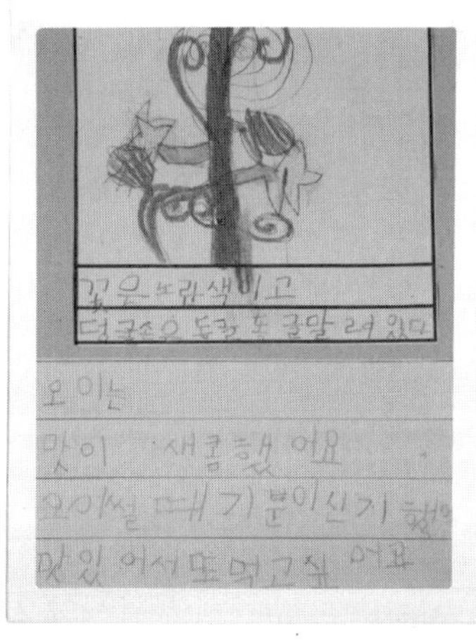

관찰기록문이나 조사기록문은 주변에 가까이 있는 소재로 시작하시면 됩니다. 집안의 화초나 채소처럼 쉬운 것으로요.

자주 가던 집 주변의 산이나 공원에 대해 글을 쓰면 친근감이 있어 어렵지 않게 기록문을 만든답니다.

장점	이성적이고 객관적, 분석적임 다른 사람의 말보다 자신의 지식을 믿음 이상주의자, 자기희생적, 감수성 풍부함, 다재다능함 소수의 친구와 깊은 우정을 나눔, 약속에 충실함, 솔직함
단점	자기중심적, 내성적, 부정적, 비사교적, 고지식함 타인의 지식 수용 안 함, 상처에 민감함, 완벽주의로 일에 대한 스트레스 심각, 복수심 강함
신중형 아이 지도 방법	· 생활에 변화가 있을 때에는 아이에게 충분히 알리고 변화를 받아들일 시간을 줄 것(갑작스런 변화가 없다는 확신을 준다) · 개인적인 관심사를 존중할 것 · 통제 된 환경을 제공할 것 · 정확한 데이터를 가지고 아이를 설득할 것 · 아이가 이해할 수 있을 때까지 설명할 것 · 아이가 어떤 개념을 받아들이는데 시간이 걸리더라도 기다려줄 것
신중형 엄마 보완점	· 분석하지 말고 실천하자 · 아이의 약점에 관대해지고 아이 입장에서 생각하자 · 다른 사람의 비판의 말을 곱씹지 말자 · 아이가 내놓은 결과에 만족하자 · 아이를 긍정적 시각으로 바라보자 · 목소리 톤을 높이고 아이와 유쾌한 시간을 가지자
신중형의 글쓰기	노작 활동 후 글쓰기, 손 찍기, 눈 가리고 잡기 등의 신체활동 후 느낌 적기 신문 등 뉴스 기사 스크랩하기, 동식물 관찰하고 관찰기록문 적기

안정형

안정형의 특징

낙천적이고 태평한 성격의 안정형은 부드럽고 익숙하며 정돈된 상태를 좋아하지요. 처음 볼 때나 무리에 섞여있을 때에는 조용하고 내성적인 성격인 줄 알았는데 알고 보면 조근조근 이야기도 잘하고 재미있는 농담도 곧잘 해서 사람들을 웃기는 유형입니다. 좀 보수적이라 아무하고나 금방 친해지지는 않지만 일단 친해지면 오랫동안 관계를 잘 유지하고 또한 신의도 강합니다. 안정형은 워낙 성격이 좋아서 친구도 많아요.

안정형은 사람들 사이에서 협상가의 역할을 해요. A, B 두 친구가 싸운다면 A친구한테 가서는 B친구가 그렇게 나쁜 말을 할 수 밖에 없었던 사정을 이야기하고, B친구를 만나서는 원래는 그런 녀석이 아닌데 그날 그럴 만한 이유가 있었다고 얘기해주는 식이지요. 성격이 이렇다 보니 주변에 친구들이 어려운 일만 생기면 안정형 친구를 찾지요. 다른 사람의 험담을 하는 것을 싫어하고 또 싸움도 싫어해서 무리 내의 갈등을 잘 해결하지요. 왠지 믿음을 주는 친구랄까요? 안정형 아이들은 튀지는 않지만 친구도 많고 선생님의 신임도 얻으며 두루두루 잘 지냅니다. 어쩐지 믿음직하고 신뢰감이 있어서 반장도 아닌데 담임 선생님의 심부름을 도맡아하는 아이가 반에 꼭 있지요? 이런 아이들이 안정형 아이들입니다.

단점이라면 좀 게을러요. 변화를 싫어하는 보수적인 성격이거든요. 워낙 변화를 싫어하다 보니 지금 이 상태에 만족하고 새로운 일을 추진하는 것을 귀찮아하지요. 어떤 새로운 일이 생기면 뛰어들어 도전하기보다는 일단 일이 어떻게 추진되는지 관망하는 편이에요. 그러니 엄마가 보기에는 뭐든지 새로운 일에는 관심이 없는 듯이 보이지요. 이것은 이래서 안 좋고, 저건 저래서 문제고 변명을 하다가 "그럼 너는 어떻게 했으면 좋겠는데?" 물으면 "글쎄요. 잘 모르겠어요."라고 말해서 엄마 속을 뒤집습니다. 그러나 본인이 자신 있게 할 수 있는 일상적인 일은 싫다 소리 없이 꾸준히 잘해 내는 것이 안정형 아이들입니다. 안정형 아이들은 도전적인 일에 거부감을 느끼는 대신 반복적인 일은 능숙하게 해내는 특징이 있습니다. 처음에 피아노를 시작할 때에는 빨리빨리 진도를 나가지 못하지만 싫단 소리 없이 꾸준히 피아노를 다녀서 결국엔 자기보다 먼저 진도를 나갔던 친구들보다 더 잘 치게 되는 아이랄까요?

우리 아이가 안정형이라면 아이는 상황의 안정성과 그룹과의 일체감을 매우 중시합니다. 안정적인 상황에서 주변 사람들과의 돈독한 관계를 유지하기만 한다면 어려운 일도 덤덤히 겪어내는 아이들이지요. 안정형 아이들은 다채로운 변화를 원하지 않기 때문에 여러 가지 경험을 다양하게 시키시는 것보다는 좋아하는 것 한두 가지를 꾸준히 하게 해주시는 것이 좋습니다. 간혹 엄마가 아이가 하는 일이 지루해 보여서 다른 것을 해보자고 종용하기도 하는데, 안정형 아이들은 지루한데 계속하고 있는 것이 아니라 자신이 전문성을 갖기를 원하는 것이랍니다. 아이들에게 최선을 다해 진지하고 애정 어린 관심을 보여주시고, 진실하며 신뢰할 수 있는 환경을 제시해주세요. 그래야만 아이가 어려움을 만나도 헤쳐나올 수 있으니까요. 만약 안정형 아이에게 화를 내거나 윽박지르면 아이의 자신감이 급격히 위축됩니다.

만일 아이가 너무 행동력이 떨어진다고 느끼실 경우에는 아이가 해야 할 일과 해야만 하는 이유, 완성해야만 하는 시간 등을 써서 보이는 곳에 붙여주세요. 행동을 컨트롤하는 데 도움을 받습니다.

내가 안정형 엄마라면

안정형 엄마는 아이에게 매우 부드럽게 이야기하고 아이가 다치지 않도록 상냥한 말투를 쓰면서 아이를 세심하게 배려합니다. 아이와 진실한 관계 맺기를 원하기 때문에 아이가 싫어하는 일을 윽박질러 강요하지 않고, 언제나 아이 입장에서 생각하고 존중하지요. 그러나 만일 아이가 목표의식이 높은 주도형 아이라면 이런 엄마를 좀 답답하게 느낄 수도 있어요. 행동력이 떨어지니까요. 아이가 엄마한테 "엄마, 눈썰매장 놀러가요."라고 말하면 안정형 엄마는 "에이, 날도 추운데 그냥 집에 있자. 엄마가 맛있는 만두 구워줄게."라고 답하거든요.

안정형 엄마는 아이에 대한 의욕과 열정을 가지고 아이와 함께 새로운 일에 도전해보세요. 새로운 일에 도전하면서 느꼈던 성취감이 엄마와 아이 모두에게 큰 자긍심을 줄 거예요. 물론 새로운 일에 도전하려면 두려움도 생기지만, 이때 자기 자신에 대한 확신이 중요합니다. 엄마가 엄마 자신을 믿지 못하면서 아이에게는 "너 자신을 믿

어라." 하고 얘기할 수는 없는 거잖아요. 어디에 가려고 계획을 세우
다가도 '사람이 너무 많을 것 같다, 잠자리를 구하기 힘들겠다.' 등 이
런 저런 문제에 봉착하면 안정형 엄마와 아이는 의기투합해서 계획을
취소합니다. 엄마가 안정형이고 아이가 사교형이나 주도형이라면 엄
마는 가기 싫어하고 아이는 계속 가겠다고 고집을 피워서, 안정형 엄
마는 아이에게 구구절절 우리가 갈 수 없는 이유를 설명하는 일이 반
복되지요. 하지만 정말 갈 수 없는 이유란 게 있을까요? 가기 싫은 이
유가 있는 것 아닐까요? 그러니 안정형 엄마는 미리 차근차근 계획
을 세우기보다는 그저 떠나세요. 그냥 저지르세요. 무언가 빨리 행동
으로 옮기세요. 이것저것 생각하기보다는 일단 먼저 시작하세요. 계
획이 없으면 어때요. 여행의 묘미는 어떤 일이 벌어질지 모르는, 바로
그 의외성에 있는 거잖아요

　만일 아이와 갈등이 있다면 안정형 엄마는 장황한 설명을 줄이고
핵심만 간략하게 전달하세요. 엄마는 아이를 배려한다고 오래오래 설
명을 하는데, 아이는 이 배려를 잔소리로 듣습니다. "우리 엄마 또 시
작했어." 하면서요. 아이는 엄마의 이야기가 길어질수록 집중력이 떨
어진답니다. 아이에게 어떤 부탁을 하고자 할 때는 단답식으로 간단
하게 하시는 게 좋습니다. "엄마는 민서가 네 방을 다 치우면 좋겠어.
오늘 저녁 먹기 전까지는 다 치우도록 하렴." 단호하고 간략하게 말하
는 것이 장황하게 말하는 것보다 효과가 좋습니다. "왜 방을 이렇게
어지르니, 엄마가 너무 힘이 드는데 도와주면 안 되겠니?" 한 번 말해

선 안 듣는다고요? 그럼 장황하게 말하면 듣던가요? 단호하고 간략하게 말하시고, 듣지 않았을 때에는 어떤 불이익이 있을 것인지 명확하게 알려주신 다음, 아이가 지키지 않았을 때는 그 불이익을 정확하게 이행해주세요. 이렇게 하는 것이 아이의 행동을 교정하는 데는 오랜 잔소리보다 훨씬 효과가 좋습니다.

안정형 우리 아이 글쓰기 지도

① 일체감 느끼기

| 수업 전 준비할 것: 색지, 가족사진, 인터뷰 기사, 가위, 풀, 필기도구 |

안정형 아이들은 가족이나 자신을 둘러싸고 있는 주위 사람들과의 유대감을 매우 중요하게 생각합니다. 가족끼리 둘러앉아 오순도순 정을 나누는 식사시간을 가장 좋아하지요. 그러므로 안정형 아이들은 가족신문 만들기나 가족들에게 편지 쓰기 같은 활동을 하면서 행복을 느낍니다.

가족신문 만들기를 하면서 아빠와 엄마의 연애시절 이야기도 듣고, 자신이 아기였을 때 사진을 붙이면서 옛날 이야기를 들려주세요. "엄마가 널 낳을 때 얼마나 배가 아팠는지 아니? 엄마가 밤새 배가 아팠는데도 네가 나오지를 않는 거야." 그러면 자신이 엄마의 사랑을 받고 자란 가족공동체의 일원이라는 데에 큰 만족감을 느끼지요. 가족나무 만들기처럼 우리 가족 족보를 만들어보는 독후활동도 권합니다.

② 자연과 하나 되기

| 수업 전 준비할 것: 물, 돗자리, 낙엽을 담아올 종이봉투, 넉넉한 시간 |

타인에 대한 배려가 있다는 것은 그만큼 다른 사람에게 감정이입이 잘된다는 뜻이고, 감정이입이 잘된다는 것은 감성이 풍부하다는 뜻이겠지요. 안정형의 아이들은 감성이 풍부합니다. 예쁜 꽃이 피고 낙엽이 떨어지는 계절의 변화도 다른 아이들보다 더 잘 느끼고, 길을 잃은 강아지도 유독 안정형 아이들 눈에만 잘 띈답니다. 어떻게 보면 이 사회에 꼭 필요한 아이들이지요.

자, 아이와 함께 무작정 나가보세요. 날씨가 좋으면 다양한 야외활동도 해주시고요. 낙엽을 모아서 그림 만들기, 낙엽들이 춤추는 동화책 만들기 등도 재미있겠지요?

③ 일단 나가보기

| 수업 전 준비할 것: 관찰기록지, 관찰 대상, 필기도구, 인터뷰 기록지 |

무거운 엉덩이를 떨치고 일어나 갯벌체험을 떠납니다. 신나는 체험을 다녀오고 나면 아이의 감성은 즐거운 기억으로 풍성해집니다. 이 기억을 살려 기행문을 쓰는 겁니다. 잠자리채를 들고 나가 잠자리를 잡아서 날개를 직접 살펴보면서 관찰기록문을 쓰는 건 어떨까요? 뒷동산에 올라가 식물채집을 한 뒤에 쓰는 기록문도 재미있겠지요?

사람들과 소통하는 것에 별 어려움이 없는 안정형 아이는 조사기록문을 쓸 때에도 혼자 하는 것보다는 다른 사람을 인터뷰하고 쓰도록 해주세요. 예를 들어 환경문제에 대한 글을 쓴다면 인터넷에서 대충 조사해서 쓰게 하기보다는 아파트 경비원 아저씨를 인터뷰해서 요즘 어떤 쓰레기가 많이 나오는지, 쓰레기를 버리는 사람들의 인식 수준은 어떠한지 인터뷰를 하고 쓰는 것이지요. 이런 글은 책상머리에 앉아 대충 쓴 글보다 훨씬 생생하고, 아이에게 자신의 글이 특별하다는 자긍심을 줍니다.

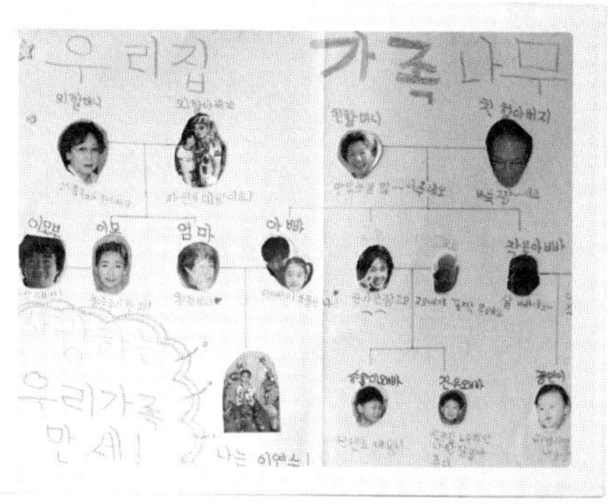

저학년은 직계가족만으로 된 간단한 가족나무를, 고학년은 증조부모를 포함하여 가족의 특징과 성격이 자세히 나타난 가족나무를 만들어보세요.

장점	낙천적이고 태평함, 유머와 재치, 안정되고 편안한 분위기를 좋아함 평소에는 조용하지만 일단 말을 시작하면 아주 잘함, 협상가, 싸움을 싫어함 듣는 사람을 배려하는 부드러운 말투
단점	게으름, 보수적(변화를 두려워 함), 적극적으로 개입하지 않고 관망함 추진력 약함, 비평가적임, 대안을 제시하지 않음
안정형 아이 지도 방법	· 주변 사람들에게 소속감을 느낄 수 있도록 도와줄 것 · 진실하며 사적이고 신뢰할 수 있는 환경을 제공할 것 · 변화에 적응할 시간을 줄 것 · 진지하고 애정어린 관심을 보여줄 것 · 관심 있는 일에 꾸준히 매진할 수 있도록 협조할 것 · 야단을 칠 때는 위협적이지 않은 방식을 쓸 것 · 엄마가 원하는 목표, 그에 따른 아이의 할 일 등을 명확히 제시할 것
안정형 엄마 보완점	· 아이에 대한 의욕과 열정을 가지자 · 아이와 함께 새로운 일에 도전해보자 · 새로운 시작에 두려움을 버리고 아이에 대해 확신을 가지자 · 마음에 안 드는 문제가 있다면 장황한 설명을 줄이고 핵심을 바로 전달하자(아이는 엄마의 배려를 잔소리로 듣는다)
안정형의 글쓰기	아이와 함께 무작정 떠난 후 기행문 쓰기, 야외 활동을 이어가는 글쓰기 가족 신문 만들기 등 가족참여 글쓰기

3장
우리 아이
학년별
글쓰기 지도

아이들은 모두 성장 속도가 다릅니다. 글쓰기 능력은 다른 어떤 능력보다도 그 편차가 특히 심하지요. 그러므로 어떤 학년의 아이들에게 어떤 글쓰기를 반드시 지도해야 한다는 기준은 없습니다. 그러나 대체적으로 아이들은 학년별로 공통된 특성을 가지고 있고, 학교에서는 이에 따라 각 학년에 맞는 장르를 집중해서 지도하게 됩니다. 그러므로 여기서 소개하는 글의 장르는 학년별로 학교에서 많이 다루는 빈도를 중심으로 구성했습니다.

또한 여기에 밝힌 각 학년 아이들의 특성은 '대체적으로 그 학년의 아이들이 이와 같은 특징을 보이기 쉽다'는 것이지 반드시 모든 아이

가 이런 특성을 보이는 것은 아니라는 것, 아시지요? 어떤 아이는 학년별 특성이 빨리 오기도 하고, 어떤 아이는 늦게 오기도 하며, 어떤 아이는 그러한 특성을 보이지 않고 지나가기도 합니다. 우리 아이의 특징은 엄마들이 잘 아시리라 생각해서 저는 엄마들이 간과하기 쉬운 내용들만 밝혀놓았습니다.

자, 그럼 우리 아이 글쓰기 어떻게 지도해야 하는지, 이제 본격적으로 시작해볼까요?

1학년 아이들은
어떤 특징을 가지고 있을까요?

학교에 아이를 처음 보내는 엄마 마음과 마찬가지로 1학년 아이 역시 자신이 학교에 처음 간다는 사실이 설레고 떨리고 걱정스럽습니다. 그런데 학교에 가는 날짜가 다가올수록 설레는 마음보다는 걱정스러운 마음이 앞서게 되지요. 만나는 사람마다 도통 걱정스러운 얘기뿐이니까요. "학교 들어가면 공부 열심히 해야 한다. 선생님 말씀 잘 들어야 한다. 이제 너도 행복한 시절은 끝났구나." 여기에다 엄마는 한

술 더 떠 실현가능하지 않을 것 같은 요구를 합니다. "아무리 오줌이 마려워도 공부 시간에는 화장실에 가면 안 되고, 공부 시간에는 똑바로 선생님만 쳐다보고, 친구들과 싸워서도 안 되고, 알림장을 빼먹지 말고 적어 와서 엄마한테 꼭 보여주어야 한다."

이제까지 아이는 유치원에서 화장실에 가고 싶으면 아무 때나 갔고, 친구들과 내 것 네 것 없이 학용품을 나누어 썼습니다. 친구와 싸우면 어디선가 예쁜 선생님이 나타나서 "서로 꼭 안아주세요." 하며 화해도 시켜주었지요. 이런 아이에게 준비물 좀 안 챙겨왔다고, 친구와 싸웠다고, 알림장 안 적었다고 벌을 서고 꾸지람을 들어야 하는 학교는 그야말로 '공포의 구렁텅이'입니다. 그래서 1학년 아이들이 학교에 가기 싫어하는 '1학년 우울증'을 겪는 것이지요. 1학년 아이에게는 이 모든 것이, 이제까지 알고 있던 세상이 송두리째 변하는 크나큰 충격입니다. 그런데 이러한 충격을 겪어내고 있는 아이에게 학업 스트레스를 주는 것은 가중처벌도 그런 가중처벌이 없습니다. 그러니 제발 1학년 때 학업 스트레스는 주지 마세요. 학습은 아이가 학교에 다 적응한 후에 해도 늦지 않습니다. 아이가 받아야 할 12년이라는 긴 교육 기간 중 이제 겨우 첫발을 뗀 것이니까요.

1학년 아이는 자기가 울 때 달려와 줄 예쁜 선생님이 없고(1학년 선생님들은 왜 그리 나이도 많으신지), 아무 때나 집에 가고 싶다고 떼를 쓰면 달려와 줄 엄마도 없다는 잔인한 인생을 깨달아가고 있는 중입니다. 아이가 이 험난한 역경을 잘 헤쳐 이겨낼 수 있도록 엄마는 끊임없는 지지와 정서적 안정을 제공해주셔야 합니다. 집에 돌아오면 두 팔 벌려 안아주고(엄마가 직장맘이라면 엄마를 대신할 누군가가 있어야겠죠), 학교에서 받은 상처에 대해 들어주고 위로해주고 새로 배운 것에 흥미를 가져주고, 학교생활에 더 잘 적응할 수 있도록 준비물이나 생활태도 등을 꼼꼼하게 체크해주셔야 합니다.

1학년 우리 아이, 어떻게 도와줄까요?

1학년에 필요한 가장 대표적인 능력이 규칙을 지키는 능력입니다. 1학년 아이는 규칙을 지키는 일로 가득 찬 곳에서 학교생활을 시작합니다. 일어나서 돌아다니고 싶어도 수업시간에는 앉아있어야 한다는 규칙을 지켜야 하고, 배가 고파도 급식시간까지는 참아야 한다는 규칙을 지켜야 하고, 공부 시간에 짝과 이야기하고 싶어도 수업시간에는 조용히 해야 한다는 규칙을 지켜야 하고, 몸이 근질거려도 줄을 똑바로 서 있어야 한다는 규칙을 지켜야 합니다.

아이는 본래 규칙적이지 않은 존재인데 이런 수많은 규칙을 지켜내야 하니 얼마나 괴롭겠습니까? 하지만 아이가 사회생활에 올바르게 적응하기 위해서는 바로 이 괴로운 규칙을 지켜내야만 하지요. 규칙을 지키지 못하거나 규칙을 지키지 않아도 된다고 생각하는 아이는 시간이 지날수록 점점 학교생활에 적응하기가 힘들어집니다. 아이에

게 규칙이라는 것이 무엇인지 제대로 알려주시고 공동체 생활을 하기 위해서는 꼭 참고 규칙을 지켜야 한다는 사실도 인지시켜주세요. 가정에서 규칙적인 생활을 하는 게 도움이 됩니다.

규칙을 지키는 것과 더불어 1학년 아이들에게 필요한 능력이 만족 지연 능력입니다. 아이는 지금 나가서 뛰어놀고 싶습니다. 그런데 엄마는 받아쓰기를 하라고 하네요. 받아쓰기, 하기 싫지만 참고 합니다. 받아쓰기를 다 하고 나면 엄마한테 칭찬도 받을 테고, 내일 받아쓰기 시험에서 100점을 맞으면 선생님한테도 칭찬받고 친구들 앞에서도 으쓱할 수 있으니까요. 아이는 차후의 만족을 위해 지금 놀고 싶은 것을 참아야 합니다.

'마시멜로 실험'에 대해 들어본 엄마들 많으실 거예요. 미국에서 행해졌던 이 실험은 선생님이 아이에게 마시멜로를 주면서 이렇게 말하는 것으로 시작합니다. "마시멜로를 지금 먹어도 괜찮아. 하지만 만약 선생님이 돌아올 때까지 안 먹고 기다리면 그때는 2개를 주마." 이렇게 말한 선생님은 아이를 두고 교실을 나갑니다. 아이는 시험에 들게 됩니다. 맛있는 마시멜로를 지금 먹어버리느냐? 아니면 나중에 더 큰 즐거움을 위해 지금 참느냐, 하는 기로에 서게 되는 것이지요. 이 실험이 유명한 까닭은 실험에 참가한 아이들을 15년 이후까지 추적 조사했기 때문입니다. 15년 후 실험에 참가했던 아이들 600명은 대학입학을 앞두고 있는 나이가 되었는데 마시멜로를 그냥 먹어버린 아이보다 참고 기다렸다가 하나를 더 받은 아이들이 성적이나 대학입학 같은 성취도 면에서 훨씬 앞서나갔습니다.

만족지연 능력이 없다면 아이는 학습 자체를 할 수가 없습니다. 학습은 힘들고 어려운 과정이므로 '이것을 참으면 더 좋은 결과가 기다리고 있다'는 인식이 없으면 학습을 하려 들지 않지요. 잘 참고 기다릴 줄 아는 아이는 학습에 성공할 확률이 높아집니다. 아이의 만족지연 능력을 체크해주세요. 아이들에게 만족지연 능력을 키워주시려면 성공의 경험을 자주 맛보게 해주셔야 합니다. 아이가 참고 견디어 어떤 성취에 이르렀을 때 아이의 뇌에서는 도파민이라는 호르몬이 분비됩니다. 이 호르몬이 주는 강력한 쾌감을 느껴봤던 아이는 다음에 역경이 와도 더 큰 성취를 위해 좀 더 참고 기다릴 줄 아는 태도를 보이지요. 아이를 다그치지 마시고 작은 성취를 반복해서 느낄 수 있도록 도와주세요.

1학년은 사실 필기할 내용이 그렇게 많지 않습니다. 학교에서도 자신의 생각을 쓰기보다는 자신의 생각을 말하게 하는 수업이 많지요. 1학년에 들어가 처음 배우는 것이 '우리 가족을 소개해봅시다.'입니다. 교과 과정도 아이의 생각을 발표하게 하는 과정이 많습니다. 그림을 보고 무슨 내용인지 말해본다거나 읽은 내용을 친구들과 이야기해보는 등으로 아이가 자신의 생각을 표현하게 하지요. 그러므로 1학년 과정에서는 쓰기에 힘을 쏟기보다는 아이가 자신의 생각을 잘 나타내도록 도와주셔야 합니다. 이 과정에서 엄마와 아이가 서로 마주 보고 이야기를 주고받는 것, 엄마가 아이의 이야기를 잘 경청해주고 공감

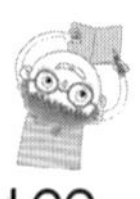

해주는 것이 무엇보다 중요합니다. 그래야만 말하기에 자신감을 가질 수 있지요.

1학년 엄마들이 제일 걱정하시는 부분이 띄어쓰기나 받침을 잘 모른다는 점이에요. 그런데 크게 학습장애를 겪는 아이가 아니면 4~5학년 올라가서도 띄어쓰기, 받침 몰라서 선생님께 야단맞는 애 없습니다. 그러니 이 시기에 띄어쓰기나 받침을 모른다고 너무 스트레스 주지 마세요. 2학년 2학기 정도가 되면 스스로 거의 좋아집니다. 지금은 다른 무엇보다 학교와 친해져야 하는 시기임을 잊지 마세요.

일기, 왜 필요한가요?

우리는 사물을 볼 때 전체를 한꺼번에 뭉뚱그려서 봅니다. 길에 어떤 꽃미남 청년이 지나간다고 가정해볼까요? '야, 잘 생겼다. 요즘은 왜 이리 잘 생긴 애들이 많아. 뜨아~ 저 우월한 기럭지(?) 봐. 에휴, 내가 10년만 젊었어도.'라고 생각하며 그 청년 옆을 스쳐지나가겠지요. 한참 뒤에 그 청년 코가 어떻게 생겼는지, 그 청년이 쌍꺼풀이 있었는지 없었는지, 그 청년이 머리에 젤을 발랐는지 안 발랐는지 누가 물어보면 대답할 수 없습니다. 우리는 그 청년을 하나하나 뜯어본 게 아니라 그냥 뭉뚱그려서 '잘 생긴 청년'으로 봤기 때문입니다.

아이들에게 오늘 있었던 일을 하나하나 기억해서 느낌을 쓰라는 것은 그 청년의 모습을 하나하나 기억해내서 쓰라는 것처럼 어려운 일입니다. 아이는 수업시간에 친구와 했던 이야기, 급식시간에 앞자리 친구와 싸웠던 일, 선생님께 칭찬을 받거나 야단을 맞은 일들이 다 그저 좋았거나 나빴거나 슬펐거나 즐거웠던, 감각에 어렴풋이 새겨진 일일 뿐이지 느낌이 세세하게 생겨나는 일들이 아닙니다. 아이들은 어른들보다 훨씬 감각이미지를 많이 사용하고 사는 존재들이기 때문에 더욱 그러하지요. 그런데 우리는 기억이 안 나는 아이들을 붙잡아 앉혀놓고, 오늘 있었던 일을 기억해내서 자세하게 쓰고 거기에 느낌까지 첨가하라고 강요합니다. 그것도 아주 많~이.

1학년 아이들이 일기장을 앞에 두고 "모르겠어요.", "생각이 안 나요."라고 말하는 것은 쓰기 싫어서 꾀를 피우는 것이 아닙니다. 자신이 그저 느낌으로만 겪어냈던 일들, 자신의 뭉뚱그려진 생각을 어떻게 자세하게 풀어내야 할지 모른다는 말입니다. 다그쳐서 될 일이 절대로 아닙니다. 그러니 안 나는 생각을 계속 짜내야 하는 이 일기가 아이들에게는 얼마나 원망의 대상이겠습니까? "일기 없는 세상에 살고 싶다!"라고 외칠 만하지요. 일기는 아이들에게 귀찮고 괴로운 숙제의 연장이며, 자신의 삶의 질을 급격히 떨어뜨리는 공부의 일종입니다. 초등학교 아이들에게 일기는 그야말로 공공의 적이지요. 특히 글씨쓰기도 익숙하지 않은 1학년 아이들이, 어떻게 쓰는지도 잘 모르겠는 일기를 매일 쓴다는 것은 그 스트레스가 가히 쓰나미급(!)입니다.

그렇다면 부모님들에게 일기는 어떤 것일까요? 솔직히 부모님들도

일기 쓰기 시키기 싫습니다. 그냥 속 편하게 쓰지 말라고 하면 좋겠어요. 그런데 일단 학교 숙제기도 하거니와 일기를 잘 써야 나중에 글솜씨가 는다느니, 논술에 도움이 된다느니 하면서 겁을 주는 옆집 아줌마와 학원의 압박이 있으니 용기 있게 무시하지도 못합니다. 무시하려니 겁이 나고, 지도하려니 땀이 나고, 아이와 싸워야 할 것을 생각하면 짜증이 나지요. 처음에는 잘 지도해보려고 어르고 달래보기도 하지만 결국에는 안 쓰고 버티는 아이에게 소리를 지르게 됩니다. 그렇다면 이렇게 엄마나 아이나 다 같은 괴로운 일기 쓰기, 그냥 안 하면 안 될까요? 그래요. 그랬으면 좋겠는데, 그런데 말이지요. 그러기에는 일기가 가진 장점이 너무 많습니다. 그럼에도 불구하고 일기를 포기할 수 없는 이유 몇 가지를 적어볼게요.

① 성찰하지 않으면 발전하지 않는다

외국 속담에 '어떤 사람이 10년 동안 일기를 썼다면 그는 어떤 분야에서든 전문가가 되어있다.'라는 말이 있습니다. 일기의 궁극적인 목적은 오늘 있었던 일을 돌이켜보고 자기가 잘한 점을 기쁘게 여기고 부족했던 점을 반성하게 하는 고요한 성찰의 시간을 가지게 하는 데 있습니다. 우리가 일기를 쓰지 않으면 하루 중 잠깐이라도 이러한 시간을 가질 수 없을 뿐만 아니라 설령 잠깐 이런 성찰의 시간을 가진다 하더라도 자신이 어떤 생각을 했었는지 나중에 다시 기억해낼 수가 없습니다. 그러므로 10년 동안 일기를 쓰면 어떤 분야에서든 전문가가 되어있다는 것은 '자신을 꾸준히 돌아보고 자신의 삶을 성찰하며 전진하면 자신의 길을 찾아낼 수 있다.'라는 뜻이지요. 이처럼 일기는 우리에게 성찰하고 발전할 수 있는 기회를 줍니다.

② 생각의 근육을 만든다

우리는 주변에서 고민은 많은데 별 실속 있는 결론은 못내는 사람들을 종종 봅니다. 옆에서 보면 끙끙 머리를 쥐어뜯으면서 고민은 많이 하는데 그 사람이 도달하는 결론은 항상 어이없고 어리석어서 주변 사람들을 답답하게 하지요. 친구들 중에 이런 애 꼭 있잖아요. 좋은 남자 나타나도 고민만 하다가 다 놓쳐버리고 결국은 참으로 어이없는 남자 골라서 괴로워하면서도 못 헤어지는 친구, 기억나시죠? 이런 사람들은 효율적으로 생각하는 방법을 모르는 사람들이라고 할 수 있습니다. 우리는 깊이 고민하면 깊은 결론에 도달할 것이라고 생각하지만, 생각을 어떻게 진전시켜나가야 하는지 알지 못하는 사람은 같은 고민이나 쓸데없는 고민을 계속 하면서 자신의 사고를 진전시키지 못합니다.

예를 들어 마음에 드는 같은 과 여학생 때문에 상사병에 걸린 한 남학생이 있다고 가정해볼게요. 이 남학생은 매일 이 여학생을 생각합니다. 여학생을 그리워하고 여학생을 우연히 만나기라도 하면 말도 못 붙이고 주변을 서성대고는 하지요. 그 여학생이 다른 남학생과 얘기를 나누기라도 하면 질투심으로 온몸이 불덩이가 됩니다. 매일 이

와 같은 일상을 반복하지요. '아, 고백을 할까? 아냐 그랬다가 퇴짜 맞으면 나만 손해지. 그럼 그냥 기다릴까? 나를 알아봐 줄때까지? 그랬다가 영영 내 마음을 전하지 못하면 어떻게 하지?'와 같은 생각을 하루에도 열두 번씩 반복하면서 말이죠. 남학생의 마음은 더욱 괴로워지지만 아무 변화도 없이 매일매일 시간이 갑니다. 그런데 이 남학생이 일기를 썼다면 얘기가 달라집니다. '아, 고백을 할까? 아냐 그랬다가 퇴짜 맞으면 나만 손해지. 그럼 그냥 기다릴까? 나를 알아봐 줄때까지? 그랬다가 영영 내 마음을 알리지 못하면 어떻게 하지?'라는 문장을 어제 일기에서 발견하고는 매일 똑같은 고민을 하는 자신이 어리석다는 것을 깨닫지요. 그러면 이것보다는 더 나은 생각, 즉 고백을 하든 모른 척을 하든 둘 중 하나로 결정을 봐야겠다고 일기장을 내려다보며 생각을 진일보 시키는 겁니다. 그리고 그다음 날은 결심합니다. '그래, 고백을 해보자. 그렇다면 어떤 방식이 좋을까? 아주 고전적이 방법으로 꽃다발을 주며 고백하자.' 일기에 적지요. '용기를 내자고. 미인은 용기 있는 자만이 차지할 수 있는 것이라고.' 그런데 이 방법이 너~무 고전적인 방법이라 남학생은 퇴짜를 맞습니다. 남학생은 미칠 듯이 자책합니다. 그리고 일기에 자신이 얼마나 어리석었는지를 구구절절 적습니다. 여학생에 대한 그리움도 적겠지요. 자신이 쓴 글을 찬찬히 다시 읽어본 남학생은 다시 계획을 세웁니다. 그 여학생을 잊고 다른 여자를 찾을지 아니면 다시 더 좋은 방법으로 프러포즈를 할지 말이지요. 거미줄처럼 얽혀있던 머릿속은 일기가 대신 정리해줍니다. 남학생은 그저 일기를 열심히 적었을 뿐인데 남학생의 생각은 매일 앞으로 나아갑니다.

이것은 자신의 생각을 논리적으로 만드는 방법, 즉 생각을 구조적으로 조직하는 아주 중요한 능력입니다. 몸에 근육이 붙듯이 생각에도 단단한 근육이 생기는 것이지요. 자신의 생각을 현명한 방향으로 전진시킬 수 있느냐 하는 것은 비단 공부뿐만 아니라 삶에 있어서도 대단히 필요한 능력이지요. 아이는 일기를 통해 이 능력을 개발시키고 향상 시키게 됩니다.

③ 카타르시스가 중요해!

'카타르시스'는 자기 속에 있던 울분이나 괴로움 등을 밖으로 확 토해내고 느끼는 감정의 정화를 말합니다. 왜 슬픈 영화 보며 엉엉 울고 나면 속이 좀 시원해지는 느낌이 들고, 억울한 일이 있을 때 노래방에서 고래고래 소리를 지르고 나면 그나마 화가 가라앉는 느낌이 들잖아요. 이런 게 카타르시스죠. 그런데 화가 나고 속이 상할 때마다 슬픈 영화를 보러가거나 노래방에 갈 수는 없고, 사실 슬픈 영화나 노래방이 우리의 감정을 완전히 정화시켜 주지도 않습니다. 그냥 잠깐이죠.

그럼 진정한 카타르시스는 어디서 올까요? 진정한 카타르시스는 자기고백을 통해서 얻을 수 있습니다. 신부님 앞에서 죄를 고백하고 나면 진짜 죄가 용서를 받는 것처럼 느껴지고, 일기장에 친구 욕을 실

컷 쓰고 나면 친구에게 그렇게까지 심한 욕을 한 사실이 슬쩍 부끄러워지면서 실은 친구가 그렇게 나쁜 녀석은 아닌 것처럼 생각되는 거지요.

아이들은 살면서 많은 스트레스를 받습니다. 친구와 싸우고, 학교 선생님한테 야단맞고, 피아노 선생님한테 지적당하고, 태권도 사범님한테 혼나고, 미술학원 선생님한테 벌서고, 마지막으로 집에 와서 엄마한테 제일 크게 혼이 납니다. 하고 싶은 일은 하나도 못하고 해야 할 일만 산더미지요. 아이들 마음속에는 울분이 가득합니다. 예전 아이들은 지금 아이들보다 스트레스 강도도 낮았거니와 스트레스가 있어도 산으로 들로 뛰어다니면서 자연에서 치유를 많이 받았습니다. 그런데 요즘 아이들은 어디서도 자신의 속상한 마음을 풀어줄 대상을 찾아내기 어렵습니다. 저는 요즘 아이들이 점점 더 폭력적이 되어가고 점점 더 입이 거칠어지는 것이 이런 이유가 아닐까 생각합니다. 어디서도 위로받지 못하는 것이지요. 그럴 때 일기가 아이들의 마음을 달래줍니다. 일기장에 고백을 하면서 자신을 치유하는 것이지요.

예전에 어떤 엄마께서 걱정스런 목소리로 전화를 주신 적이 있어요. 자기 아이 일기장을 훔쳐봤는데 거기에 '엄마가 죽었으면 좋겠다.'라고 쓰여있더라는 거예요. 엄마는 하늘이 노래지고 인생이 허무해지고 눈물이 흘러서 누구에겐가 이 고민을 얘기해야겠는데, 학교 선생님한테 말하면 자기 아이를 문제아로 생각하실까 봐 글쓰기 선생님인 저에게 전화를 주신 거였지요. 저는 그분께 말씀 드렸어요. 그건 아주 다행스런 일이라고요. 만약 아이가 마음속으로만 '으~ 우리 엄마가 죽었으면 좋겠어!'라고 생각한다면 이건 위험합니다. 이 아이 마음속의 울분이 꽁꽁 뭉쳐질 것이기 때문입니다. 아이는 원망의 대상에 대한 울분을 점점 키워가면서, 자신에게 닥친 모든 불행이 엄마가 죽지 않아서 생기는 일이라고 생각하기 시작하겠지요. 울분이 마음속에 담겨만 있으면 위험합니다. 그러나 아이가 엄마가 죽었으면 좋겠다고 자기고백을 해버리면 아이의 울분은 참으로 놀라우리만치 가벼워집니다. 아이가 자신의 입으로, 자신의 손으로 그것을 토해내는 순간 이건 마음속에 있는 울분이 아니라 내 밖에 존재하는 객관적 사실이 됩니다. 자신과 일부 동떨어진 존재가 되는 것이지요. 다시 말해 '엄마가 죽었으면 좋겠다.'라고 쓰고 나면, 엄마가 죽었으면 좋겠다는 마음이 한결 덜해지는 거지요. 그리고 자신이 쓴 글을 내려다보며 이렇게 생각합니다. '그래도 막상 엄마가 죽으면 밥해줄 사람도 없고 챙겨줄 사람도 없고 아빠도 많이 괴로우실 것 같고 엄마 없는 애라는 얘기도 들어야 하고, 아무래도 엄마가 죽는 것보다는 있는 게 낫겠어.'라고 말이지요. 글로 쓰는 순간 아이는 스스로를 치유합니다.

자, 실험을 하나 해볼게요. 지금 가장 화가 나는 일을 하나 떠올려 보세요. 주로 남편과 관련된 일이겠지요? 나를 화나게 했던 그 일을 떠올리면서 남편에 대한 원망의 마음을 적어보세요. 먼저 번호를 적습니다. 그리고 하나씩 쓰는 거예요. 1. 남편이 늦게 들어와서 화가 난다. 2. 남편이 새벽까지 전화를 한 통도 안 해서 화가 난다. 3. 나보고

는 돈 아껴 쓰라고 해놓고는 자기는 술값으로 20만 원이나 카드를 긁고 와서 화가 난다. …… 이렇게 열 가지만 적어보는 겁니다. 그런데 놀라운 건 말이지요. 열 가지를 다 적기도 전에 자기 마음속의 화가 매우 빠른 속도로 가라앉는 것을 느끼실 겁니다. 이건 정말 해보지 않고는 알 수 없는 마술입니다. 화가 많이 났을 때 꼭 해보세요. 저는 언제나 화가 많이 날 때 이 방법을 씁니다. 버스를 타고 가다가도 쓰고, 커피숍에 앉아서 냅킨에다 쓴 적도 있어요. 화가 나는 이유를 밖으로 끄집어내서 눈으로 보게 되면 사실 그 일은 별로 그렇게 펄펄 뛸 일이 아니었다는 것을 자연스럽게 알게 되는 거지요. '에휴, 그래. 저 인간도 나랑 애들 벌어먹여 살리느라 얼마나 고생이 많아. 저도 그렇게 새벽까지 술 마시고 싶지는 않았을 텐데 그놈의 부장이 끌고 다니니 할 수 없었겠지. 새벽까지 술 마시고 아침에 출근했으니 많이 피곤하겠네. 쯧쯧.' 좀 전까지는 나와 사건이 한데 얽혀서 부글부글 했었는데 나와 사건을 따로 떼어내서 객관적으로 바라보게 되는 거지요. 마음속에 있는 것을 글로 써서 눈으로 보면 생각이 객관화됩니다.

몇 해 전 버지니아 공대에서 한국인 학생이 총기를 난사한 사건이 있었지요. 그 사건 이후 매스컴은 하나같이 그 학생이 얌전하고 매우 모범적인 학생이었다는 주변인들의 인터뷰를 내보냈습니다. 그렇게 조용했던 애가 어떻게 그런 일을 저질렀는지 도무지 이해할 수 없다는 얘기들이었죠. 그런데 한 가지 주목할 만한 것은 그 일이 있기 얼마 전에 그 학생이 자신이 듣는 작문 수업에서 쫓겨났다는 사실입니다. 수업시간에 너무 폭력적이고 잔인한 글을 써서 수업 분위기를 흐린다는 이유 때문이었지요. 그 학생의 마음속에는 생활의 어려움이나 주변인들로부터 이해받지 못하는 울분이 분명 있었을 겁니다. 그 학생은 그 울분과 화를, 글을 통해 쏟아내고 싶어했지요. 그런데 그마저도 거절당했고 이제 그 울분을 매우 폭력적인 방법으로 폭발시키는 것 밖에는 방법이 없었던 겁니다. 저는 '만약 그 교수님이 학생의 이러한 마음을 알아채고 그 학생의 글을 이해해줬더라면 그렇게 큰 비극이 일어났을까?' 하는 생각을 떨쳐낼 수가 없었습니다. 마음속의 스트레스와 울분은 토해내지 않으면 때로는 커다란 비극이 되기도 합니다.

일기는 아이 마음속에 있을지 모르는 스트레스를 놀랍도록 많이 경감시켜주고 자신의 슬픔이나 화를 객관적으로 바라볼 수 있는 능력을 주며, 카타르시스라는 감정의 정화를 제공합니다. 이것이 일기를 쓰게 도와주어야 하는 가장 큰 이유입니다.

일기, 어떻게 시작할까요?

흔히 우리는 아이에게 일기를 독촉합니다. "오늘 일기 썼어? 빨리 써." 하얀 종이를 내려다보고 있는 아이는 무엇을 써야 할지 전혀 생각이 나지 않지요. 아이가 말합니다. "뭐 써요?" 엄마는 다그치지요. "아, 오늘 있었던 일 중에서 기억에 남는 것 써." 아이는 학교에 간 일,

수업이 끝나고 밥 먹은 일, 학원에 간 일, 학원 갔다 와서 TV 본 일 등 생각이 나는 것을 줄줄 적습니다. 엄마는 아이가 쓴 일기를 내려다보며 소리를 지릅니다. "이게 무슨 일기야! 다 지워!" 아이는 엄마가 왜 화를 내는지 알지 못합니다. 억울하고 속상하고 엄마의 기대에 늘 부족하기만 한 자신이 원망스럽습니다.

자, 이건 시작부터 잘못되었다는 것을 아시겠지요? 일기 쓰기 전에는 반드시 해야 할 절차가 있습니다. 아이가 하루 일을 잘 기억해 낼 수 있도록 도와주는 것이 그 시작입니다. 저녁을 먹는 시간에 TV를 끄고 아이와 오늘 있었던 일을 얘기하는 거지요. "지상아, 오늘 엄마는 어떤 일이 있었는지 아니? 세상에 시장에 갔는데 어떤 아저씨가 사과를 너무 싸게 팔고 있는 거야. 엄마는 이게 웬 떡이냐 하면서 두 봉지나 사 왔거든. 그런데 집에 와서 먹으려고 보니까 썩은 사과뿐이잖아. 어찌나 화가 나던지…… 그 무거운 사과 두 봉지를 들고 시장을 다시 갔다니까. 엄마 너무 힘들었겠지 않니?" 아이에게 말을 겁니다. 아이는 그래서 사과는 바꿨는지도 궁금해할 것이고, 그러니까 너무 싼 것은 믿지 말라는 제법 어른스러운 충고도 하지요. 그리고 엄마가 다시 묻는 거예요. "너는 오는 무슨 일 없었니?" 아이는 자신에게 있었던 일들을 떠올려보고 생각나는 일을 들려줍니다. "아, 오늘 시형이가 장난치다가 선생님한테 야단맞았어." "(무척 궁금하다는 표정으로) 어머, 왜?" "왜냐하면 시형이 짝이 아현이인데, 시형이가 아현이를 울렸어." "(궁금해서 못 견디겠다는 표정으로) 어머! 어머! 시형이가 아현이를 때렸니?” “아니, 시형이가 아현이 새 지우개를 부러뜨렸어.” “(세상에 이럴 수가, 하는 표정으로) 어머! 어머! 어머! 그래서 시형이가 선생님한테 맞았어?” “맞지는 않고 벌섰어.” “(그럴 줄 알았다는 표정으로) 아니, 왜 남의 지우개를 부러뜨려. 야단맞아도 싸다.” “아, 왜냐하면 아현이가 시형이를 놀렸어. 돼지라고.” “(까무러칠 듯한 표정으로) 진짜야? 그럼 아현이가 먼저 잘못한 거잖아? 어머 시형이도 화가 나긴 났겠다. 근데 말이야. 놀렸다고 친구 지우개를 부러뜨린 건 좀 잘못한 것 같기도 하고……. 엄마는 모르겠다. 누가 더 잘못한 건지. (아, 정말 모르겠다는 표정으로) 네 생각에는 누가 더 잘못한 것 같니?” “그거야 아현이가 먼저 돼지라고 말했으니까 아현이가 잘못이지. 그 말 안 했으면 시형이도 안 그랬을 거 아니야. 그렇지만 지우개 부러뜨린 건 너무하지. 그 지우개 아현이가 진짜 아끼는 건데.” “(모든 궁금증이 해결되었다는 표정으로) 그렇구나! 오늘 너는 그런 일이 있었구나. 야, 흥미진진했겠는데? (섭섭해서 견딜 수 없다는 표정으로) 아, 엄마는 시형이랑 아현이가 싸우는 장면을 못 봐서 진짜 진짜 너무 너무 킹왕짱! 섭섭하다.” 아이는 엄마한테 사건의 정황을 이야기하면서 사건이 자신의 머릿속에서 다 정리가 되었습니다. 자신의 느낌도 다 알게 되었고요. 그럼 일기는 완성시키는 일만 남은 겁니다. 저녁을 다 먹고 일기 쓰는 시간이 오면 엄마는 살짝 이야기하는 거지요. “(마침 딱 좋은 아이디어가 떠올랐다는 표정으로) 아까 네가 해준 얘기 진짜 재미있던데 그거 쓰면 되겠네. 엄마한테 말한 것처럼 말이야.” 아이는 엄마한테

말하면서 이야기를 한 번 정리했기 때문에 적는 것을 별로 어려워하지 않습니다. 자기 얘기가 그렇게 재미있다니 우쭐해진 마음에 한 번 적어보는 것도 좋겠다고 생각하지요. 만일 그래도 어려워하는 아이가 있다면 옆에서 살짝 도와주시기만 하면 돼요. 이렇게요. "그러니까 시형이가 지우개를 부러뜨린 뒤에 아현이가 운 거다. 맞지?"

일기를 쓰기 전에 오늘 하루 있었던 일을 반드시 아이와 이야기하세요. 이런 과정을 1~2학년 때 엄마랑 같이 하면 3학년쯤 되어서는 엄마한테 이야기하듯이 자신의 생각을 정리하는 습관이 붙습니다. 그때부터는 힘들게 이런 과정을 거치지 않아도 혼자 척척 써내지요. 그렇지만 그렇게 될 때까지는 엄마가 옆에서 도와주셔야 해요. 이런 작업을 할 때 절대로 잊지 마셔야 할 것이 있습니다. '충고하지 말 것!' 아이가 속상한 마음을 이야기하는데 "그때는 이렇게 했어야지, 엄마가 그러지 말라고 했잖아, 선생님한테 이르지 그랬어, 다음부터는 절대 그러지 마." 같은 충고는 절대 금물입니다. 아이가 입을 딱 닫아버려요. '엄마가 나를 야단치려고 또 말 시키는구나' 하고 말이지요. 그냥 같이 속상해해 주시고, 같이 슬퍼해주시고, 같이 흥분해주시고, 같이 기뻐해주시고, 잘한 일은 마구 칭찬해주시면서 이야기를 듣는 사람에 머물러주세요. 그래야 아이가 이 작업에 동참합니다.

이런 방식으로 아이가 엄마와 이야기하고 척척 글을 써낸다면 참 좋겠어요. 그런데 이렇게 꼬여도 안 되는 아이들이 분명히 있습니다. 그동안 글을 쓰면서 스트레스를 많이 받은 아이들이 그렇습니다. 엄마의 작은 노력으로 치유되기에는 글쓰기에 대한 상처가 너무 큰 거지요. 엄마와의 사이가 오래전부터 틀어져서 그냥 엄마가 시키는 것은 다 싫은 아이라거나 자신의 생각을 객관화하는 것을 워낙 어려워하는 아이들일 수도 있고 원인은 여러 가지가 있지요. 이런 아이들에게는 이런 방법을 써보세요. 아이에게 자신의 머릿속을 보여주는 거지요. 엄마가 먼저 말을 꺼내는 겁니다. "채우야, 오늘 급식시간에 무슨 일 있었어? 급식시간에 아무 일도 없었다고? 음, 그러면 반찬은 뭐가 나왔는데? 아, 반찬이 네가 싫어하는 것만 나왔구나. 후식은 푸딩이었다고? 그건 맛있었겠는데? 세상에 후식만 나오는 급식이 있었으면 좋겠다고? 푸하하하 웃기다!" 그리고 아이가 두서없이 꺼내는 말들을 가지고 엄마가 마인드맵을 시작하는 거예요.

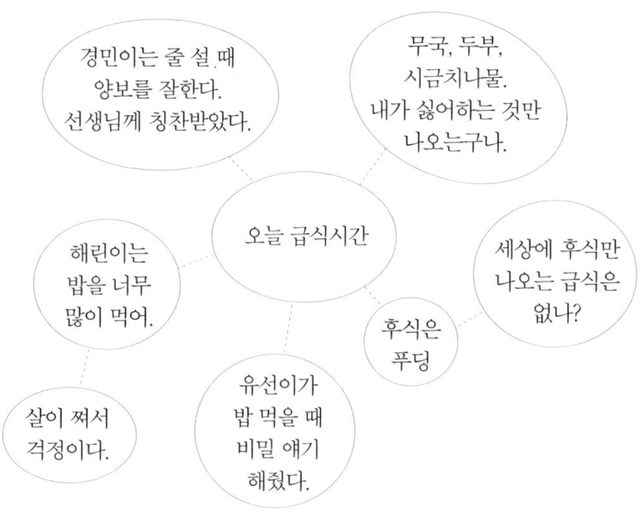

아이의 이야기를 들으면서 집에 굴러다니는 종이에 아이가 하는 얘기를 그대로 적는 거예요. 막상 엄마가 그림으로 아이의 이야기를 보여주면 아이는 아무 일도 없었던 것 같은 급식시간에 실은 정말 많은 일들과 많은 생각들이 있었다는 것을 알게 되지요. 아이는 그림을 보면서 이 중에서 어떤 일을 쓸지 고릅니다. 그리고 자신이 벌써 말해놓은 생각에 가지를 쳐서 마인드맵을 글로 만들어갑니다. '식당에 갔다. 오늘의 후식은 푸딩이었다. 반찬은 시금치, 두부, 김치. 전부 내가 싫어하는 것만 나왔는데 푸딩만 좋았다. 나는 급식은 싫고 후식만 좋다. 후식만 나오는 급식은 없나? 그런 급식이 있으면 하나도 남기지 않고 다 먹을 텐데. 내일 후식은 무엇이 나올지 기대된다.' 엄마가 적어놓은 마인드맵을 연결하기만 해도 일기가 된다는 것을 알아버린 아이는 생각합니다. '뭐, 일기 별 것도 아니잖아!'

이 방법이 너무 번거로워서 자주는 못하겠다는 엄마께는 녹음기를 권해드려요. 엄마랑 아이가 식탁에 앉아서 하는 얘기를 휴대폰에 내장된 녹음기를 이용해 녹음하고, 일기 쓸 때 틀어서 들으면서 그대로 옮겨 적는 거예요. 너무 길면 어떤 부분만 들려주셔도 됩니다. 아이는 녹음기에서 나오는 자신의 목소리에 신기해하면서 받아 적습니다. 엄마와 한 얘기가 글이 된다는 사실도 신기해하지요. 아이는 자신이 말하는 것처럼 자신의 생각도 자연스럽게 정리하면 되는 것이라는 사실을 스스로 알아냅니다.

이렇게 다양한 일기가 있어요?

일기 쓰기 시간은 바쁘게 보낸 하루 중에 삶에 대해 신중하게 생각하는 시간입니다. 다시 말해 아이가 진지하게 임하기만 한다면 어떤 형식으로 쓰던 상관이 없다는 말이지요. 우리가 알고 있는, '오늘 있었던 일을 생각해서 쓰는' 방식은 일기 쓰기의 수백 가지 방식 중 하나일 뿐입니다.

자, 이제 수백 가지 일기 쓰기의 세계로 떠나볼까요?

① 생활문 형식

아이들이 평소에 쓰는 일기가 바로 생활문 형식이지요. 가장 일반적인 방식의 글쓰기 형식입니다.

- 생활문 방식으로 일기 쓰기를 할 때에는 아이가 자신의 오감을 동원해서 글을 쓸 수 있도록 유도해주세요. 그때 있었던 일만 쓰는 것이 아니라 그때 들렸던 소리, 그때의 촉감, 그때 보였던 것들을 자세히 묘사하게 도와주는 것이지요. 다양한 질문을 통해서 아이가 자신이 겪은 일을 자세하게 묘사하게 한 후에 쓰도록 도와주세요.

- 사건의 전, 후의 의미도 생각해볼 수 있도록 도와주세요. 예를

들어 선생님이 오늘 아이들에게 화를 많이 내셨다면 선생님이 아침에 교장 선생님한테 야단을 맞으신 건 아닐까? 어제 선생님 집에 안 좋은 일이 있었던 것은 아닐까? 아니면 저번에 이 문제로 야단치셨는데 또 똑같은 일이 생기니까 화가 더 많이 나셨던 것은 아닐까? 선생님이 화를 낸 배경에 대해서도 유추해보도록 도와주는 것이지요. 아현이와 시형이가 싸우고 집에 갔으니 이제 내일은 어떻게 될까? 아현이 엄마가 시형이를 야단치러 학교에 오시지는 않을까? 시형이가 억울한 것은 못 참는 성격인데 아현이랑 내일 또 싸우지는 않을까? 앞일을 예측해보기도 하고요.

- 이 과정에서 아이의 입말이 그대로 살아나도록 도와주세요. 사투리를 쓰는 아이면 사투리를 표준어로 바꾸지 마시고 그대로 쓰게 하세요. 생동감 있는 일기가 좋은 일기입니다. 따옴표를 사용하는 대화체를 많이 쓰게 하시면 아이가 그때의 일을 더 자세하게 묘사하게 되고, 그러면 생생한, 그야말로 살아있는 일기가 되는 거지요.

- 솔직한 느낌을 쓰게 하세요. '참 속상했다. 참 지루했다. 참 고달팠다. 참 살기 싫었다. 참 친구가 미웠다. 참 할 말이 없다.' 다 아이의 감정입니다. '참 재미있었다.'로 가득한 일기, 참 재미없잖아요. 아이가 자신의 솔직한 감정을 말하는 데 익숙해지게 도와주시고 그 감정이 어떤 것이든 쓸 수 있도록 해주세요. '아니, 선

생님 보실 건데 그런 건 쓰면 안 되지.'라고 하시면서 고쳐주면
아이의 표현력, 봄바람 앞의 동백꽃처럼 툭 떨어집니다.

② 시 형식

- 시를 베끼게 해주세요. 도서관에서 동시집을 한 권 빌려옵니다.
일기 쓸 게 없다고 징징거릴 때 슬며시 내밀며 말하는 거지요.
"여기 있는 시 중에서 맘에 드는 거 베껴 써." 아이는 흠칫 놀라
서 다시 한 번 확인 합니다. "정말 베껴서 써도 돼요?"

당연하지요. 필사도 훌륭한 글쓰기 교육 방법 중의 하나입니다. 아
이는 시를 베끼면서 시가 가지는 아름다움을 훨씬 세밀하게 느낍니
다. 그리고 뭐 대단한 아름다움을 느끼지는 못한다 하더라도 어떤 시
를 베낄까 고민하면서 시집 속의 시들을 읽어보지 않습니까? 이 얼
마나 아름다운 시간입니까? 자진해서 시를 읽다니요. 제가 이 방법을
써보라고 말씀 드렸더니 엄마들께서 이런 고민을 털어놓으시더라고
요. "베끼기만 하면 되니까 한 달 내내 시 일기만 쓰려고 해요." 그렇
다면 더욱 다행이지요. 한 달 내내 아이는 시에 빠져있는 겁니다. 의
도야 어떻든 한 달 내내 아이는 시를 읽지 않습니까? 한 달 내내 시를
베껴 본 아이는 시를 스스로 적을 줄 아는 아이가 됩니다. 그리고 너
무 걱정 안 하셔도 되는 게 한두 달 시 일기를 쓰는 아이는 봤지만 일
년 내내 시 일기를 쓰는 아이는 못 봤습니다. 스스로 알아서 그만둡니

다. '아니 만날 저렇게 써서 되겠어?' 하지 마시고 그냥 놔두세요. 참, 잊지 마셔야 할 것은 다른 사람의 시를 베껴 쓸 때에는 누구의 시인지 반드시 밝혀야 한다는 것입니다. "오늘 읽은 동시집에 마음에 드는 시가 있어서 적어본다. 금오초등학교 이연수 어린이가 쓴 '우리 엄마'라는 시다."라고 밝히고 쓰면 되는 겁니다. 시를 읽고 난 느낌은 안 써도 됩니다. 그냥 시가 마음에 들었으면 되지 다른 말이 뭐 필요합니까? 다만 쓴 사람을 안 밝히고 쓰는 경우, 아이는 지적 정직성을 가지는 것이 중요한 가치라는 것을 모르게 되고 그렇게 되면 나중에는 마음에 드는 시를 써놓고 자기가 쓴 시라고 거짓말을 하게 되는 경우도 있습니다. 시는 베껴도 됩니다. 작가가 누구인지 밝히기만 하면요.

- 아이가 혹시 자신이 지은 시로 일기를 쓰겠다고 하는 경우, 두 가지 이유가 있습니다. 첫째는 정말 시상이 떠올라서. 둘째는 길게 쓰기 싫어서. 그래요, 두 번째 이유라도 괜찮습니다. 시를 쓴다는데 이유야 뭐 중요합니까? 그렇지만 누가 읽어도 재미없는 시는 쓰지 않도록 해주셔야 해요.

물은 참 고맙다.
우리를 깨끗하게 해주니까.
물은 참 고맙다.
우리를 시원하게 해주니까.

물아, 고마워

더욱 너를 아껴줄게.

아, 재미없지요? 재미없을 뿐만 아니라 어디서 본 듯하기도 하고요.
이런 시는 안 쓰게 해주셔야 해요. 시 쓰기 부분에서 자세히 하겠지만
시 역시 일상에서 느낀 나만의 감정을 쓰는 것이 기본입니다. 오늘 있
었던 일 중에서 기억에 남는 일을 시의 주제로 잡게 해주세요.

학교에서 올 때 죽은 쥐를 보았다.

아기 쥐였다.

불쌍하다.

엄마가 얼마나 찾을까?

하여간 엄마 없을 때

나가 댕기면 안 된다.

이게 시냐고요? 그럼요. 아주 좋은 시입니다. 저 개인적으로는 이렇
게 정형화되지 않은 수수한 시를 쓰는 아이들을 만날 때면 너무 예뻐
서 꼭 깨물어주고 싶은 마음이 듭니다. 어디서 본 듯한 시, 솔직하지
않게 쓴 시만 아니라면 형식에 구애받지 마시고 칭찬해주세요.

③ 설명문 형식

우리는 생활에서 자주 설명문을 만납니다. 세탁기를 바꿨더니 같이 주는 '사용 설명서'가 바로 설명문입니다. 3분 카레 뒷면에 있는 카레 끓이는 법도 설명문이고요. 집에서 펼쳐보는 요리책은 거의 대부분이 설명문으로만 이루어진 책입니다. 제가 말씀 드리고 싶은 것은 설명문은 딱딱하고 어려운 글이 아니라 말 그대로 설명하면 되는 글이라는 것이에요. 엄마랑 같이 '소시지 야채 볶음'을 만든 뒤에 소시지 야채 볶음 만드는 법을 순서대로 쓰거나, 우리 가족을 한 명씩 소개하거나 새로 산 레고 조립법을 설명하거나 치과에 가서 이 뽑은 일을 순서대로 담담하게 적는 것들이 다 설명문 형식의 일기가 됩니다. 이 일기의 좋은 점은 아이들이 느낌을 써야 한다는 강박에서 자유롭게 해방될 수 있다는 것이에요. 사실, 어떻게 모든 일에 느낌이 있을 수가 있습니까? 별 느낌 없이 지나가는 날도 있지요. 그럴 때면 그냥 있었던 일만 쓰는 거예요.

엄마와 소시지 야채 볶음을 만들었다. 만드는 방법은 다음과 같다.

1. 소시지, 양파, 당근, 감자 등을 준비한다.
2. 프라이팬에 기름을 두른다.
3. 감자, 당근을 먼저 볶는다.
4. 감자와 당근이 약간 익으면 양파와 소시지를 넣는다.

5. 소금을 약간 뿌린다.

6. 다 익으면 케첩을 뿌리고 살짝 더 볶는다.

소시지 야채 볶음 완성!

오늘 저녁 무슨 반찬 할까 고민하시는 담임 선생님께 좋은 아이디어도 제공해드리는 훌륭한 일기 아닙니까?

느낌은 쓰지 않아도 된다고, 그냥 네가 알고 있는, 설명하고 싶은 것을 쓰면 된다고 알려주세요. 설명문 형식의 일기를 쓰다 보면 아이 머릿속의 지식이 체계화되는 데 많은 도움을 받습니다. 자신이 알고 있는 것을 다른 사람에게 쉽게 설명하는 방법도 스스로 터득하고요. 아이가 새로운 것을 접하고 즐거워하거들랑 얼른 일기에 적게 해주세요.

④ 논설문 형식

논설문 형식의 일기는 자신의 주장이 강해지는 3~4학년 이상의 아이들에게 권해주시면 좋습니다. 3학년이 된 아이가 가방을 사달라고 조릅니다. 엄마는 가방이 멀쩡한데 왜 사달라고 하느냐고 하지요. 아이는 말합니다. 다른 애들은 나이키, 아디다스 같은 세련된 상표인데 자신의 가방에는 뽀로로가 그려져 있으니 말이 되냐고요. 엄마는, 그럼 멀쩡한 가방은 버리란 말이냐고 따집니다. 아이는 저 가방을 메고는 학교에 안 갈 거라고 버티기에 들어갑니다. 이럴 때 일기가 필요합

니다. 일기에 네 주장을 적어오라고 하세요. 엄마의 의견과 네 의견을 적고, 엄마의 의견이 틀린 이유를 적어오라고요. 억울한 마음에 씩씩대며 아이는 열심히 적습니다. 왜 가방을 사야만 하는지 더 적절한 이유를 써내려고 안간힘을 쓰지요. 더불어 일기를 적으면서 아이는 어려운 가정 형편에 마구 조르기만 해서 엄마 속을 상하게 한 자신의 행동을 되돌아보게 됩니다. 일기를 다 적고 난 아이는 가방을 사 내라고 무작정 조르던 아이와는 다른 아이가 되어있을 거예요. 만약 아이가 매우 적절한 이유를 썼다면 가방을 사주는 것은 어떨까요? 그러면 아이는 자신의 주장이 매우 타당한 근거가 있을 때에는 받아들여진다는 귀한 경험을 하게 됩니다. 가방이 한두 푼 합니까마는, 외식 두어 번 덜 하지요 뭐. 컴퓨터게임 하는 시간을 늘려달라거나 용돈을 올려 달라 같은 첨예한 문제가 있을 때 일기에 적게 하시면 됩니다.

엄마와 의견대립이 있는 경우나 형제끼리 싸우고 난 후라면 '엄마와 내가 다툰 문제가 있는데 여기 적어본다.'라고 밝히고 나서

내 의견　　①

　　　　　②

　　　　　③

엄마 의견　①

　　　　　②

　　　　　③

이런 식으로 나누어 써보게 하시는 것도 좋습니다. 이렇게 나누어 적으면 누구의 의견이 더 타당한가가 잘 드러나게 되거든요. '휴가를 바다로 가자/산으로 가자, 이번 주말에 박물관에 가자/놀이동산에 가자'와 같은 사소한 문제도 이렇게 적어볼 수 있습니다.

최근에 가장 이슈가 되고 있는 사회 문제나, 갈등을 빚고 있는 교육 정책이나, 신문이나 TV에서 본 기사에 대해서 할 말이 있으면 일기에 쓰게 하세요. 자신의 주장을 글로 쓰면 자신의 주장이 매우 확실해지고 나중에 혹시 그 문제에 대해 학교에서나 친구들 사이에서 발표할 일이 있을 때 자신의 주장을 뚜렷하게 밝히는 아이가 되어 아는 게 많은 아이라고 인정받게 되기도 합니다. 인정만 받다 뿐입니까? 실제로 아는 게 많은 아이가 되지요.

하고 싶은 말이 있을 때는 일기에 쓸 것! 아이에게 다짐시켜 주세요.

⑤ 독후감 형식

독후감과 독후감 형식의 일기는 뭐가 다를까요? 독후감은 '왜 이 책을 읽게 되었는가?'와 같은 내용으로 시작해서 책의 줄거리를 적고, 책을 읽고 난 후의 느낀 점도 적는 것이 일반적인 형식입니다만 일기를 독후감 형식으로 적으려면 그렇게 길고 복잡하게 할 필요가 없습니다. 책과 관련된 것이면 어떤 것이든 형식에 구애받지 않고 할 수 있지요.

- 예를 들어 자신이 가장 재미있게 읽었던 부분을 그대로 옮겨 적는 것도 괜찮습니다. '오늘 읽은 책인데 이 부분이 가장 좋아서 옮겨 적어본다.'라고 밝히고 쓰면 되지요.

- '내가 주인공 ○○이가 된다면, 주인공 ○○이는 이런 행동을 했지만 나라면 그렇게 하지 않고 다른 행동을 했을 거다.'와 같이 상상하는 내용을 써도 됩니다.

- 결말을 자신의 마음대로 바꾸는 것도 좋습니다.

- '내 친구 민채는 주인공 ○○이와 성격이 정말 비슷하다. 어떤 점이 비슷한가 하면……'와 같이 주인공이 나, 또는 내 주변사람들과 비슷한 점, 다른 점을 써주어도 되고요.

- 북아트나 엄마와 같이 독후활동 한 자료사진(폴라로이드를 이용하면 좋습니다.)을 붙이면 일기장이 블링블링해지지요.

- 이 외에 등장인물에게, 또는 글을 쓴 작가에게 편지를 쓰는 방법도 있고요.

- 위인전을 읽었을 경우에는 위인의 업적을 인터넷에서 찾아 쓰거나 그 업적이 현대에 미친 영향 등을 적어도 좋습니다.

여기에 밝히고 있는 것 말고도 독후감 형식의 일기는 아이디어만 있다면 얼마든지 수십, 수백 가지로 변주가 가능한 좋은 일기 쓰기 소재가 됩니다. 독후감 따로, 일기 따로 쓰지 마시고 일기에 다양한 독후감을 적게 하시는 것이 님도 보고 글도 쓰는 독서지도 방법입니다.

⑥ 견학기록문&관찰기록문 형식

　우리는 일반적으로 견학기록문은 견학을 다녀온 후에 적는 것이라고 알고 있습니다만, 가기 전에 미리 가볼 곳을 조사하고 그것을 기록으로 남기는 것도 기록문입니다. 미리 가볼 곳을 조사해보면 직접 가서 실물을 보면서 자신이 생각하던 것과 어떻게 다른지도 확인할 수 있습니다. 사진으로만 보던 것을 직접 보면서 느끼는 경외감이 그냥 준비 없이 갔을 때보다 훨씬 크지요. 아는 만큼 보인다고 하지 않습니까? 그러니까 견학을 갔다 온 후에나 박물관을 갔다 온 후에 기록문을 적게 하지 마시고 가기 전에 적도록 유도해주세요. 가기 전에 갈 곳에 대한 조사가 철저할수록 가서 목적을 가지고 집중하게 되거든요. 부석사 무량수전을 보러가기 전에 부석사에 대해 인터넷으로 찾은 자료나 사진을 붙이는 거죠 일기장에. 부석사를 찾아가다 보면 고속도로 휴게소에 들르게 되는데 고속도로 휴게소는 어디나 인포메이션센터에서 자기 지역 전단지를 왕창 비치하고 있습니다. 기차를 타고 가면 기차역에도 있고, 휴게소에 들르지 못하셨다면 고속도로 통행료 내는 곳에서 통행료 받는 분들한테 달라고 하셔도 친절하게 주십니다.

- 일기장에 전단지에 있는 사진과 글도 붙이고, 입장권도 붙이고, 가서 찍은 사진도 붙이고, 전단지에 적혀있는 해설을 좀 베껴 적어도 됩니다. 베끼면서 읽잖아요.

- 지적 호기심이 많은 아이라면 유적지와 관련이 있는 인물을 찾아서 적거나, 더 많은 참고자료를 집에 와서 찾아볼 수도 있습니다.

　이 많은 작업을 해야 하는 "견학기록문을 만들자!"라고 거창하게 들이대면 애가 "안 하면 안 돼요?"라고 하지만, "어차피 일기 쓸 거니까 그냥 일기장에 하자."라고 하면 오히려 일기를 안 써도 된다는 생각에 즐겁게 합니다. 사진만 한 장 붙여도 일단 일기장에 반은 먹고 들어가니 아이가 얼마나 행복해하는데요.

　관찰기록문도 이런 식으로 가벼운 마음으로 할 수 있는데 예를 들어

- 가을이면 다람쥐나 청솔모, 도토리나 밤 등을 동·식물도감에서 찾아보고, 일기장에 따라 그리고 난 후에 그 특징을 써준다든지,
- 우리 집 앞에 핀 꽃, 나뭇잎을 가져와서 일기장에 붙이고 잎맥이 나는 방향, 색깔, 특징 등을 써보게 해주셔도 되고
- 아주 간단하게는 우리 집 화분에 있는 잎을 하나 따서 보고 그린 후에 이름을 쓰고 이 화초의 특징이 무엇인지 인터넷에서 찾아보게 하셔도 혼자 오랫동안 집중해서 일기를 쓰지요.

제가 거듭 말씀 드리고 싶은 것은 이거예요. 일기의 특징에 구애받지 말 것! 어떤 것이든 자유롭게 해볼 것! 이것이 일기의 좋은 점이지요. 어떤 어머님들은 이렇게 묻기도 하세요. "그런 거 일기장에 덕지덕지 붙이고, 지저분하게 하면 담임 선생님께서 괜찮다고 하실까요?" 담임 선생님도 매일 똑같은 일기 지겨워하고 계세요. 새롭게 만들어 간 일기, 신선해하시면서 반 친구들에게 소개도 해주시고 일기 쓰기 상도 주십니다. 아이의 글쓰기 자신감, 팍! 올라가지요. 다양하게 일기 써 갔다고 꾸지람 하시는 선생님 어디에도 안 계시지만, 만약 계시다면…… 각 시·도교육청에 신고합시다!

⑦ NIE 일기

본래 NIE는 신문 사설을 읽고 여기에 자신의 주장과 느낌을 덧붙이는 형식이 많기 때문에 저학년이 NIE를 시작하는 것을 좀 부담스러워 하시는 분들도 계시지만 아주 쉽게 얘기해서 NIE란 Newspaper in education, 즉 신문으로 하면 어떤 것이든 괜찮다는 뜻이죠. 아, 오늘 일기 쓸 것 진짜 없다. 할 때 신문을 가져와서 이것저것 살펴보다가

- 자동차 광고가 있으면 '나중에 이런 차를 사고 싶다.'라고 적고 자동차 광고 그림을 붙여도 되고, '크면 꼭 돈 많이 벌어서 엄마께 이런 아파트 사 드릴 거다.'와 같이 아파트 광고를 붙여도 되고,

- '올해 코리안 시리즈 누가 이길지 정말 궁금하다.'라고 쓴 뒤에 야구 기사를 붙여도 됩니다.

물론 가장 좋은 것은 기사를 읽고 그 기사의 내용에 자신의 생각을 덧붙이는 것입니다만 그저 신문을 뒤적이며 신문과 친해지기만 해도 얼마든지 교육적이라고 할 수 있습니다. 초등학교 시기는 신문에서 뭘 배우는 시기가 아니라 중·고등학교에 올라가 본격적으로 신문을 읽기 위해 신문과 그저 친숙해지면 되는 시기입니다. 신문에 연예인 기사라도 있으면 아이들이 기사에 빠져들어 댓글 달듯이 열심히 자신의 느낌을 적겠지요?

- 신문에서 외래어나 외국어 찾기 같이 숨은 단어를 찾아서 일기장에 붙이는 놀이를 하셔도 좋고,
- 자신의 이름과 같은 글자를 찾는다거나
- '예쁜', '수줍은', '용감한'과 같이 자신을 나타내는 단어를 찾아보는 것도 좋고,
- 아주 기분이 안 좋은 날이라거나 아주 기분이 좋은 날에는 자신의 기분을 나타내는 단어 찾기,
- 자신의 기분과 비슷한 얼굴을 한 사람 찾아서 붙이기 등도 재미있게 할 수 있는 NIE 일기 쓰기입니다.

이것도 다양한 수백 가지의 변주가 가능합니다. 관심 있으신 엄마들은 NIE 관련 서적을 도서관에서 빌리시거나 NIE 관련 카페에 들어가셔서 다른 사람들이 해놓은 것을 보시고 아이들과 함께 하나씩 따라해 보시는 것도 좋은 방법입니다.

⑧ 만화일기

아이가 그림그리기를 좋아한다면 일기장에 내 마음을 나타내는 그림을 그리게 하시는 것도 좋습니다. 또는 만화를 이용해서 그림을 그리게 하셔도 돼요.

아이들이 재미있어 하겠지요? 이 일기의 단점은 아이들이 한 시간이고 두 시간이고 일기에만 매달려 있다는 것인데요. 할 일은 많은데 계속 그림만 그리고 앉아 있으면 속에 천불나시는 엄마들 있습니다. 그러나 생각해보세요. 아이가 한두 시간 집중한다는 것이 얼마나 아이에게 좋은 경험입니까? 우리가 그렇게 키워주려고 노력하는 것이 집중력이잖아요. 이런 일기는 집중력 향상에 최고의 방법일 뿐만 아니라 무언가 골똘히 생각하는 것이 부족한 요즘 아이들에게 꼭 필요한 시간입니다. 아이가 그림 그리느라 일기를 한참 써도 너그러이 봐주세요. 단 일기에 졸라맨 그림을 그려서는 안 됩니다. 졸라맨 그림은 그림 실력을 높여주지도 않고, 창의력이 발달되지도 않고, 더구나 대부분 폭력적입니다. "졸라맨 만 빼고 일기장에 어떤 그림을 그려도 좋다."라고 해주세요. 아이들이 일기 쓰는 시간을 기다립니다.

4컷, 6컷, 8컷 짜리 만화를 그리게 하셔도 아이들의 구성력을 높여주시는 데 아주 도움이 됩니다. 오늘 있었던 일을 말로 구구절절 설명하지 않고 8컷 만화로 그리는 거지요(졸라맨은 빼고). 그러면 아이들이 겪은 사건 중에서 어

떤 컷을 넣어야 할지 고민하게 되기 때문에 저절로 줄거리 요약 능력이 키워지지요. 대단히 훌륭한 논리력 증진 방법입니다. 단, 4컷, 6컷, 8컷 짜리 만화일기의 경우 너무 저학년 아이는 구성력이 부족해서 시도하기 어렵습니다. 3~4학년 이상, 만화를 좋아하는 아이들에게 권해주세요.

일기 쓸 때 이것만은 챙기자

① 날짜는 기록의 첫째가는 도구이다

만일 《조선왕조실록》에 날짜가 없다면 《조선왕조실록》이 지금과 같은 가치를 지닐까요? 역사를 기록하는 데 날짜는 너무나 중요한 도구입니다. 일기는 자신의 역사를 기록한 글이죠. 그러니 날짜를 제대로 기록하지 않는다는 것은 일기의 가치를 심하게 훼손하는 일입니다. 일기장을 새로 쓰게 되면 '2011년 1학년'이라고 일기장 맨 앞에

큼직하게 써주시고 아이에게도 날짜의 중요성을 알려주세요.

② 날씨를 주관적으로 기록하자

　제가 제일 싫어하는 일기장이 ☀ ☁ ☂ ☃ 날씨그림이 있는 일기장입니다. 날씨라는 것이 매일 얼마나 변화무쌍한데 네 가지 중에 고르라는 겁니까? 이 얼마나 획일화 된 교육입니까? 날씨는 반드시 주관적으로 쓰게 해주세요. 비가 오는 날입니다. 어떤 아이에게 비오는 날은 소풍을 못가기 때문에 너무 우울하고 괴로운 날입니다. 어떤 아이에게 비오는 날은 인라인 강습을 안 받고 집에서 놀아도 되니 너무 즐거운 날입니다. 이 두 아이에게 비오는 날은 전혀 다른 날이지요. 그러니 오늘 날씨가 어땠는지 생각해보고 자신이 생각한 날씨를 적게 해주세요. '내 마음처럼 주룩주룩 비가 오는 날', '귀가 떨어져나가게 바람이 부는 날', '안개가 많이 껴서 운전하시는 아빠 걱정되는 날', '숨도 못 쉬게 더워서 물에 풍덩 빠지고 싶은 날'과 같이 다채롭게요. 처음에 이렇게 써보자고 지도를 하면 아이는 '구름 한 점 없는 맑은 날' 같은 식상한 문장을 씁니다. 그러다가 어느 날 눈이 번쩍 뜨이는 재미난 문장을 만들지요. 그때 엄마의 폭포수 같은 칭찬이 쏟아집니다. "어머~ 우리 아들, 이러다 정말 작가되는 거 아니야? 이건 나만 보기 아까운 문장이야. 너무 너무 근사하다!!!!!" 엄마의 칭찬에 으쓱해진 아이는 그때부터 날씨를 관찰하게 됩니다. 오늘 날씨가 어떤지 곰곰이 생각하는 것이지요. 아이는, 다른 아이들과는 다른 시각으로 날씨를 보게 됩니다. 이것이 '관점'입니다. 아이는 평범한 날씨에 자신만의 어떤 관점을 가지게 됩니다.

이게 왜 필요하냐고요? 논술이라는 것이 어떤 논제에 '자신의 관점'을 붙이는 일입니다. 주어진 논제에 대해 자신이 어떤 관점을 가지고 있느냐를 밝히는 것이 논술의 전부입니다. 그러니 어릴 때부터 이런 훈련을 하지 않고 고등학교에 가서 학원 선생님이 아이에게 아이의 관점을 세워줄 것이라고 생각하면 이게 오산인 거죠. 아이는 어려서부터 자신의 관점을 세워야 하고, 일기같이 자주 접하는 글을 통해 이 훈련을 하는 것이 가장 쉽고 바람직합니다. 아이가 자신의 눈으로 날씨를 관찰하고, 자신만의 시각으로 날씨를 표현할 수 있도록 지도해주세요.

사실 이런 걸 다 떠나서 ☀ ☁ ☂ ☃ ← 얘들은 너무 지루하지 않습니까?

③ 제목은 '글'이라는 위상을 심어준다

어떤 글에 제목이 없으면 이 글은 메모가 됩니다. 그런데 이 메모에 제목을 붙이면 '글'이 되지요. 제목은 아이 글의 위상을 높여주는 중요한 의미가 있습니다. 그러니 일기에 제목을 붙이게 해주세요. 어떤 아이는 제목을 먼저 붙이고 일기를 씁니다. 이래도 괜찮습니다. 일기에 제목을 먼저 쓰면 그 제목에서 글이 크게 벗어나지 않게 하는 효과가 있으니까요. 예를 들어 아이가 '수업시간의 싸움'이라는 제목을 붙였다면 아이는 쓰면서 이 싸움과 관련된 이야기만 적어야겠다는 무언의 약속을 자신과 하는 것이지요. 아이의 글이 갈팡질팡하지 않게 제목이 도와주지요. 어떤 아이는 글을 다 쓰고 제목을 붙이기도 합니다. 이럴 경우 자신의 글을 다시 한 번 읽어보고, 자신의 글을 가장 잘 대변하는 제목을 뽑아내는 작업을 자연스럽게 하게 되지요. 글감을 골라내는 능력이나 핵심을 파악하는 능력이 무럭무럭 자랍니다. 아이가 어떤 것을 선택하더라도 아이에게 적합한 방법이므로 그대로 두셔도 됩니다. 대신 글의 제목이 아이 글을 대표하지 못하는 경우(예를 들어 '수업시간의 싸움'으로 제목을 붙여놓고 싸움보다는 싸움이 끝나고 급식 먹은 애기를 더 많이 써놓은 경우처럼)에는 제목이 글을 대표해야 한다는 사실을 알려주시고 더 좋은 제목을 찾도록 도와주세요.

일기 쓰기 싫은 우리 아이, 상황별 대처법

① 내 상처, 엄마가 알아요?

제 제일 친한 친구가 삼풍백화점이 무너질 때 그 안에 있었습니다. 그 친구는 학교를 졸업하고 백화점 화장품 매장에서 직원으로 일하고 있었는데 삼풍백화점 사고가 났을 때 1층 매장에서 근무를 하다가 사고를 당했었지요. 하늘의 도움으로 매몰 2시간 만에 구조된 친구는 수개월 동안 병원에서 치료를 받았습니다만 건강하게 퇴원했습니다.

그 뒤 친구는 그 당시로서는 상당한 금액의 보상금을 받았었는데 그 액수가 월급을 모아서는 만져보기 힘든 금액이어서 사실 제가 철없이 좀 부러워했었지요. "이야, 겨우 2시간 매몰되어 있었는데 그렇게 많은 돈을 준단 말이야? 부럽다." 하면서요. 그런데 그 친구는 말이죠. 그 뒤로 수없이 고통에 시달려야 했습니다. 때로는 같이 일했던 죽은 언니가 꿈에 나와 살려달라고 하고, 때로는 현장에서 들리던 신음소리가 시도 때도 없이 들려 몸부림치기도 하고, 어디가 아픈지 모르겠는데 너무 아프다면서 비가 오는 날이면 집에서 꼼짝을 못하기도 했지요. 그 친구는 결국 이곳에서의 기억을 못 견디고 우리나라를 떠났습니다. 지금은 호주에서 전문 직업인으로서 잘 살고 있지만 그 친구는 아직도 말합니다. 그 돈을 다시 다 돌려주고 내 기억을 없앨 수만 있다면 당장 그렇게 하겠다고. 그 친구, 아직도 지하철은 못 탑니다.

이 친구가 겪는 어려움을 '트라우마'라고 합니다. 이제는 많이 보편화된 개념이지만 당시에는 이 친구가 왜 이렇게 괴로워하는지 잘 이해를 못해서 가족들도 많이 힘들어하고 그랬어요. 이 친구가 겪은 '트라우마' 즉 '외상후 스트레스장애'는, 심한 충격 때문에 한참 뒤에도 계속해서 정신적 괴로움을 겪는 것을 말합니다. 이 트라우마가 글쓰기를 하는 우리 아이들에게도 있습니다.

글 처음에도 말했지만 글쓰기란 자신을 드러내는 일입니다. 자신을 드러내는 일은 한편 부끄럽기도 하지만 사실 우리 모두는 스스로를 드러내고자 하는 욕망을 가지고 있습니다. 내가 예쁜 옷을 입으려고 하는 것도, 노래방에 가서 멋진 노래를 부르려고 연습을 하는 것도, 목소리나 체형을 바꾸고 싶어 노력을 하는 것도, 모두 나를 드러내고자 하는 욕망 때문이잖아요. 이처럼 우리 모두는 글에 대한 공포도 있지만 글을 통해 자신을 드러내고자 하는 욕망도 있습니다. 일기를 쓰고, 라디오에 사연을 보내고, 댓글을 달고 블로그나 트위터를 하는 것이 다 이 증거지요. 그러므로 아이들에게 글을 쓰라고 강요하지 않고 가만히 놔두면 아이는 스스로 글을 쓰고 싶어하는 욕망을 피워 올립니다. 그런데 말이지요. 아직 아이는 준비가 안 되었는데 이 욕망을 엄마가 먼저 피워 올릴 때 문제가 생깁니다. 아이가 글씨 쓰기에도 익숙해지기 전부터 엄마들은 일기 쓰기를 시킵니다. 유치부, 초등 저학년 아이들은 '일기'가 어떤 것인지 개념 정리가 아직 안되어 있습니다. 아이 머릿속에는 개념정리도 안된 글을 써내라고 엄마는 닦달을 하지요. 이 과정에서 아이들은 엄청난 트라우마를 경험합니다. 글을 못 쓴다고 자신이 제일 사랑하는 엄마가 씻을 수 없는 상처를 주는 겁니다. "이것밖에 못 써? 참, 가관이다. 글씨를 손으로 쓴 거야 발로 쓴 거야? 옆집 민지는 글쓰기 상도 잘 타오던데 너는 이렇게 써서 어쩔 거야? 누구 닮아서 저래? 글 잘 써야 좋은 대학 간다던데 너는 대학 안 갈 거야? 커서 뭐 되려고 그래? 아이고, 내 팔자야!" 엄마는 무심코 한 말에 아이는 쓰나미급(!) 트라우마를 경험하지요. 그 누구보다 엄마에게 인정받고 싶어하던 아이는 자신을 비하하기 시작합니다. '아, 나는 진짜 글을 못 쓰는구나. 글쓰기에 재능이 없구나.'

트라우마의 대표적인 증상이 작은 일에도 놀라는 과민반응과 두통, 소화불량 등을 동반한 알레르기 질환인데, 글쓰기에 트라우마를 겪은 아이들 역시 마찬가지입니다. 글만 쓰라고 하면 일기 같은 짧은 글에도 기겁을 하는 과민반응을 보이고, 독후감 쓰자고 하면 배 아프고 메스껍고 머리까지 아파오니 그 증상도 매우 비슷하지요. 이런 고통을 겪는 아이를 이해 못하고 계속 글쓰기를 강요할 경우, 아이는 영영 글을 못 쓰는 아이가 될 수도 있습니다. 그래서 아이들 글쓰기 지도에 평생을 바치신 이오덕 선생님께서는 말씀하셨지요. "글을 천성적으로 싫어하는 아이는 없다. 준비가 안 된 상태에서 글쓰기를 강요받았을 때 가위눌리는 아이만 있을 뿐!"

② 쓸 줄 몰라요

때때로 엄마들은 아이가 글 못 쓰는 답답함을 토로하며 이렇게 얘기합니다. "아니, 일기 쓰기를 어떻게 하는 것인지 제가 알려줬다고요. 오늘 있었던 가장 생각나는 일을 쓰고, 그다음에 네 느낌을 쓰라고 말해줬는데 모를게 뭐가 있어요? 충분히 설명해줬는데도 만날 모른다고 하니 답답해서 야단을 안 칠 수가 없어요."

자세히 설명을 해주셨다고요? 자, 그럼 가정을 해봅시다. 시어머니가 우리 집에 오십니다. 그리고 말씀하시는 거예요. "애야 오늘은 탕평채를 만들어 먹자." 며느리가 어리둥절해서 대답합니다. "어머니, 저 탕평채 만들 줄 모르는데요?" 그러자 어머니가 말씀하십니다. "걱정 마라. 내가 얘기해주마. 먼저 물을 끓이고, 어쩌고저쩌고……” 말로 쭉 설명을 해주신 후에 “자, 이제 알았지? 저녁까지 다 해놓아라.” 하고 가십니다. 이 며느리 마음이 어떨까요? 막막하고 좌절감이 들고 어이없는 일을 시키는 어머니가 원망스럽겠지요? 그런데 조금 있다가 어머니가 오십니다. “탕평채는 다 해놨니?” “못했는데요.” “아니, 내가 다 설명해줬는데 왜 못해? 너는 도대체 할 줄 아는 게 뭐야? 옆집 며느리는 탕평채에 팔보채에 오향장육에 별별 요리를 다 한다던데 너는 애가 왜 그러냐?” 이 말을 듣고 있는 며느리 눈에 눈물이 떨어집니다. 다시는 시어머니도 보고 싶지 않고, 요리는 더더군다나 하고 싶지 않습니다.

이 상황에 엄마와 아이를 넣어보세요. 엄마는, 아이가 어떤 개념인지 잘 알지 못하고 있는 일기를 쓰라고 억지를 씁니다. 아이는 잘 몰라 허둥댑니다. 엄마는 다 설명해줬는데 왜 모르냐고 아이를 혼냅니다. 그 뿐인가요? 옆집 애와 비교까지 하지요. 등짝도 몇 대 때리고요. 아이의 막막한 좌절감, 이 며느리보다 덜하지 않습니다. 이렇게 엄마에게 혼이 난 아이에게 글쓰기는 고통과 좌절을 안겨주는 지긋지긋한 숙제입니다. 세상에서 없어졌으면 하는 존재 1위지요. 이렇게 글쓰기를 접한 아이가 나중에 어려운 논술을 써낼 수 있을까요? 며느리가, 매일 윽박지르고 야단치는 시어머니를 사랑하게 되는 것보다 더 어려운 일입니다.

아이의 글쓰기 개념은 매우 서서히 자랍니다. 우리 성인들은 이미

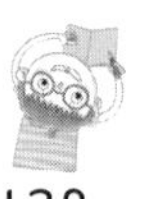

일기의 개념을 다 이해하고 있기 때문에 아이 역시 금방 이 개념을 이해하게 될 것이라고 생각합니다만 아이가 '일기'라는 글의 장르를 이해하게 되기까지는 일기와 비슷한 글쓰기를 수없이 반복하며 일기가 가진 특징과 성격을 몸으로 체득해야 합니다. 아이가 이 개념을 받아들이고 스스럼없이 쓸 때까지 기다려주고 격려해주어야 하는 것이 엄마의 의무지요. 일기를 쓰기 전에 하루 동안 있었던 일을 엄마와 같이 얘기해보고 반성할 일은 무엇인지, 잘한 일은 무엇인지 되돌아보는 이야기하기가 일기 쓰기 이전에 반드시 선행되어야 합니다. 하루 일에 대해 성찰해보는 일을 반복적으로 하고 난 후에야 비로소 일기를 한 줄이라고 적을 수 있게 되는 거지요.

③ 쓸 게 없어요

글을 쓰기 전에 사고력의 증진이 먼저 선행되어야 합니다. 자세히 설명해볼게요.

외부자극 ⇒ 사고(깊은 생각) ⇒ 표현(글쓰기)
　　　　↑　　　　　　　　　↑
　　　반응　　　　　　반성, 결심

아이들이 일상에서 겪는 모든 경험들은 외부자극이 됩니다. 좋은 일이든 나쁜 일이든 아이들에게는 자극이 되지요. 그럼 아이들은 이 자극에 대한 반응으로 사고를 합니다. 친구랑 싸웠다는 자극이 있으면 그에 대한 반응으로 왜 싸우게 되었는지, 이제 그 친구와 어떻게 지낼 것인지, 이 억울함을 선생님이나 부모님께 이야기를 할 것인지 등등을 생각(사고)합니다. 이 과정을 거치면서 아이는 자신의 행동을 반성하기도 하고 새로운 결심을 하기도 하며, 성숙한 아이들은 이 과정에서 자신의 인격을 발전시키기도 하지요. 즉 이러한 과정을 겪은 아이는 외부자극이 있기 전과는 다른 아이가 되는 것입니다. 아이는 이번 일로 자신이 느낀 변화를 밖으로 드러내고 싶어 합니다. 그래서 자신의 반성과 변화, 결심과 성찰을 글로 적습니다. 이것이 바람직한 글쓰기의 과정입니다. 그러므로 글쓰기의 시작은 외부자극이라고 할 수 있죠. 그런데 요즘 아이들, 외부자극이 있는 생활을 하고 있나요? 학교가 끝나면 학교 앞에서 기다리고 있는 학원차를 타고 학원으로 갑니다. 변변한 창문조차 없는 숨 막히는 교실에서 학원 선생님의 감시 속에 끝없이 문제집을 풉니다. 학원이 끝나면 학원 문 앞에서 다른 학원 차를 타고 피아노 학원이나 미술학원, 태권도 학원으로 다시 달립니다. 어제 했던 부분을 다시 연습하고, 똑같은 발차기를 또 배우고 매일 같은 학원 생활을 반복하다가 집으로 옵니다. 집에 오면 학습지 선생님과 같은 공부를 또 해야 하고 겨우 모든 게 끝났을 무렵에야 TV를 좀 보다가 잠자리에 듭니다.

아이들에게는 아무런 외부자극이 없습니다. 아이들은 글을 쓸 자극을 받은 적이 없습니다. 때로 친구와 싸우거나 선생님한테 혼이 나는 속상한 자극을 가지게 되거나 상을 타오는 등의 행복한 자극을 경험

하게 되기도 하지만 이 자극에 반응하고, 사고하고, 성찰할 시간은 없습니다.

'친구 경영이랑 싸워서 진짜 속상하다. 어떻게 해야 하지? 내일 경영이를 만나면 내가 먼저 사과해야 하나? 경영이가 사과할 때까지 기다릴까? 사실 나한테 먼저 시비를 건 것은 경영이니까 내가 먼저 사과할 것은 없는데. 그렇지만 나쁜 말을 쓴 것은 나니까 내가 먼저 미안하다고 말할까? 아, 정말 속상하네. 어떻게 하면 좋을지 경영이랑 친한 근호한테 상의할까?' 이런 성찰의 과정을 거치기 전에 학원 차가 먼저 도착합니다. 엄마가 학습지 다 풀었냐는 잔소리를 먼저 늘어놓지요. 아이는 생각합니다. '아, 몰라 몰라. 어떻게 되겠지.'

초등학교에 다니는 아이가 충분히 쉬지 못하고 학업에 매달리는 것은, 그 자체만으로도 스트레스 지수를 높여서 학업에 안 좋은 영향을 미치지만 그 뿐 아니라 자기 스스로 사고할 시간을 확보해주지 못한다는 측면에서 아이의 논리력이 발전하는 데 매우 나쁜 영향을 끼칩니다.

아이가 논리적이고 사고력이 뛰어난 아이가 되길 원한다면 또래들과 어울리며 스스로 많은 외부자극을 받을 수 있는 환경을 만들어주시고 그 자극을 사고와 성찰로 연결시킬 수 있도록 충분히 놀 시간을 확보해주세요. 혼자서 골똘해져 있는 시간, 또는 엄마가 보기에는 멍 ~ 하고 있는 이 시간에 아이는 자신의 사고력을 증진시킵니다.

아이에게 쓰라고만 하지 마시고 아이가 글을 쓸 만큼 깊은 사고를 하고 있는지 먼저 체크해주셔야 합니다.

④ 뭘 써야 할지 생각이 안 나요

이렇게 말하는 아이들은 쓰기 싫어서 그러는 게 아니라 정말 무슨 내용을 써야 할지 생각이 안 나는 경우가 대부분입니다. 글만 쓰려고 하면 머릿속이 뿌연 안개 속이 되는 아이들이지요. 자, 상상을 한 번 해보자고요. 내 앞에 앉아 있는 우리 아이는 지금 뿌연 안개 속에서 혼자 길을 잃었습니다. 어떻게 도와주어야 할까요? 설마 길 잃은 아이에게 화를 내는 사람은 없겠지요? 아이가 글을 못 쓴다고 화내지 마시고 측은한 마음을 가지세요. 원인이야 어찌되었건 안개 속에서 길을 잃었으니 얼마나 겁이 나겠습니까? 그러니 우리는 다정하게 아이에게 먼저 말을 걸어야 합니다. 길 잃은 아이에게 "아, 너는 길을 잃었구나? 걱정 마라. 내가 길을 찾아주마."라고 말할 때처럼 다정한 목소리로 "아, 너는 생각이 안 나는구나. 걱정 마라. 엄마가 도와줄게."라고 말하는 겁니다. 그리고는 "지우야, 엄마는 오늘 어떤 일이 있었는지 아니?" 하면서 내가 먼저 이야기를 시작하세요. 일기 쓰기 지도를 하고 있었다면 엄마가 오늘 있었던 속상한 일이나 기억에 남는 일을 먼저 얘기하는 겁니다(다른 일보다 신경질이 나는 일이나 속상한 일을 얘기하면 아이가 더 집중을 잘 합니다. 엄마도 자기처럼 억울할 때가 있다는 것에 동질감을 느끼기 때문이지요). 그리고는 아이에게 이렇게 묻는 거지요. "아휴, 엄마는 진짜 힘든 날이었어. 지우 너는 무슨 일 없었니?" 이

제 아이는 이야기를 시작합니다. "나도 완전 짜증났었다니까! 왜냐하면 수업시간에 뒤에 앉은 태현이가 자꾸 연필로 찌르는 거야. 하지 말라고 해도. 걔 진짜 이상해." 아이한테서 이런 이야기를 들으면 뭐라고 하시나요? 해결책을 제시해주시나요? "뭐? 걔 왜 그래? 걔네 엄마한테 얘기 좀 해야겠다." 아니면 아이를 질책하시나요? "하지 말라고 똑똑하게 말을 하지! 네가 흐리멍덩하게 하니까 걔가 자꾸 장난을 거는 거 아니야?" 아이가 원하는 대답은 그런 게 아닙니다. 아이가 원하는 대답은 이런 겁니다. "정말? 뭐 그런 애가 다 있어? 와~ 너 진짜 신경질 났겠다. 무지하게 속상했겠는데? 아니, 쉬는시간도 아니고 수업시간에 그랬으니 화 많이 났겠다." 바로 아이가 속상하고 짜증이 났다는 것을 공감해주는 겁니다.

입장을 바꿔놓고 생각해볼게요. 옆집 아줌마가 시도 때도 없이 벨을 누르고 우리 집에 온다고 상상해보세요. 와서는 인테리어가 이상하네, 청소를 안 하는 거 보니까 게으르네, 별별 얘기를 다 늘어놓고 갑니다. 나는 열이 받습니다. 하루 종일 열이 받아 있는데 남편이 들어옵니다. 나는 남편에게 푸념을 늘어놓습니다. "여보, 옆집 아줌마 때문에 미치겠어. 만날 우리 집에 와서는 자기가 무슨 우리 엄마도 아니면서 얼마나 간섭을 하고 난리인지. 아, 정말 화난다니까. 있잖아 나한테 뭐라고 했는지 알아? 이렇게 게으르면서 어떻게 애는 키우냐고 했다니까? 진짜 뭐 저런 아줌마가 있어? 이사 가고 싶어!" 그러자 TV를 보던 남편이 심드렁히 말합니다. "그럼 우리 집에 오지 말라고 그래." 참나, 해결책 한번 확실하게 알려주네요. 이런 말 들으면 '아, 역시 우리 남편은 해결책을 잘 제시해주는구나.' 하는 맘이 들어 고마우시던가요? 열만 받으시지요? "누가 그걸 몰라? 근데 그게 안 되는데 어떻게 하냐고! 당신은 하여간 평생 도움이 안된다니까." 애들도 마찬가지에요. 애들은 해결책을 원하는 게 아니에요. 특히 엄마가 제시해주는 해결책은 정말 원하지 않는다고요. "선생님한테 말씀드려라, 다시 한 번 더 그러면 우리 엄마가 혼내준다고 해라." 참 얼마나 공허합니까? 선생님한테 얘기해봤자 고자질쟁이나 쪼잔한 배신자가 될 테고, 우리 엄마한테 일러준다니, 친구가 유치원생이나 하는 행동을 하는 나를 뭘로 보겠습니까? 그러니 이런 도움말 해주지 마세요. 내 입만 아프지 아이는 내 말 안 듣습니다.

우리가 남편한테 바라는 게 뭔지 생각해보자고요. 남편이 "그래? 진짜 그 아줌마 이상한 아줌마네. 당신 정말 열 받았겠다. 아니, 왜 이상한 아줌마가 우리 귀한 와이프 열 받게 하는 거야? 이 아줌마를 그냥! 그래서 당신은 뭐라고 그랬어?"라고 말해준다면 나는 신나서 그 아줌마의 만행을 낱낱이 고해바치겠지요? 그러면서 마음의 화가 좀 가라앉는 느낌이 듭니다. 그리고 말하겠죠. "여보 있잖아, 그 아줌마 다시 벨 누르면 이제 우리 집에 오지 말라고 해야겠어." 해결책은 내 안에 있는 겁니다. 아이의 해결책도 아이가 안에 있습니다. "그래, 그래서 너는 어떻게 했으면 좋겠니?" 아이가 얘기를 다 끝냈을 때 이렇게 조용히 물어주는 것으로, 우리는 아이가 마음속에 숨어있는 그 해

결책을 찾도록 도와주기만 하면 되는 겁니다.

　자, 그러니 아이의 이야기를 맞장구 쳐주면서, 아이의 입장에서 정말 속상했으리라 또는 정말 신났으리라 아니면 정말 답답했으리라 공감해주면서 들어주자고요. 아이가 다 이야기를 하면 그때 말해줍니다. "네 얘기 너무 재미있었다. 엄마한테 한 얘기 여기 그냥 쓰면 돼." 아이 머릿속의 안개는 어느덧 걷혀있네요. 그런데 이렇게까지 말해놓고도 또 못 쓰는 아이들이 종종 있습니다. 그런 아이들은 글쓰기에 거부감이 좀 큰 아이들이니까 무턱대고 처음부터 "얘기한 거 그대로 쓰면 되는데 왜 못해?" 하지 마시고 엄마가 들은 내용을 그대로 불러주세요. "그럼 엄마가 말해볼게. 그러니까 처음에 이거지? '수학 수업시간에 누가 등을 콕콕 찔렀다. 뒤를 돌아보니까 태현이가 웃고 있었다. 나는 아파서 태현이한테 하지 말라고 했다. 그런데 조금 있다가 태현이가 또 등을 찔렀다.' 맞지?"라고 확인해주세요. 글은 절대 불러주면 안 되는 줄 아시는데 꼭 그렇지는 않습니다. 불러주는 게 나쁜 경우는 아이가 쓰는 모든 글을, 모든 내용을 불러주는 경우입니다. 처음에 글쓰기의 시작을 같이하는 의미로 이 방법을 사용하면 의외로 아이가 쉽게 글로 들어갑니다. "그다음엔 어떻게 됐다고 그랬었지?" 한번 물어봐 주면 의외로 아이가 대답을 잘한다니까요. 대답한 걸 그대로 적는 일만 남은 거지요. "이러면 엄마가 불러주는 것이 습관이 돼서 계속 불러달라고 하지 않을까요?" 하시는 어머님들이 계신데, 습관은 그렇게 몇 번 했다고 생기는 것이 아닙니다. 습관이라는 것은 아주 오랜 시간, 수없이 많이 반복했을 때에만 형성되는 것이지요. 아이도 알고 있습니다. 지금 자기가 쓰는 것을 너무 힘들어하니까 엄마가 도와주고 있다는 것을요. 너무 걱정되시면 아이와 약속을 하세요. 몇 번까지는 엄마가 도와주겠지만 그 뒤에는 스스로 해야 한다고요.

이 과정은 아이가 잘 몰랐던 사건의 정황과 그때 자신의 감정을 확실하게 알게 하는 데 많은 도움을 주기 때문에 일기를 쓰는 데에는 필수 코스입니다. 좀 시간이 걸린다는 단점이 있지만 아이가 자신의 생각을 명확히 하는 데 많은 도움을 주므로 글쓰기를 어려워하는 아이들에게 꼭 해주세요. 불러주시는 게 익숙하지 않으시다면 아이가 말을 할 때 휴대폰에 내장된 녹음기로 녹음했다가 아이가 자기가 한 얘기를 들어가면서 정리해서 쓸 수 있게 도와주셔도 됩니다.

⑤ 쓰기 싫어요

이런 아이들은 대부분 앞에서 이야기한 트라우마가 강한 아이들입니다. 글쓰기가 지긋지긋한 아이들이지요. 너무 일찍부터 엄마가 일기 쓰기를 시켰다거나 왜 못 쓰냐고 심하게, 자주 다그쳤다거나 자기 수준에 맞지 않는 어려운 느낌 쓰기를 너무 일찍 접한 아이일수록 쓰기 싫은 기분이 더 강하고 그래서 더 완강하게 저항하는 것입니다. 아무리 달래고 얼러도 저항만 할 뿐 도무지 연필을 안 잡네요. 엄마도 처음에는 착하게(?) 마음먹고 조근조근 얘기합니다. "그러지 말고 엄마가 도와줄 테니 같이 쓰자. 이건 숙젠데 무조건 안 한다고 하면 어

떻게 해. 숙제 안 해가서 혼날 수는 없잖아. 잘 쓰면 상도 받는데.” 그래도 아이는 무슨 쇠심줄을 삶아먹었는지 몸을 비비 꼬고, 연필을 씹어 먹고, 오만가지 변명을 대지요. “배고파요, 배 아파요.” 엄마는 슬슬 인내심의 한계를 느낍니다. 그러다 포기하며 연필을 놓고 “아, 진짜 쓰기 싫다고요.” 하며 책상에 엎드리는 아이를 보면 머리 뚜껑이 확 열리면서 불기둥이 치솟아 오릅니다. “이게 내 숙제냐? 네 숙제잖아! 엄마가 잘 해주려고 하면 협조를 해야지! 너 엄마 열 받게 하려고 작정했어? 저게 누구 닮아서 저래. 아이고, 저게 원수지 자식이 아니에요. 글 잘 써야 대학 간다던데, 넌 대학 안 갈 거야? 대학도 못가고 뭐 할래?” 이 뜨거운 불기둥을 애한테 확 쏩니다. 화상을 입은 아이가 눈물을 뚝뚝 흘리네요. 질질 짜는 아이를 보면서 엄마는 몸속에 사리(?)가 생기는 것 같습니다. 예전보다 더 심하게 화상을 입은 아이는 이제 다시는 불 곁으로 가려고 하지 않을 겁니다. 아이의 마음에 흉터만 더 깊게 새겨준 거예요.

글을 쓰기 싫어하는 아이를 두고 “아이고, 저 글쓰기 싫어하는 녀석!” 하며 바라보신다면 이건 시작부터 잘못된 겁니다. 그 아이는 처음부터 글을 쓰기 싫어했던 아이가 아닙니다. 앞에서도 말씀 드렸지만 우리는 모두 다 마음속에 있는 것을 표현하고 싶은 욕구가 있습니다. 내 앞에 앉아서 울고 있는 이 아이도 원래는 그런 아이였어요. 그런데 왜 이렇게 된 걸까요? 엄마 때문입니다. 학교 때문이에요. 엄마와 학교가, 그 막강한 공격력으로 아이를 휘몰아쳐 공격했기 때문입니다. 아이는 지치고 다쳤습니다. 내 앞에 앉아 울고 있는 아이는 엄마 말을 안 듣는 원수가 아니라 지치고 다쳐서 울고 있는 아이입니다. 상처를 치료해줘야 하는 아이입니다. 자, 아이를 다시 바라보세요. 아이의 상처를 바라보세요. 아이를 안고 말해주세요. "엄마 때문에 많이 힘들었지? 많이 상처 받았지? 엄마가 미안해. 너무 너무 미안해."

아이가 글쓰기를 거부한다면, 그건 나 때문이라는 걸 잊지 마세요. 아이가 완강하게 거부할수록 내 죄가 큰 겁니다. 아이가 죽도록 완강하게 글쓰기를 거부한다면 '내가 지금 죗값을 치르는구나.' 생각하세요. 그리고 옛날 육아일기를 꺼내 아이에게 읽어주세요. "이때 네가 얼마나 예뻤는지 아니? 아이고, 저 작은 발 좀 봐. 이때 네가 차 안에서 똥을 쌌는데 냄새가 얼마나 심하던지, 엄마랑 아빠는 달리는 차에서 내리지도 못하고 코를 쥐고……"

글쓰기를 싫어하는 아이는 글에 대한 느낌부터 다시 정립하게 도와주셔야 합니다. 육아일기가 없으신 분은 옛날 처녀 때 쓴 일기도 괜찮고 이것도 없으시다면(아니, 엄마는 안 하면서 왜 애한테만 하라고 하시는 거예욧!) 아이의 옛날 일기도 괜찮습니다. 옛날 일기를 같이 읽으면서 아이가 글이라는 것이 숙제가 아니고, 써놓으면 참 좋은 추억이 되는 거구나. 느낌으로 알 수 있게요. "이것 봐. 써놓으니까 참 좋잖아. 나중에 이렇게 볼 수도 있고."라고 강요하시면 눈치 빠른 우리 아이는 엄마의 계략을 바로 알아챕니다. 그냥 애랑 같이 옛날 일을 즐기세요. 깔깔깔 마루에 배를 대고 누워서 옛날 얘기하며 즐겁게 노세요. 사실

이렇게 옛날을 추억할 수 있다는 것이 일기의 중요한 기능 중 하나니까요.

아이에게 사과하고, 아이와 재미있는 글이나 책을 같이 읽고, 그러면서 아이의 상처가 치유될 시간을 주세요. 그리고 아이에게 약속하세요. 다시는 불을 뿜지 않겠다고. 아이가 엄마를 믿을 때까지는 시간이 좀 걸립니다. 아이에게 시간을 주세요. 아이가 상처와 믿음을 많이 회복했을 때 다시 일기 쓰기를 시작합니다. 아주 짧은 일기부터요.

언제까지 이렇게 어르고 달래야 하냐고요? 상처가 깊지 않은 아이는 한두 달이 걸리기도 하고, 상처가 깊은 아이는 한두 해가 걸리기도 합니다. 한숨이 나오신다고요? 아닙니다. 내가 아이에게 준 상처가 그렇게 깊은 겁니다.

이 방법 이외에 효과가 탁월한 방법으로 '같이 쓰기'가 있습니다. 일기를 쓸 때 엄마가 아이 옆에 앉아 같이 쓰는 겁니다. 먼저 이렇게 시작하지요. "예은아, 엄마도 너 일기 쓸 때 옆에서 같이 써야겠어. 너는 일기를 쓰는데 엄마는 일기를 안 쓰니까 예전에 무슨 일이 있었는지 기억이 하나도 안 나서 말이야. 그래서 너 일기 쓸 때 엄마도 같이 쓰려고. 엄마는 건망증 심하니까 이제부터 너 일기 쓸 때 꼭 엄마 불러줘. 엄마도 일기 쓸 거야." 그리고 아이랑 같이 문구점에서 예쁜 일기장을 준비하는 거지요. 아이랑 커플 일기장을 사시는 것도 좋고요. 그리고 아이와 일기 쓰기를 같이 하는 겁니다. 아이는 아이 일기를 쓰고, 엄마는 엄마 일기를 쓰고. 이러면 아이가 일기 쓰는 시간에 엄마가 아이를 안 다그쳐도 되고, 각자 자신에게 충실한 시간을 갖게 됩니다. 이때 아이는 나만 일기를 쓴다, 나만 숙제를 한다, 나만 괴롭다, 하는 피해의식을 가지지 않게 되어서 의외로 쉽게 글을 써나갑니다. 다 쓰고 나면 서로 바꿔 읽어보는 거예요. 이때 엄마의 일기가 반드시 교훈적일 필요는 없습니다. 아빠가 술 마시고 들어와서 화났던 일, 언니가 시험 못 봐서 열 받았던 일, 점점 살이 찌는 것 같아 우울했던 일, 어떤 것이든 솔직한 내 감정을 쓰세요. 이건 엄마의 일기이지 아이에게 보여주기 위한 숙제가 아니니까요. 그리고 때때로 아이에게 인생의 조언도 구하세요. "술 마시고 새벽에 들어온 아빠를 어떻게 해야 할까? 한 번 용서해줄까? 아니면 일주일 동안 저녁밥을 해주지 말까? 아예 문을 열어주지 말까?" 아이는 글쓰기에 진지해질 뿐만 아니라 엄마를 더 이해하는 아이로 부쩍 자랍니다. 엄마의 글 솜씨가 늘어나고, 엄마 역시 삶에 더욱 진지해지는 것은 '같이 쓰기'가 주는 보너스지요.

같이 글을 쓰는 시간에 휴대폰은 잠시 꺼두셔도 좋습니다.

⑥ 잠깐만 놀다 와서 쓰면 안 돼요?

이런 아이들은 세상에 대한 호기심이 많은 아이들입니다. 사는 게 재미있고 노는 게 신나죽겠는데, 이렇게 즐거운 인생에 일기 쓰기 같은 지루한 일을 해야 한다는 것을 동의할 수 없는 아이들이지요. 사실 엄마 입장에서 이런 아이는 감사해야 할 아이입니다. 인생이 신나

고 즐거우니 더 바랄 게 없지요. 이런 아이들이 나중에 커서 자기 일도 신나게 하고 인생을 활기차게 사는 아이들이거든요. 그런데 이런 아이들의 엄마들은 흔히 이렇게 말합니다. "우리 애는 너무 산만하고 노는 것만 좋아해서 좀 차분해지라고 글쓰기 학원에 보내요." 글을 쓰면 인내심이 길러진다는 것은 어른들, 그 어른들 중에서도 일부의 어른들에게만 해당되는 이야기입니다. 펄떡펄떡 살아 숨 쉬는 아이에게 인내심을 증진시킨다고 글쓰기를 가르치면 이건 부작용 100%입니다. 확실합니다. 노는 게 재미있고 행복한 아이들에게 차분해지라고 글쓰기를 강요하면 아이는 이렇게 생각합니다. '나를 놀지도 못하게 하는 이 원수 같은 글쓰기. 빨리 대충 쓰고 나가야겠다.' 이런 아이들은 괴발개발 갈기고 얼른 나가 놀려고만 하지요. 엄마는 아이 글이 한심하니까 붙잡아놓고 '여기를 고쳐라, 이 말이 이상하다, 글씨가 이게 뭐냐' 잔소리를 늘어놓습니다. 아이는 몸속에 흐르는 뜨거운 피를 어찌지 못해 점점 미칠 것만 같습니다. 이때 엄마가 결정타를 날립니다. "너, 계속 이런 식으로 하면 오늘 못나가고 하루 종일 일기만 쓸 줄 알아!" 아이는 글과 영원히 원수가 됩니다.

아이가 나가고 싶어 안달을 할 때에는 그냥 보내주세요. 그런 애 잡아놓고 시키면 뭘 해도 능률이 안 오릅니다. 차라리 짧은 시간 하더라도 놀고 와서 하는 것이 효율적이지요. 자, 놀러나가는 아이와 약속을 하는 겁니다. 아이 손을 잡고 눈을 똑바로 쳐다보면서. "지금은 나가서 놀아. 대신 나중에 집에 들어와서는 놀면서 가장 재미있었던 일 다섯 줄만 써서 엄마한테 보여주기다. 이건 엄마가 놀러 보내주는 대신 네가 꼭 지켜야 하는 약속이야.” 그리고 반드시 그 약속을 지키게 하세요. 아이는 다섯 줄을 채우는 동안 무엇이 가장 재미있었던 일인지 고민하게 되지요. 혼자 심사숙고하는 시간을 가지게 됩니다. 이것이 진정한 글쓰기입니다.

이런 아이들은 호기심이 왕성하기 때문에 집중력이 짧습니다. 때문에 긴 글을 쓰게 하면 인내심이 금방 떨어져서 매우 힘들어하는 아이들이에요. 대신 글이 짧더라도 글을 매우 생생하게 써내지요. 그러니까 이런 아이를 지도하실 때에는 글의 양에 연연하지 마시고 짧더라도 생동감 있고 솔직한 표현을 했다면 폭포수 같은 칭찬을 쏟아부어주세요. 폭포에서 시원하게 먹 감아본 아이는 반드시 다시 폭포를 찾습니다.

⑦ 참 재미있는 하루였다

아이들 일기를 보면 공통적으로 보이는 게 이 문장입니다. 친구랑 싸우고, 엄마한테 야단맞고, 학원에서 문제집 푸느라 지겨웠던 내용이 일기장에 가득한데 마지막은 꼭 이렇게 끝맺지요. ‘참 재미있는 하루였다.’ 아이가 이렇게 일기를 썼는데도 고쳐주지 않는다는 것은 자기가 어떤 기분인지 잘 알지 못해도 그냥 놔두는 것입니다. 내 기분이 어떤지도 모르면서 어떻게 좋은 글을 씁니까? 이런 일기, 반드시 고쳐주셔야 해요. 일기뿐 아니라 동시나 주장하는 글에서나 독후감에서나

우리는 아이들이 거짓으로 쓰는 것을 자주 발견할 수 있습니다. '나뭇잎 위에 맺힌 이슬, 눈물방울 같다', '앵두 같은 내 동생 입술', '사람들이 쓰레기를 아무 데나 버리는 것을 보니 정말 환경문제가 심각하다는 것을 가슴 깊이 깨달았다.'와 같은 문장들은 다 거짓으로 쓴 문장들입니다. 일부러 거짓말을 하려고 한 게 아니라 무의식적으로 솔직하지 않은 글을 쓴 것이지요.

이런 글을 쓴 아이한테 우리는 물어야 합니다. "나뭇잎 위에 이슬 맺힌 게 정말 눈물방울 같았니? 그보다 너 이슬을 본 적은 있니?" 하고요. "동생 입술이 정말 앵두 같아? 엄마가 보기에 동생 입술 색깔이랑 앵두 색깔은 같은 색이 아닌데?", "너 정말 그때 쓰레기 쌓여있는 거 보고 환경문제가 심각하구나. 하고 느꼈어?" 그럼 아이들은 쭈뼛거릴 겁니다. 그때 다시 물어야 합니다. "이슬을 본 적도 없으면서 이슬이 눈물방울 같다고 쓴 건 거짓말 아닐까? 네가 '정말 그렇다'고 생각하지 않고 '대충 그럴 것 같다'고 생각해서 쓰는 것은 거짓말하는 거야. 네가 정말 생각했던 것, 느꼈던 것만 써야 네 글이야." 아이에게 진짜 네 생각과 네 기분이 아닌 것은 네 글이 아니라고 분명히 말해주세요. 그래야만 아이가 진짜 내 기분이 어떤 것인지 고민하게 되고, 그래야만 내 기분과 내 생각을 더 잘 느껴보려고 노력하게 됩니다. 자신의 기분과 생각을 잘 드러내야만 좋은 글이 되는 것은 너무나 자명한 일이겠지요?

오늘 아이가 일기에 '참 재미있었다.'라고 쓴다면 붙잡고 물어보세요. "너 정말 오늘 참 재미있는 하루를 보냈니?" 하구요. 참 재미없었던 하루, 참 지루했던 하루, 참 답답했던 하루, 참 할 일 없던 하루, 참 열 받았던 하루, 참 엄마가 미웠던 하루, 참 속상했던 하루, 참 그저 그랬던 하루……. 다 아이의 하루입니다. 아이가 자신의 감정에 충실하도록 도와주시고, 거짓으로 쓴 글이 단지 무난하다는 이유로 그냥 넘어가지 마세요.

하나 더, 만약 아이의 글에서 나쁜 생각이 발견되었다면 이것은 잡아주셔야 합니다. 예를 들어 '돈이 최고다, 무조건 돈만 벌면 된다' 또는 '친구에게 피해를 주었지만 어쩔 수 없었다' 같은 내용이 발견되면 단호하게 바로잡아 주셔야 합니다. 아이가 반장선거를 하고 와서 이렇게 씁니다. '내가 반장이 되고 싶었는데 명주가 반장이 되었다. 나는 명주가 밉다. 명주가 우리 반이 아니면 좋겠다.' 이런 글은 괜찮습니다. 솔직하니까요. 하지만 '내가 반장을 했어야 하는데 명주한테 빼앗기다니 억울하다. 나는 명주가 반장인 것이 너무 싫다. 그러니까 이제 반장 말은 안 들을 거다.'라고 썼다면 이건 바로잡아 주셔야 합니다. 비록 억울하고 속이 많이 상하겠지만, 공정하게 투표했고 그래서 뽑힌 반장이니까 너는 같은 반 구성원으로서 반장에 협조해야 하고 그게 네 의무라고요. 그리고 다음에는 더 노력해서 꼭 반장이 되자고요.

아이의 글은 아이의 사고이고 아이의 우주입니다. 아이가 잘못된 우주에서 떠돌지 않도록 길잡이가 되어주세요.

154

일기 쓰기를 시키는 우리의 자세

제가 고등학교 때 많이 뚱뚱했어요. 고3 때는 73킬로그램이 넘게 나갔었지요. 그때는 왜 그렇게 입맛이 당기던지 1000밀리리터 우유를 혼자 하루에 다 마셔서 엄마가 임신한 거 아니냐고 하셨죠(공부에 매진해야 하는 고3 딸한테 이런 충격적인 발언을!). 교복을 입을 때는 점점 살이 쪄도 '어머, 조끼가 안 잠기네? 어머, 치마가 안 채워지네?' 하면서 별 생각 없이 넘어갔고, 고3 체력장 때 잰 가슴둘레가 1미터가 나왔어도 저는 제가 그렇게 뚱뚱한지는 몰랐어요. 왜냐하면 주변 친구들도 다 뚱뚱했거든요. 그런데 고등학교를 졸업하고 사복을 입게 되니 허리 34인 저에게 맞는 여자 옷이 하나도 없는 거예요. 저는 대학 입학 기념으로 사는 청바지를 남성복 코너에서 골라야 했습니다. 지금은 웃지만 그때는 얼마나 우울했는지 말도 못해요.

딸이 임신한 게 아니라는 사실이 확실해지자(!) 엄마께서는 살 좀 빼라고 성화셨죠. 하지만 제가 운동을 워낙 싫어하는지라 이리 빼고 저리 빼다가 헬스장에서 헬스 기구랑 씨름하는 것보다는 그나마 산책하는 것이 좀 나아서 집 앞에 있는 산에 가게 되었습니다. 처음에는 숨도 차고 산에 기어올라가는 것이 힘들어서 매일 산에 가려고 일어설 때마다 여간 곤혹이 아니었지요. 그러나 그렇게 한 달, 두 달 가다 보니 무엇보다 살이 많이 빠졌고, 숲 속에 들어가면 좋은 공기를 마셔서 그런지 머리도 맑아지는 것 같고, 계절에 따라 산이 아름다운 옷으로 갈아입는 것이 얼마나 고운지도 알게 되었습니다. 그렇지만 가장 크게 느낀 것은 무엇보다 산에 가면 그 어디에 있을 때보다 마음이 평안해진다는 사실이었습니다. 머릿속이 복잡하고 걱정이 많을 때 산에 오르면, 올라가는 동안 저절로 고민이 정리되는 놀라운 경험도 여러 차례 했지요. 이제는 시간만 나면 산에 갑니다. 바빠서 일주일에 한 번도 못가고 지나갈 때도 있습니다만 그래도 틈틈이 산으로 갑니다. 집 가까이에 산이 없는 곳으로는 이사도 안 갈 생각이에요.

맨 처음에 제가 산에 갔던 것은 살 빼라는 엄마의 성화 때문이었지요. '엄마의 잔소리'는 바로 '외적 동기'입니다. 처음에는 엄마의 잔소리라는 외적 동기 때문에 산에 가게 되었지만 자꾸 가다 보니 살도 빠지고, 정신도 맑아지고 마음도 평안해지는 여러 이점이 있다는 것을 깨닫게 돼서 이제는 제가 스스로 알아서 산에 갑니다. 이것이 '내적 동기'입니다. 아이들에게 일기를 쓰게 하려면 이 외적 동기가 내적 동기로 바뀌는 경험이 필요합니다. 아이가 글이라는 것을 외적 동기(엄마 잔소리, 숙제, 시험 등)로 시작한다고 하더라도 글을 쓰면서 카타르시스를 느끼고, 글을 통해 자신을 성찰하고, 스스로 성장하는 이 황홀하고 아름다운 경험을 하게 된다면 우리가 아이에게 글을 쓰라는 협박과 회유를 하지 않아도 아이는 스스로 방문을 걸어 잠그고 일기를 쓰는 아이가 될 겁니다. 아이가 어떤 순간에 내적 동기를 찾게 되어 일기를 꾸준히 쓰는 아이가 된다면 이 아이는 매일 자신을 성장 발전

156

시키는 일을 하고 있으므로 아이에게 '글을 잘 써야 좋은 대학에 간단다, 커서 어떤 사람이 되려고 하느냐?' 하는 등의 잔소리를 따로 늘어놓을 필요가 없습니다.

외적 동기 ⇒ **내적 동기** ⇒ **스스로 일기 쓰기**

엄마의 잔소리 　 카타르시스 느끼기 　 성찰과 발전을
숙제, 시험 　 고백의 즐거움 　 거듭하기

　외적 동기가 내적 동기로 바뀌기까지는 많은 시간이 걸리고 또한 이 시간들은 많은 고통을 필요로 합니다. 제가 매일 엄마를 원망하면서, 땀을 뻘뻘 흘리며 산을 올랐던 것처럼 말이지요.

　그 힘든 시간을 아이가 잘 견뎌내고 내적 동기를 가질 수 있도록 때로는 재미있게, 때로는 신나게, 때로는 짐을 나누어지면서 아이와 같이 뛰는 러닝메이트가 되어주세요. 아이가 어려운 시간을 혼자 울면서 걸어가지 않게요.

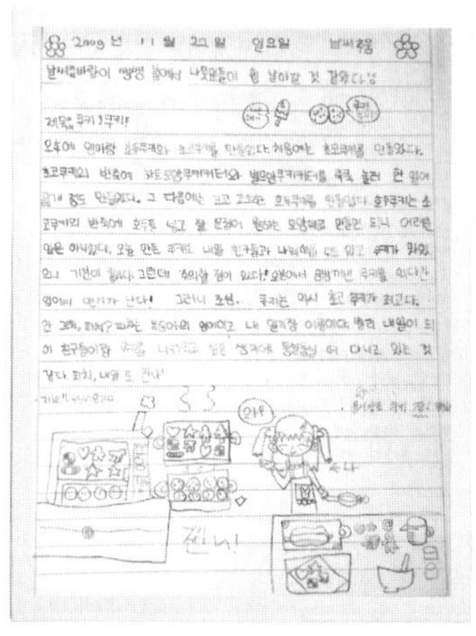

일기장에 자유롭게 그림을 그려봐요.

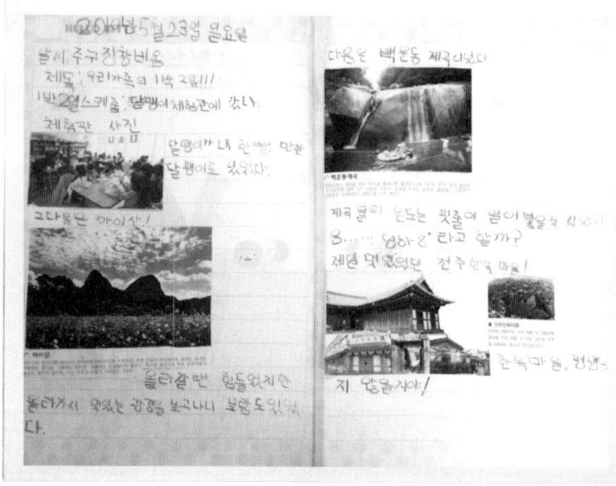

놀러갔던 곳의 안내 사진을 붙이면서 기행문을 일기에 써봐요.

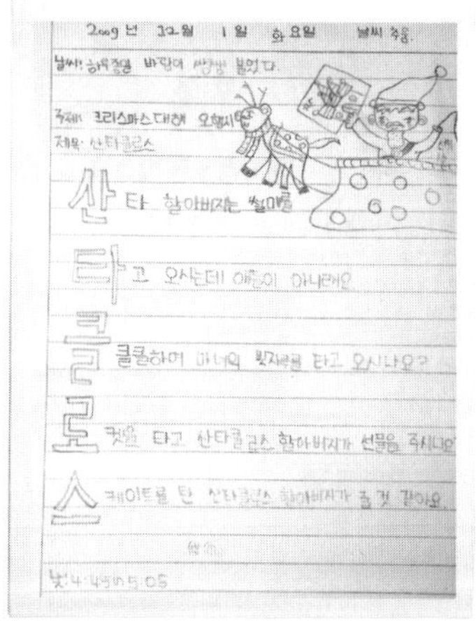

일기장에 삼행시, 오행시를 써봐요.

마트 전단지를 이용해 다양한 일기를 써봐요.

엄마의 말투, 아이의 정신세계를 만든다

　우리는 생활하면서 아이와 많은 언어를 나눕니다. 우리가 나누는 언어는 그 성질에 따라 몇 가지로 구분할 수가 있는데 첫 번째는 '생활언어'입니다. 생활언어란 "밥 먹었어? 숙제해. 학교에서 무슨 일 있었어? 이번 주 놀토니?" 같이 생활에서 필요한 말입니다. 1차적 언어라고도 하지요. 우리는 아이들과 많은 시간 이런 대화를 나눕니다.

　두 번째는 '정서적 언어'입니다. 2차적 언어라고 하는 이 언어는 "네가 그렇게 말해주니까 엄마가 감동 받았다. 너 너무 슬퍼 보인다. 괜찮니? 그 친구 때문에 많이 속상했겠구나. 엄마가 요즘 너무 우울한데 어떻게 하면 좋을까?" 같이 정서나 감정을 표현할 때 쓰는 언어들입니다. 주로 문학작품을 대할 때 우리는 이러한 문장이 담긴 글을 많이 보게 되지요. 그만큼 사람의 감성과 밀접하게 연관되어 있는 언어입니다.

　마지막으로는 '철학적 언어'가 있습니다. "사람이 죽으면 어떻게 될까? 지구도 생명체니까 언제는 죽겠지? 너는 앞으로 어떤 사람이 되고 싶어? 네 꿈은 뭐니? 어떻게 살고 싶니? 엄마가 세상을 위해서 할 수 있는 일은 뭘까?"와 같이 깊은 사고와 성찰을 요하는 언어입니다. 더 나은 사람이 되고자 할 때 꼭 필요한 언어이고 또 논술을 할 때 필요한 언어지요. 그런데 이러한 언어들은 순차적 과정을 거쳐 발전합니다. 처음에는 아이에게 "맘마 먹자. 여기 봐. 하지 마." 같은 1차적인 언어를 짧게 사용하다가 이 언어가 점차 길어지고 여기에 정서적 언어가 끼어들고 나중에 아이가 더 자라면 3차 언어인 철학적 언어를 사용하게 되는 것이지요.

우리가 흔히 '저 사람은 자신의 생각을 잘 표현하고 자신의 주장을 잘 이야기한다.'라고 한다면 그 사람은 분명 2차 언어와 3차 언어를 적절히 잘 사용하는 사람일 것입니다. 아이가 깊게 사고하고 분명한 자기 주장이 있다는 것은 정서적 언어와 철학적 언어를 얼마나 잘 알고 사용하느냐가 관건이지요. 그런데 생각해보자고요. 내가 아이에게 정서적이고 철학적인 언어를 얼마나 사용하는지. 엄마가 아이에게 쓰는 언어라고는 "배고파? 숙제했어? 학습지 또 밀렸지? 학원비가 얼만데 학원을 빠진다는 거야! 이번 시험 또 망치면 가만 안 둬!"와 같은 생활언어 뿐인데 아이가 도대체 정서적이고 철학적인 언어는 어디서 배울까요? 학원에서 학원 선생님이 가르쳐줄까요? 학원 선생님은 아이의 성적을 올리는 것이 목표기 때문에 엄마보다 정서적이고 철학적인 언어를 쓸 확률이 더 낮습니다. 또한 언어는 생활에서 만들어지는 것이기 때문에 일주일에 몇 시간 만나는 선생님은 아이의 언어생활을 관장할 수 없습니다.

아이의 언어능력을 관장하는 것은 아이와 하루에 12시간 이상 만나는 엄마뿐입니다. 아이의 언어습관은 엄마에게서 오지요.

우리가 익히 잘 알고 있는 케네디가(家)는 '케네디가의 식탁'으로도 유명한데, 케네디가의 식탁이란 아이들을 훌륭하게 키우겠다는 열망이 매우 높았던 케네디가의 부모들이 오늘 신문을 다 읽고 토론에 참여할 준비가 된 아이들만 식탁에 앉게 했다는 일화입니다. 9남매 중에서 신문을 읽지 않아서 토론에 참여하지 못한 아이는 저녁식사를 할 수 없었습니다. 토론 좀 못했다고 밥을 안 주다니 정말 매정하게 들리네요. 하지만 그만큼 가정에서의 언어습관, 토론문화가 중요하다는 것을 보여주는 예이지요. 케네디가의 아이들이 모두 미국의 정치를 이끄는 인재로 자랐던 원동력이기도 하고요.

자, 오늘부터는 엄마의 말투를 바꿉시다. 생활언어만 쓰던 습관을 바꿔서 아이의 기분도 물어봐 주고, 아이의 꿈도 물어봐 주고, 엄마의 외로움에 대해서도 이야기하고, 오늘 본 하늘의 색깔에 대해서 같이 감동도 하고, 인생의 계획도 같이 세우고, 신문일면을 장식한 뉴스에 대해서도 토론해보고, 2NE1이 소녀시대와 다른 점도 분석해보자고요.

2학년 아이들은
어떤 특징을 가지고 있을까요?

2학년 시기는 프로이드가 말한 '잠복기'가 구체적으로 실현되는 시기입니다. 잠복기란 성적인 관심이 있기는 하지만 그것이 확 사라진 것처럼 보이는 시기지요. 잠복기는 빠른 아이들은 7~8세, 좀 늦는 아이들은 9~10세에 나타나기도 합니다. 이런 이유 때문에 그나마 1학년 때까지는 "지현아, 동호야"라고 서로 이름을 부르던 아이들도 "문지현! 강동호!" 매우 신경질적으로 서로의 이름을 부르고 남자아이들은

여자아이들을, 여자아이들은 남자아이들을 서로 미워하고 무시합니다. 대신 동성 친구와의 결합은 매우 끈끈해지지요. 좋아하는 친구가 확실해지면서 친구들끼리 편을 먹고 다른 친구 무리를 따돌린다거나 질시하는 일도 종종 발생합니다. 이런 특징은 매우 일반적이기 때문에 아이들 문제에 일일이 끼어드시기보다는 스스로 해결해나가도록 지켜봐주시는 것이 바람직합니다.

또한 이 시기는 사회심리학자인 에릭슨이 말한 '근면성 VS. 열등감'이 두드러지는 시기입니다. 자신이 속한 사회에서 자신에게 맡겨진 과제를 습득하게 되면 근면성이 고취되고, 그렇지 못하면 열등감에 빠지는 시기가 바로 이 시기입니다. 그러므로 이 시기에는 아이가 자신에게 맡겨진 과제를 잘 수행해서 학교에서 선생님께 칭찬받고, 집에서는 가족들로부터 인정과 지지를 받는 것이 무엇보다 중요합니다. 아이가 이 시기에 너무 많은 학습량에 노출 되면 자신이 과제를 다 해내지 못했다는 열등감에 빠지게 되고, 이럴 경우 자신의 행동에 근면성을 가지기 어렵습니다. 근면성은 아이가 앞으로 살아나가는 데 무엇보다 중요한 능력입니다. 아이가 열등감을 갖는 일이 없도록 성취의 수준을 조정해주실 필요가 있습니다.

더불어 이 시기는 도덕성에 대한 개념이 자리 잡는 시기입니다. 이제까지는 엄마나 선생님의 강요나 제재에 의해서 도덕적인 일을 했다면 이제부터는 스스로의 의지에 의해 그런 일들을 해나가는 시기지요. 이전까지는 휴지는 꼭 휴지통에 넣어야 한다고 배웠기 때문에 그런 일을 했다면 이때부터는 누가 시키지 않아도 스스로 그것이 옳은 일이므로 해야 한다고 느낍니다. 이 시기에 엄마가 반복적으로 아이 앞에서 도덕적이지 않은 일을 하거나(찻길을 마구 건너고, 반갑지 않은 전화를 받으면 '지금 운전 중'이라고 거짓말하고, 옆집 아줌마 흉보는 등) 진실 되지 않은 모습을 보이면 아이의 도덕성이 해이해집니다. 도덕성은 책임감이나 분별력, 공정성 등을 내포하고 있기 때문에 착하게 사는 것 이외에도 삶의 질을 높이는 데 큰 기여를 합니다. 아이가 남의 물건을 말없이 가지고 온다거나 친구의 숙제를 베끼고 자신이 한 것처럼 말하는 경우 등 도덕적이지 않을 일을 했을 때에는 작은 일이라도 분명하게 잘못한 점을 일러주시고 행동을 교정해주셔야 합니다.

2학년 우리 아이, 어떻게 도와줄까요?

학교에 좀 적응도 했고 1학년 동생들도 생긴 2학년들은 1학년 때보다 훨씬 정서적으로도 안정된 학교생활을 해나갑니다. 그래서 이때부터 가야 할 학원의 수도 많이 늘어나고 해야 할 학습의 양도 늘어나지요. 그런데 이렇게 공부를 시키는 것보다 먼저 선행되어야 할 일이, 자신의 일을 스스로 하는 것입니다. 기상 시간이 되면 스스로 일어나고, 스스로 학교 갈 준비를 하고, 스스로 준비물을 챙기고, 학급에서 친구들과의 문제가 생겼을 때에는 스스로 해결해나가는 아이가 되는 것이

이 시기에 가장 중요한 과업입니다. 엄마 눈에 아이가 한없이 모자라 보인다고 이 시기에 가방도 엄마가 챙겨주고, 엄마가 깨워주고, 엄마가 세수시켜주고, 옷 입혀서 학교까지 보내준 아이는 학년이 높아져도 스스로의 일을 스스로 못하는 아이가 됩니다. 자신의 일을 스스로 못한다는 것의 의미는 자신의 공부도 스스로 못하고 자신의 글도 스스로 못 쓴다는 것과 같은 말이잖아요. 언제까지 뒤따라 다니면서 챙겨주실 것 아니면 이 시기에 독립심을 가지고 스스로의 일을 스스로 해결할 수 있도록 멀찍이 서서 지켜봐주세요. 엄마가 보기에는 좀 답답해 보이고 느려보여도 이 시기에 스스로의 일을 해나가며 느낀 성취감이 아이의 발전에 매우 중요한 역할을 합니다. 자신의 일을 자신이 해낸 아이에게 많은 칭찬과 지지를 보내주시는 것은 당연한 것이겠죠?

이 시기의 아이에게 반드시 필요한 것이 타인의 상황을 고려하는 능력입니다. 예전에는 선생님께 혼날까 봐 수업시간에 떠들지 못했는데 이 나이가 되면 '내가 떠들면 친구들 공부에 방해가 되니까 떠들면 안 되지.'라는 생각을 할 줄 알아야 하지요. 친구에게 "저리 가. 귀찮게 하지 마!"라고 말하려다가 '그러면 친구가 기분이 나쁘겠지.' 하고 한 번 참을 줄도 알아야 하고요. 이러한 능력은 공동체 생활을 하는 데 꼭 필요한 능력인데, 이 능력이 떨어지는 아이는 유치원생처럼 무조건 자신의 입장만 고려하지요. 이는 단체생활을 하는 데 매우 큰 결점입니다. 간혹 엄마들 중에서 '우리 아이는 좀 이기적이기는 하지만 공부를 잘하니까 상관없다'는 식의 견해를 가지고 계신 분들을 만나게 되는데, 상대방의 입장을 고려하는 역지사지의 자세가 없는 아이는 공동체로부터 점점 왕따를 당하게 됩니다. 공부를 잘하면 왕따여도 상관없다고요? 아이가 받을 상처는 생각 안 하시고요? 더군다나 아이의 인생은 학교가 끝나고 난 후에도 계속 됩니다. 사회에 나와서도 자신의 입장만 고려하는 아이, 반드시 낙오됩니다. 아이가 어떤 결정을 하기 전에 다른 사람의 입장을 이해하고 배려하는 습관을 들일 수 있도록 늘 교육시켜주세요.

이 시기는 음독에서 묵독으로 넘어가는 시기입니다. 1학년 때에는 책이든 교과서든 큰소리로 읽던 아이가 2학년이 되면, 글이 많아지기도 하거니와 아이의 글 읽는 속도가 빨라지면서 속으로 읽기 시작하지요. 아이가 글을 소리 내어 읽을 때에는 아이가 어떤 책을 읽고 있고 어떤 내용을 알고 있는지 속속들이 알고 있던 엄마가, 아이가 소리 없이 글을 읽게 되면서 잘 읽고 있는 건지, 무슨 내용을 읽고 있는 건지 알 수 없어집니다. 책을 읽은 후에 "잘 읽었어? 재미있었어?"라고 물어보는 것이 고작이지요. 사실 이때부터 글을 잘 읽는 아이들과 글을 잘 못 읽는 아이들이 나뉘게 되고, 글을 잘 못 읽는 아이들은 차후에 독서를 하는 데 어려움을 겪거나 학습부진을 보이기도 합니다. 음독에서 묵독으로 넘어가는 시기는 각별히 주의해서 아이의 '읽기'를 챙겨주셔야 하는 시기입니다. 아이가 어떤 내용을 읽고 있는지도 봐

주셔야 하고 아이가 읽은 내용을 제대로 숙지하고 있는지도 체크해주셔야 합니다. 모든 책을 다 엄마와 같이 읽을 수는 없지만 특별히 재미있어 하는 책은 아이와 같이 읽고, 그 내용에 대해서 서로 이야기해보면 아이가 제대로 이해했는지 알 수 있습니다.

2학년 교과서에서는 '이야기의 순서 말해보기, 등장인물이 한 일 말하기, 글을 읽고 의견과 까닭이 드러나게 정리해보기, 들은 내용을 알기 쉽게 정리하여 말해보기' 등과 같이 글의 내용을 제대로 파악하고 있는지 아이에게 꾸준히 묻습니다. 사실 이 시기는 엄마들이 아이들에게 가장 책을 많이 읽히는 시기입니다. 아직은 시간적으로 여유가 있으니 고학년이 돼서 시간이 없어지기 전인 2~3학년 시기에 한 권이라도 더 읽히려고 애를 쓰지요. 그러나 의외로 이 시기에 읽는 양은 중요하지 않습니다. 읽는 내용이 너무 많으면 아이가 다 받아들이지 못하기 때문이에요. 그보다는 아이가 읽는 내용을 잘 이해하고 있는지, 글의 내용을 순서대로 말할 수 있는지, 주인공의 성격을 잘 파악하고 있는지 체크해주시는 게 중요합니다. 이런 것들을 잘해 내지 못하고 건성으로 그저 대충 읽는 것이 습관으로 자리 잡는 경우, 고학년이 되어 자신의 생각을 나타내는 글을 거의 써내지 못할 뿐만 아니라 나중에 이를 바로잡는 데 터무니없이 많은 시간이 걸립니다.

자, 그럼 2학년 때 책 읽기, 어떻게 잡아주어야 하는지 알아볼까요?

독서,
모든 문제의 해결책일까?

　제가 처음 아이들을 가르칠 때만 해도 엄마들을 만나면 "책이 중요해요. 책을 많이 읽도록 도와주세요."라고 말하곤 했습니다. 그때만 해도 엄마들이 책을 지금처럼 신봉하지는 않았으니까요. 그러나 지난 15년 동안 엄마들의 인식이 너무나 크게 바뀌어 전세대출금 이자는 못내도 책은 전집으로 꼭 사놓은 엄마들을 어디서나 볼 수 있게 되었지요. 자신의 성공이 어릴 때 읽은 많은 책 때문이었다고 얘기하는 사회저명인사들의 고백이 줄을 이으면서, 논술과 입시에 대비하려면 독서밖에는 방법이 없다는 식의 뉴스를 어디서나 만나게 되면서, 또한 수많은 출판사의 '이 책을 읽지 않으면 시대에 뒤쳐진다'는 식의 마케팅에 엄마들이 여지없이 노출되면서 책은 21세기 교육의 없어서는 안 될 가장 강력한 구세주로 떠올랐습니다.

　우리가 초등학교를 다닐 때에는 읽을 책이 그리 많지 않았습니다. 저도 엄마께서 사주신 '그림 형제 전집' 한 질이 가지고 있던 책의 전부였지요. 학교에도 도서관이 없던 시절이라 그저 집에 있는 초등 저학년이 보는 책을 고학년이 되어서도 읽고 또 읽으며 지겨워했던 기억이 납니다. 요즘 아이들은 그때와 비교해서 어마어마한 책의 홍수 속에 살고 있습니다. 그럼 지금 아이들이 우리 때보다 어마어마하게 똑똑해졌을까요? 아이들을 가르치다 보면 요즘 아이들이 얼마나 자기 생각이 없고 수동적이기만 한지 깜짝 놀랄 때가 많습니다. "이 문제에 대해 어떻게 생각하니?" 하고 물어보면 말합니다. "몰라요. 보기 없어요? 아, 답이 뭐예요? 답만 불러주세요." 도무지 스스로 생각이라는 것을 하려는 노력조차 않는 아이들을 보면서 가슴이 답답해지곤 하지요. 저는 예전 아이들보다 요즘 아이들이 더 똑똑하다는 말에 절대로 동의할 수 없습니다. 오히려 제가 아이들을 처음 가르쳤던 15년 전보다 창의적이고 자발적인 면에서 아이들이 훨씬 퇴보한 듯한 느낌을 자주 받습니다. 책이 모든 문제의 해결책이라면, 책을 수 없이 많이 읽는 지금의 아이들이 예전의 아이들보다 훨씬 다양하게 생각하고 논리적으로 사고해야지 왜 예전보다 훨씬 자신의 생각을 이야기하는 것을 어려워할까요? 물론 제가 우리나라의 모든 아이들을 다 만나본 것은 아니니 이렇게 속단하는 것은 옳지 않다고 하더라도, 그 많은 사람들이 말하는 것처럼 책을 많이 읽히면, 그러면 우리 아이는 무조건 훌륭하고 똑똑하고 올바르게 자라줄까요? 책만 죽도록 읽으면 정말 논리력이 있고 훌륭한 인간으로 자라는 것이 확실합니까? 책을 별로 읽지 않고 훌륭한 인물이 된 사람은 정녕 없는 겁니까? 예전에 우리는 책 별로 안 읽고 산으로 들로 뛰어다니면서 놀았는데 그러면 우리는 모두 논리력이 떨어지는 문제 있는 인간들이 되었습니까?

책, 정말 그렇게 위대한 구세주입니까?

① 책, 많으면 독

　아주 어린 아이에게까지 너무 많은 책을 읽게 하는 지금과 같은 독서 형태는 아이의 성장을 이해하지 못하는 오해에서 비롯됩니다. 책을 읽는다는 행위는, 책 안에서 어떤 일이 일어나고 있는 것을 아이에게 가만히 지켜보게 하는 방식입니다. "너는 가만히 앉아, 엄마가 읽어주는 것만 지켜 보거라."라고 엄마는 말하지요. 이것은 학습의 주도권을 아이로부터 빼앗는 행위입니다. 아동기는 자신이 관심이 있는 사물이나 현상에 몰입하면서 지적 수준을 발전시키는 단계입니다. 이 시기는 글을 통해 지혜를 얻는 단계가 아니라 냄비를 두드려보며 소리의 다른 점을 배우고, 거울을 들여다보며 자아를 깨닫고, 곰돌이를 친구삼아 데리고 놀면서 엄마에게 받은 애정을 전이시키는, 다시 말해 몸으로 자신이 직접 모든 것을 해보면서 발전하는 단계입니다. 그런데 엄마는 아이의 관심과는 상관없는 책을 들이밀며 아이에게 집중을 강요합니다. 여기에 아이의 흥미, 요구, 능력 등은 고려 대상이 아닙니다. 엄마의 흥미, 엄마의 요구, 엄마의 책을 선택하는 능력이 중요하지요. "너는 그냥 책을 지켜보기만 해라. 무엇을, 언제, 얼마나 오래 배울지는 엄마가 다 결정하마." 책을 읽어주는 엄마 마음속에는 이런 욕심이 들어있습니다. 아이들의 관심과 흥미는 발아하기도 전에 묵살됩니다. 하고 싶은 일을 하지 못하고 좌절하면서 엄마에게 붙들려 책 읽기를 강요받았던 아이는 나중에 스스로 몰두하는 작업에 빠져드는 것을 어려워합니다. 과도한 책 읽기가 아이의 성장을 저해하는 것입니다.

또 하나의 오해는 아이의 두뇌가 스펀지 같아서 무엇이든 어린 시기에 알려주면 그것을 스펀지처럼 빨아들인다고 생각하는 것입니다. 이런 주장을 하는 사람들은 사람의 뇌가 대부분 어린 시절에 완성되기 때문에 최대한 뇌의 운동이 활발할 때 더 많은 것을 가르쳐야 한다는 어리석은 말을 하기도 합니다. 그러나 사람의 뇌는 어린 시절에 완성되지 않습니다. 성인이 된 후에도 뉴런 사이의 수많은 시냅스를 연결하며 끊임없이 발전하지요. 인간이 나이를 먹으면 비록 뇌세포의 숫자는 점점 더 적어지지만 세포간의 연결은 더 많아지는 식으로 뇌는 계속 발전합니다. 어릴 때 많은 것을 알려주어야 한다는 생각으로 아이가 이해하지 못하는 여러 정보를 아이에게 입력하는 행동은, 아직 소화기능이 다 성숙되지 않아 이유식을 먹는 아이에게 산해진미를 맛보게 해주겠다고 고기와 회를 먹이는 것과 같습니다. 아무것도 모르는 아이가 넙죽넙죽 잘 받아먹으니 이제 다 컸나 보다 기특하신가요? 언젠가는 배탈이 납니다. 아주 크게 탈이 나기도 하지요.

아이들은 우리처럼 심사숙고해서 생각하거나, 집중해서 들여다보거나, 많은 자료를 흡수하며 학습하지 않습니다. 유아기와 아동기는 놀이를 통해서, 스스로 놀이감을 찾아 몰두하고 집중하는 행위를 통해서 자라고 발전합니다. 생생한 자신의 경험을 통해 세상을 만나려는 아이를 책이 좌절시키고 있습니다. 뛰어놀고 싶어하는 아이 붙잡아 앉혀놓고 책 읽어주는 일, 진정 아이를 위한 일입니까? 엄마의 불안을 잠재우고 싶은, 엄마를 위한 일 아닙니까?

아무리 훌륭한 책이라고 할지라도 책은 그저 다른 사람이 한, 다른 사람의 경험일 뿐입니다. 즉 간접경험이지요. 간접경험은 아무리 훌륭하다 하더라도 내가 느낀 직접경험에 비하면 아무것도 아닙니다.

백두산에 올라갔다 와서 어떤 사람이 쓴 책이 있다고 가정해봅시다. '와, 이 책은 베스트셀러에다가 읽어보니 내용도 너무 훌륭하네요. 책을 읽고 정말 감동했어요.' 그렇지만 이 감동이, 내가 직접 한 걸음 한 걸음씩 고생고생해서 올라가서 드디어 백두산 천지를 맞닥뜨렸을 때의 감동과 비교할 수 있나요? '책에서 내가 좋아하는 두 주인공이 서로 싸워서 울고 있어요. 내가 좋아하는 주인공이 속상해하는 모습을 보니 내 마음도 정말 속상하네요.' 그렇다고 이것이 내가 내 친구와 싸웠을 때만큼 속상한가요? 책에서 느낀 감동도, 책에서 느낀 깨달음도 내가 직접 살면서 느낀 감동과 깨달음에 비하면 아무것도 아닙니다.

우리 성인들은 살면서 많은 감동과 깨달음을 겪어온 사람들입니다. 많은 경험과 경험에 대한 기억이 이미 머릿속에 저장되어 있지요. 이럴 경우 책을 읽으면서 내 경험을 반추해볼 수 있습니다. 책 속의 두 주인공이 이혼을 해서 괴로워하고 있다면 '아, 나도 작년에 남편과 심하게 싸우고 이혼할 뻔 했는데…… 그때 이혼 안 하길 잘했지. 이혼했으면 지금 얼마나 후회를 하겠어. 앞으로 또 이런 일이 생기더라도 이 책의 주인공처럼 어리석게 행동하지 말고 우리 가족의 미래를 생각해야 해.'라고 책의 주인공에 내 경험을 대입시켜 더 깊은 깨달음을 얻

는 것입니다. 그러니까 책이 내 인생에서 의미가 있어지려면 내 경험이 선행되어야 하는 것이지요.

그런데 지금 아이들은 책을 읽느라고 직접경험을 하는 시간을 빼앗깁니다. 책 읽고 독후감 쓰느라고 정작 친구들과 놀면서 삶의 경험을 쌓아야 할 시간은 부족한 것이지요. 아이가 지금 살고 있는 아동기는, 될 수 있으면 많은 것을 만져보고, 냄새맡아보고, 느껴보면서 자신의 느낌을 자신의 감각 안에 새겨 넣는 시간입니다. 이 시간에 자신이 경험한 수많은 경험에 대한 기억과 통찰들이 아이가 앞으로 살아나가는 데 너무나 중요한 자산이 됩니다. 그래서 세계적인 교육학자 루소는 '8세 이전의 아이에게는 책을 주지 말라.'라고까지 했습니다. 책을 읽느라 직접경험을 할 시간을 빼앗긴다는 이유 때문이지요.

놀지는 못했으나 책은 많이 읽어서 직접경험은 부족하고 간접경험만 많이 한 아이들은 커서 어떤 문제를 겪을까요? 이 아이들은 간접경험을 통해 주워들은 것은 많지만 현실에서 자신이 문제와 싸우며 이를 해결하려고 분투해본 경험은 적기 때문에 현실 속에 뛰어드는 것을 겁내는 아이가 됩니다. 자신은 늘 '책'이라는 가상의 공간에서 살았기 때문에 직장을 구하려고 여기저기 뛰어다니면서 부딪히고 깨지는 것이 무서워서 대학 졸업하고 별로 공부를 좋아하지도 않으면서 대학원에 진학합니다. 그러나 석사를 따 봤자 그 두려움이 가실 리가 없으므로 딱히 더 깊은 공부를 해야 할 이유도 없으면서 박사과정에 들어갑니다. 부모에게 붙어 기생하면서 현실을 도피하는 거지요.

그저 계속 가상의 공간에서만 존재하고 싶어하는 것입니다. 책을 많이 읽으면 모두 이런 아이가 된다는 말이 아니라 성장기의 직접경험이 그만큼 중요하다고 말하는 것입니다.

책을 많이 읽으면 읽을수록 더 성숙한 인간이 된다는 말은 성인에게는 어느 정도는 맞습니다. 성인에게 직접경험이 안 중요한 것은 아니지만 그래도 우리는 이미 많은 직접경험을 가지고 있으니까 간접경험을 통해 직접경험을 확장시킬 수 있지요. 그렇지만 아이는 그렇지 않습니다. 아이에게는 100가지의 간접경험보다 한 가지의 직접경험이 더 유익하지요. 누누이 말하지만 아이는 직접경험을 통해 자신을 성장시키기 때문입니다.

그러니 제발 좋은 교육의 기준을 '책을 많이 읽는 것'에 두지 마세요. 책보다 아이를 성장시킬 것들이 우리 주위에는 얼마든지 있습니다. 엄마, 아빠와 좋은 대화를 나누고, 친구들과 즐겁게 뛰어놀고, 가족의 일원으로 자기의 맡은 역할을 해내고, 여러 가지 삶의 규칙들을 배우고, 가족들과 행복한 여행을 하고, 형제들 사이에서 양보를 배우는 등의 수많은 경험을 하는 중에 책도 읽는 것이지요. 책을 모든 것의 최우선으로 놓지 마세요. 책, 너무 많으면 독이 됩니다.

② 많이 읽는다고 그게 내 것이 될까?

책을 읽으므로 해서 우리는 예전에는 알지 못했던 많은 새로운 지식을 습득하게 됩니다. 다른 사람이 가지고 있는 지식을 책을 통해 내

것으로 공유하게 되는 것이지요. 역사나 우주, 동식물에 대한 책 등을 권해주시는 엄마들께서는 책의 이러한 이점을 아이가 가져주기를 바라실 거예요. 그러나 여기서 살펴볼 것은 아이가 책을 많이 읽는다고 책의 내용을 자기 것으로 습득하느냐의 문제입니다.

기억은 이러한 체계를 가지고 있습니다.

외부 투입/자극 ⇒ 감각 등록 ⇒ 단기저장고 ⇒ 장기저장고 ⇒ 약호화 과정 ⇒ 인출

먼저, 우리에게 어떤 외부자극이 투입됩니다. 예를 들어 재미있어 보이는 책 표지를 발견하고 집어 드는 것이 '책'이라는 외부자극이 투입되는 것이지요. 이 재미있어 보이는 책을 고르고 눈으로 책을 유심히 살피는 것이 그다음 단계, 즉 우리의 눈이라는 감각에 책이 등록되는 상태입니다. 그다음 책에서 본 많은 정보들은 우리 뇌의 단기저장고로 갑니다. 그런데 우리는 살면서 우리의 뇌에 담아두어야 할 정보를 너무나 많이 만납니다. 그러니 이걸 다 기억한다면 뇌가 과부하에 걸려 견딜 수가 없겠지요? 그래서 우리의 감각에 등록된 수많은 기억은 단기저장고에서 대부분 사라집니다. 일주일 전에 저녁반찬으로 뭘 먹었는지 전혀 기억을 해낼 수 없는 것은 이것이 별로 중요한 정보가 아니기 때문에 우리의 뇌가 단기저장고에서 이 정보를 삭제해버린 때문입니다. 그런데 우리의 단기저장고에 저장된 정보 중에서 우리가 매우 충격적으로 받아들였다거나 너무 좋았다거나 이유야 어떻든 더 중요한 정보들은 우리의 뇌가 반복해서 기억해내고, 이렇게 반복상영됐던 기억은 장기저장고로 갑니다. 첫 키스, 모두 생생하게 기억하고 계시겠지요? 네, 절대 잊을 수 없습니다. 왜냐하면 첫 키스를 한 후에 우리가 반복적으로 그 기억을 머릿속에서 재생했기 때문입니다. 이렇게 반복재생되었던 기억들만 장기저장고로 가서 나중에 그 정보가 필요할 때 꺼내서 다시 볼 수 있는 것입니다.

헌데 이 기억이라는 것이 참으로 놀라운 것이 우리에게 입력된 상태로 가만히 있지 않는다는 것입니다. 이미 장기저장고에 있는 정보와 새로 들어온 정보가 서로 만나서 아주 새로운 정보를 만들어내기도 하지요. 책을 읽다가 '아! 그게 그런 것이었구나! 유레카!' 하며 무엇인가를 탁 깨닫는 순간 있으시지요? 이게 약호화 과정에서 일어나는 일입니다. 인간의 창의성도 이 과정에서 발전하지요. 어쨌든 이렇게 장기저장고 속에서 약호화 과정을 거친 기억은 내가 필요할 때 끄집어내서 쓸 수 있습니다. 이게 바로 인출입니다.

우리가 아이들에게 책을 읽힙니다. 아이는 책에서 많은 정보를 얻습니다. 그 정보는 아이의 단기저장고로 갑니다. 아이는 이 내용이 궁금해서 읽은 것이 아니고 꼭 필요하다고 생각해서 읽은 것도 아니고 그저 엄마가 권해서 읽은 것이기 때문에 책에 특별히 몰두하지 않았고 그래서 아이가 얻은 정보는 대부분 단기저장고에서 없어집니다. 그러니까 말하자면 돈 들이고 공들여서 쓸데없는 일 한 거지요. 아이

가 받아들인 정보가 장기저장고로 가기 위해서는 아이 스스로 '아, 이게 왜 이렇지? 이건 내가 생각했던 내용하고 다르네. 이상하네. 다른 책에서 찾아봐야겠다.' 하면서 비슷한 다른 내용을 다시 찾아보고, 반복해서 읽으면서 확실하게 기억하고, 그 기억이 다른 지식과 만나 약호화 과정을 거치면서 더 의미 있게 발전해야 합니다. 그래야 시험처럼 필요할 때 인출해서 쓸 수 있는 것이지요. 아이가 많은 내용을 받아들인다고 해서 그 많은 내용이 아이의 것이 된다는 것은 인간의 뇌를 이해하지 못해서 생긴 오해입니다.

너무 많은 책, 아무 소용없습니다. 특히 아이의 자발적 의지가 아니라 엄마의 강요에 의해 읽은 책은 더더욱 소용없습니다. 3일도 안 가 아이 머릿속에서 다 없어지니까요.

③ 학습만화, 이제 제발 그만

도서관에 갑니다. 아동자료실에 발을 들여놓으면 아이들이 빽빽하게 앉아서 다들 조용히 책을 읽고 있습니다. 얼마나 예쁜지 모릅니다. 그런데 어떤 책을 읽고 있나 가까이 다가가서 보면 열 명 중 아홉 명은 만화책을 읽고 있습니다. 갑자기 허무해지면서 배신감도 드네요. 물론 우리 때도 만화책을 읽었습니다. 저도 황미나 씨의 《안녕 미스터 블랙》이나 《아뉴스데이》 같은 책을 읽고 엉엉 울었던 기억이 있습니다. 그렇지만 그때는 만화방에 가야만 만화를 빌려 읽을 수 있었습니다. 다시 말해 일상에서 매 순간 만화를 접할 수는 없었고 만화를 읽는 행위 자체가 그렇게 자주 할 수는 없는 일이었지요. 그런데 요즘 아이들은 너무 많은 시간, 너무 많은 양의 만화를 읽습니다. 책을 읽으면서 때때로 만화를 섞어 읽는다면 그것이 그렇게 크게 문제가 된다고 생각지는 않습니다. 그러나 엄마들의, 만화를 통해서 학습을 쉽게 시키려는 열망과 이를 빠르게 간파한 출판사의 마케팅전략으로 학습만화시장은 그야말로 아동출판시장의 공룡으로 자랐습니다. 그래서 요즘 아이들은 너무 이른 나이에 너무 많은 만화를 읽고 있지요. 아이들이 너무 많은 만화를 읽는 것을 미심쩍게 바라보는 엄마는 이렇게 위로합니다. '그래, 그래도 뭔가 학습과 관련이 있는 책을 읽는 거니까 공부하는 데 약간이라도 도움이 되겠지.' 그래서 과학, 역사, 우주, 인물, 영어, 한문, 심지어 철학까지 만화를 통해 가르치려 합니다. 그런데 만화책으로 휙휙 읽어버린 내용, 나중에 기억이 날까요? 風자는 '바람 풍'이라고 배우고, 소리 내어 읽고, 공책에 꾹꾹 스무 번이고 서른 번이고 써봐야 외우게 됩니다. 만화책에서 "나의 공격을 받아랏! 바람 풍 風~" 이렇게 한 번 읽는다고 해서 절대로 외워지는 것이 아닙니다. 쉽게 익힌 것은 쉽게 잊어버려집니다. 단기저장고에서 장기저장고로 넘어가지를 않지요. 아이는 그저 서로 싸우는 주인공의 공격성에 노출될 뿐입니다. 아이가 학습만화에서 무엇인가 하나라도 배울 것이라는 기대는 버려주세요. 비록 아이가 아주 인상 깊게 읽어서 나중에 기억을 해낸다고 하더라도 만화에서 읽은 정도의 가벼운 깊이의 내용은 시험에 나오지도 않습니다. "공민왕이 원나라 공주인

노국대장공주와 결혼했어요."라고 말하면 엄마는 '우리 애가 별걸 다 아는구나. 역시 책을 읽으니까 아는 게 많아지는구나.' 감탄하면서 책을 읽힌 보람을 느끼지만 '고려시대 공민왕은 누구와 결혼했을까요?'라고 묻는 시험문제는 없습니다. 얕은 지식이 아이의 머릿속에 가득 들어있는 것은 오히려 다른 학습을 하는 데 안 좋은 영향을 주기도 합니다. 서랍 안에 지저분하게 무엇인가가 많이 들어있으면 정작 내가 찾으려는 것은 어디에 있는지 아무리 뒤져도 안 나오는 것과 같은 이치지요.

이보다 더 큰 문제는 만화책을 많이 읽은 아이는 줄글을 읽는 힘을 점점 잃어버린다는 것입니다. 매일 토크쇼나 주말 버라이어티만 보던 사람이 〈100분 토론〉을 보려면 힘이 들어서 10분도 못 보고 채널을 돌립니다. 이와 같은 이치지요. 지금 만화책을 읽는 아이도 언젠가는 논술을 위해서 고전을 읽어 내야 합니다. 그런데 만화는 모든 장면을 그림으로 보여주어서 아이들이 스스로 상상하는 힘도 떨어뜨리고 또한 줄글을 읽는 힘을 없애버립니다. 긴 줄글을 읽어내려면 재미없는 부분도 꾹 참고 읽어내는 저력이 필요한데 만화를 많이 본 아이는 이 힘이 없습니다. 조금만 재미가 없어도 책장을 휙휙 넘기다가 "아~ 재미없어서 못 읽겠어." 하고 책을 덮어버리지요. 그러니 학년이 높아지면서 어려워지는 교과서 본문을 못 읽어내고 학업을 포기하는 경우가 생기지요. 매일 만화책으로 "휙~ 쾅! 으악!"만 보며 자란 아이는 문학작품이 주는 문장의 깊이를 읽어내기 힘들어합니다. 아이가 나중에 고전을 읽기 원하신다면, 논술시험을 잘 치길 원하신다면 학습만화, 이제 그만 보여주세요.

아이가 만화를 너무 좋아해서 만화만 보겠다고 고집을 부리는 경우도 있습니다. 이런 아이들은, 그림책을 충분히 오랫동안 읽지 못한 아이일 가능성이 높습니다. 그림책의 시기를 엄마가 너무 일찍 끝내버리고 자신의 수준보다 높은, 글이 많은 동화책을 읽힌 경우지요. 그림책 시기가 아이의 발달 과정보다 일찍 끝나면 퇴행의 일종으로 그림책에 대한 그리움을 만화에 전이시키게 됩니다. 동생 태어나면 다 큰 녀석이 젖병 빠는 것처럼 말이지요. 동화책이 그리워서 만화책을 못 끊는 너무 안쓰러운 아이들이에요. 이런 경우에는 무조건 만화책을 못 읽게 하기보다 학년이 높더라도 좋은 그림책을 엄마와 함께 다시 읽는 것이 좋습니다. 좋은 그림책을 통해 마음을 정화하고 나서 쉬운 동화책부터 읽기 시작해야 합니다. 쉽고 재미있는 창작동화를 엄마와 함께 읽으면서, 아이가 동화책도 만화책만큼 재미있다는 것을 느껴야 자연스럽게 만화를 조절하게 되지요.

중독 성향을 보이지 않는 아이는, 책과 만화책을 보는 비율을 조정해주시면 됩니다. 도서관에서 동화책 5권 빌려올 때 만화책 한 권 끼워서 빌려오는 식으로요.

④ 논술에 필수인 세계명작이라고?

홈쇼핑에서 '세계명작 전집'을 팔면서 얼마나 근사하게 설명을 하

는지 어이가 없어서 웃은 적이 있습니다. 제목도 휘황찬란하여 엄마들을 기죽게 하는 '죄와 벌, 카라마조프의 형제들, 부활, 레미제라블, 이방인'까지 참으로 대단한 작품들입니다. 그래요, 이 좋은 작품들을 아이들이 읽어만 준다면 얼마나 좋겠습니까? 그런데 놀라운 사실은 초등용으로 나온 세계명작은 도스토옙스키나 톨스토이, 카뮈가 쓴 작품이 아니라는 겁니다. 세계명작을 아동서적 출판 경력이 있는 어떤 사람이나 출판사 편집부에서 대충 줄거리 짜깁기를 한 것이지요. 그러니까 책에 나오는 에피소드를 대략 엮어 붙인 것입니다. 생각해보자고요. 원래 《레미제라블》은 400~500페이지 5권짜리 책입니다. 이 긴 글을 다 읽고 나면 빅토르 위고가 말하려고 했던 인간성 상실과 인간의 존엄성에 대해 말할 수 없이 큰 감동을 느낍니다. 그러나 아이들이 읽는 《레미제라블》은 이 긴 글을 몇 가지 에피소드로 추려놓은 것입니다. '장 발장이 촛대를 훔치다가 잡혔는데 신부님이 모른 척해주어서 다시 풀려난다.'라는 식의 에피소드가 그저 평이하게 나열되어 있습니다. 아이들은 대충 줄거리는 알게 되지만 이게 왜 세계적 명작인지는 알지 못합니다. 왜냐하면 아이들이 읽는 책은 그저 줄거리일 뿐이니까요. 아니 세상에, 줄거리 읽고 감동받는 사람이 어디에 있습니까? 줄거리가 적혀있는 아동용 세계명작을 읽으면서 아이들은 생각하지요. '세계명작, 정말 재미없는 거구나.'

홈쇼핑에서는 이렇게 말하더군요. "이 전집 100권을 다 읽히시면 논술에서 다뤄지는 거의 모든 고전을 읽히시는 겁니다. 어머님, 놓치지 마세요. 5분 남았습니다!” 제가 이 말에 어이가 없어 웃은 이유는 홈쇼핑에서 지금 팔고 있는 책들은 논술에 나오는 고전과는 아무 관련이 없는 책들이기 때문입니다. 논술에는 책의 원문이 나옵니다. 지금 아이들이 읽는 책의 내용이 나오는 논술은 세상 어디에도 없습니다. 아이들은 시험에 나온 원문을 보면서 자신이 예전에 읽었던 내용이라는 사실은 전혀 모를 거예요. ‘초등용 세계명작’을 읽혔다고 ‘세계명작’을 읽혔다고 착각하지 마세요. 두 책은 아무런 관련도 없는 책이니까요. 더욱 나쁜 것은 커서 《레미제라블》을 읽을 기회가 혹시 오더라도 “나 그거 예전에 읽었어. 정말 재미없더라.” 하면서 좋은 글을 읽을 기회마저 놓쳐버린다는 것이지요. 세계명작은 세계명작을 이해할 나이게 되면 제대로 된 번역본으로 읽히세요.

⑤ 초등 1~2학년에게 위인전을?

위인전을 언제부터 읽히는 것이 좋겠냐는 질문을 많이 받습니다. 그러나 그 이전에 우리가 위인전을 왜 읽히려고 하는지에 대한 질문이 먼저 선행되어야 하겠지요? 우리는 왜 아이들에게 위인전을 권해주는 것일까요? 우리가 위인전을 읽히려는 이유는 우리 아이가 위인의 생애를 읽으면서 이 위인이 고난과 역경을 헤치고 이러한 위대한 일을 했다는 것을 깨달아서 아이의 인생에서 위인을 멘토로 삼게 해주고픈 마음 때문입니다.

그렇다면 초등 저학년은 다른 사람의 삶을, 내 삶의 의미로 받아들

일 만한 지적 성장을 이룬 상태일까요? 많은 엄마들이 출판사 이름으로 알고 계시는 아동인지이론의 대표 학자인 피아제는 '피아제의 인지발달 단계'를 발표하여 아동을 이해하는 데 획기적인 기여를 했습니다. 이에 의하면 피아제의 인지발달 단계상 '구체적 조작단계'에 해당하는 7세에서 11세까지의 아이들은 '자기중심성이 조금씩 소멸되기 시작하고 복합적 언어 발달과 함께 논리적인 사고도 조금씩 생성되기는 하나 이 사고 과정은 자신이 관찰한 실제에만 국한되어 있다'고 되어있습니다. 즉 이 단계의 아동들은 아직도 사고가 직접 지각하고 손으로 만질 수 있는 구체적인 사물에만 한정되어 있다는 것입니다. 다시 말해 이 나이의 아이들은 자신을 둘러싸고 있는 개인적인 상황이 중요하고 그 상황 이외의 상황에 대해서는 관심도 없고 인지할 능력도 없는 것입니다. 그러니 이 나이의 아이에게 "너는 세계 평화에 대해 어떻게 생각하느냐?"라든가 "미래에 이 나라를 위해 어떤 일을 하고 싶으냐?"라고 묻는다면 이것은 물음 자체가 잘못된 것이지요. 이 시기는 '인생의 목표', '성취', '박애정신', '조국에 대한 사랑' 같은 위인전에 자주 등장하는 추상적인 언어를 올바르게 이해할 수 있는 시기도 아닙니다. 이런 추상적 언어들은 '형식적 조작단계'인 11세에서 15세는 되어야 제대로 이해할 수 있게 되지요. 그러므로 초등 저학년 아이들은 위인전을 읽고 위인의 인생에 감동을 느낄 수가 없습니다. 위인이 한 일을 본받고 싶다는 생각도 들지 않습니다. 이것은 우리 아이가 위인에게 관심이 없어서 그런 것이 아니라 위인전을 읽기에는 우리 아이의 발달 과정이 아직 미치지 못했기 때문입니다. "우리 아이는 1학년인데 또래보다 훨씬 이해능력이 빨라요. 지금까지 위인 전을 잘 읽어왔는데요?"라고 하시는 분들도 계실 거예요. 아이가 자 진해서 위인전을 찾아 읽는다면 이것을 말릴 필요는 없겠지요. 그렇 지만 아이는 분명 지금 자신을 둘러싼 환경보다 더 큰 세상을 이해할 단계가 아닙니다. 그러니 아이가 진짜 이해하고 읽는 것인지, 자신이 위인전을 읽으면 엄마가 뿌듯해 하니까 엄마 마음에 들기 위해서 억 지로 읽는 것인지 면밀히 살펴볼 필요는 있습니다.

위인전이 가진 문제점 중 중요한 한 가지는 우리나라에서 발간되는 위인전이 매우 전형적이라는 사실입니다. 위인전은 대체로 이러한 구 조로 이루어져 있습니다.

한국 위인전: 어려운 환경에서 태어났건 부유하게 태어났건 일단 공부는 잘합니다. 천자문과 소학을 5살에 다 읽어 온 동네에 신동 소 리를 들은 것은 물론이고 효심이 지극했으며 형제간에 우애가 깊고 하여간 무조건 타의 모범이 됩니다. 간혹, 아주 간혹 공부에 정말 뜻 이 없었던 위인들이 등장하기도 하는데 이런 위인이라도 사냥을 어른 뺨치게 잘해서 일곱 살에 날아가는 참새를 맞췄다든가, 힘이 장사여 서 쌀 한가마니를 열두 살에 번쩍 들었다던가 하는 식의 위대한 면이 있습니다. 여하튼 천재, 신동 위인들이지요. 이것은 '잘될 나무는 떡잎

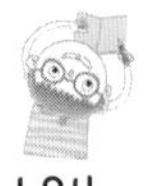

부터 알아본다.' 하는 우리네 속담이 보여주듯이 위대한 사람들은 뭔가 달라도 다르지 않겠냐는 우리의 정서에 기인합니다. 이런 위인전을 읽으며 아이들은 무슨 생각을 할까요? '그래, 나도 이렇게 천재적으로 공부를 잘해서 위대한 사람이 되어야겠어!'라고 각오를 할까요? 이런 위대한 구석이라고는 전혀 없고, 2학년인데 구구단도 잘 못 외워 야단맞고 있는 내 자신을 돌아보며 좌절을 느끼지는 않을까요?

외국 위인전: 외국의 위인들은 어쩜 그렇게 하나같이 말썽을 부렸는지 공부를 너무 못해서 학교에서 쫓겨나기 일쑤고 달걀을 품고 있질 않나 집에 불도 내고 하여간 말썽이 기상천외합니다. 이렇게 말썽을 부리던 아이가 어느 날 개과천선해서 갑자기 세상이 깜짝 놀랄 발명품도 만들고 세계적 위인이 되지요. 책을 읽던 아이들은 어리둥절해 합니다. 현실에서는 일어나지 않는 일이니까요. 이것은 '아메리칸 드림'을 위대하게 생각하는 외국 사람들의 정서에 기인합니다. 자수성가의 모델을 아이들에게 제공하고 싶어하지요. 그렇지만 이런 위인들은 하나같이 자신을 무조건적으로 이해하고 받아주는 조력자들을 가지고 있습니다. 아이가 학교에서 퇴학당해도 너는 훌륭하게 자랄 것이라고 힘을 주는 엄마가 있는가 하면(아니, 애가 퇴학당해 왔는데 너는 훌륭하게 자랄 것이라고 말해주는 엄마가 세상에 어디 있습니까?) 좌절하고 울고 있으면 우는 어깨를 기대게 해주는 사랑 가득한 선생님이 계시지요. 선생님한테 야단맞고 오면 엄마한테 더 크게 혼나는 우리 아이들과는 다릅니다. 아이들은 기댈 곳 없는 자신의 처지를 생각

하며 좌절하겠지요.

　제가 말하고 싶은 것은 아이들이 읽는 위인전이 참으로 정형화되어 있다는 것입니다. 정형화되어 있다는 것은 '재미없다, 감동적이지 않다.'라는 것과 같은 말입니다. 아이들은 위인전을 읽을 때 재미가 없습니다. 특히 어릴 때 위인전을 읽으면 이 위인전이 의미하는 것이 무엇인지 조차 알아차리지 못합니다. 만일 위인전을 읽히고 싶으시다면 사고영역이 '직접적 경험에서 분리되어 가설 형성이 가능해지는' 즉 자신의 미래를 구체적으로 그려보는 것이 가능해지는 형식적 조작단계인 5~6학년 이후에 읽혀주세요. 적어도 이 정도 나이는 되어야 위인들이 한 일이 자신의 인생에 어떤 의미로 작용하는지 깨닫게 되니까요. 위인전, 저학년 때 읽히지 마시고 좀 기다리셨다가 고학년이 되면 좋은 출판사에서 나온 좋은 책으로 권해주세요. 대충 편집해서 위인들이 겪은 에피소드만 나열한 책을 읽으면 위인에 대한 호감만 떨어집니다.

⑥ 제발 좀 네가 읽어라

　일반적으로 아이들은 1학년 때까지는 입으로 소리 내어 책을 읽다가 2학년이 되면 눈으로 읽게 됩니다. 글도 많아지고 이제 빠르게 읽을 수 있기 때문에 굳이 소리 내어 읽지 않게 되는 거지요. 이런 아이의 변화에 발맞춰 엄마들도 이 시기가 되면 아이들에게 책 읽어주는 것을 멈추게 됩니다. 그래도 유치원 때나 1학년 때까지는 목이 쉬어라

읽어주던 엄마가 이 시기가 되면 책을 들고 오는 아이를 뿌리칩니다. "네가 읽을 줄 알면서 왜 엄마한테 읽어달라고 해? 엄마 지금 설거지 하잖아. 네가 좀 읽어."

이 시기의 아이는 분명 글자를 읽을 줄 압니다. 그러나 글자를 읽을 줄 안다는 것과 글을 읽을 줄 안다는 것은 다른 문제입니다. 글자를 읽을 줄 안다고 해도 글이 주는 다양한 의미와, 단어가 내포하고 있는 의미를 아이는 아직 다 이해하지 못합니다. 우리가 알파벳을 다 알아도 '해리포터 시리즈'를 영어원서로 못 읽는 것과 같은 이치이지요. 아이는 책을 더 자세하게 이해하고 싶어서 엄마를 찾는 것입니다. 엄마가 호랑이 목소리로 책을 읽어줄 때 아이는 그걸 들으면서 호랑이를 상상합니다. 엄마가 할머니 목소리로 책을 읽어줄 때 아이는 호랑이와 대치하고 있는 할머니를 떠올립니다.

아이는 엄마 목소리를 들으면서 책 내용을 시각화합니다. 시각화란 말 그대로 책의 내용을 눈으로 보는 것처럼 떠올리는 것이지요. 이야기를 시각화하기 시작하면 아이는 책의 내용에 푹 빠져들게 되고 내용에 '몰입'하게 되지요. 아이가 내용에 몰입해야만 나중까지 내용을 기억하고 또한 그 내용을 자신에게 체화시킵니다.

엄마가 책을 읽어준다는 것은 아이가 책에 빠져들게 하는 가장 빠르고 확실한 방법입니다. 네, 저도 압니다. 두세 권만 읽어주셔도 목이 아프시지요? 또 2~3학년 정도가 되면 글도 많아져서 다 읽어준다는 것이 여간 힘이 드는 것이 아니지요. 그렇지만 말입니다. 어린 시절 엄마가 읽어주는 것을 들으면서 책 속의 주인공이 되어 같이 모험을 떠나고 같이 웃고 같이 슬퍼하고 같이 행복함을 느꼈던 아이는 커서도 절대로 책을 버리지 않습니다. 엄마의 목소리로 오래오래 책을 읽어주는 것은 아이가 커서도 책과 친하게 도와주는 가장 확실한 방법입니다. 저는 베드타임 스토리가 아주 좋다고 생각하는데요. 잠자기 전에 엄마가 책을 읽어준 아이들은 그렇지 않은 아이들에 비해 자위행위를 하는 비율이 매우 낮다는 연구 결과도 있답니다. 그만큼 정서적 안정감을 느낀다는 것이지요. 잠자기 전에 책을 읽어주세요. 정서적으로도 안정될 뿐만 아니라 잠들기 직전의 시간은 시각화가 매우 잘되는 시간이랍니다. 물론 한 권을 다 읽어주실 필요는 없습니다. 적당히 읽어주신 후에(이 '적당히'는 아이들마다 다 다르지만 엄마가 너무 힘들지 않는 선에서 해주세요. 저는 20분 정도 읽어줍니다.) 책이 다 끝나지 않았으면 책을 덮으며 내일을 기약하는 거지요. "I'll be back. 엄마, 내일 다시 돌아온다." 그럼 아이는 그 내용이 너무 궁금해서 책 내용을 상상하면서 내일을 기다립니다. 아이가 책에 빠져들게 하는 데 이만큼 좋은 게 없어요. 학자들은 중학생이 되어도 엄마가 때때로 책을 읽어주라고 하지만 현실적으로 중학생 아이를 앞에 앉혀놓고 책 읽어주는 것은 좀 무리가 있고, 저는 아이가 읽어달라고 한다면 언제까지라도 괜찮지만 최소한 3~4학년까지는 읽어주기를 권해드리고 싶습니다. 아이가 스스로 책을 잘 읽더라도 엄마가 일정 시간을 내어 책을 읽어주세요. 동화구연을 잘할 수 있고, 아이에게 책 읽어주는 것을 즐

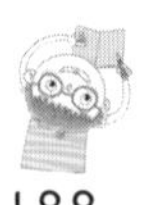

거워하는 아빠라면 아빠가 해주셔도 좋습니다.

> 그래 그래 너희 집엔 대리석 계단과 아름다운 정원
>
> 그래 그래 너희 집엔 비단옷과 반짝이는 보석
>
> 그래 그래 너희 집엔 맛있는 음식과 공손한 하녀들
>
> 하지만 하지만 우리 집엔 책 읽어주는 엄마가 있단다.
>
> — 영국 전래동요 〈마더구즈(Mother Goose)〉 중에서

⑦ 모든 욕망은 결핍에서 온다

책과 친해지게 해주겠다고 책을 방바닥에 깔아두시거나 아이 눈에 띄는 곳이면 어디든 책을 놓아두시는 열혈 엄마들을 봅니다. 이런 집은 집에 벽이 남아있지 않을 정도로 책이 꽉 들어찬 책장이 집안을 감싸고 있지요. 그런 집에 가면, 저 많은 책을 읽어내야만 하는 아이가 안쓰러워서 숨이 턱 막히면서, 저 많은 책값을 벌어야 하는 아빠의 처지도 걱정이 됩니다.

책, 집 안에 그득하다고 아이가 책을 좋아하는 아이로 자라날까요?

저는 엄마의 기대를 한 몸에 받고 자란 맏이여서 피아노 학원을 다섯 살 때 갔습니다. 엄마께서 그때로서는 굉장한 조기교육을 실시하신 거지요. 엄마는 뿌듯하셨을 겁니다. '나는 다른 엄마들보다 한발 앞서 조기 교육을 시켰으니, 우리 아이는 다른 아이들보다 한발 앞선 피아노 실력과 예술적 감각을 익힐 것'이라고요. 그러나 엄마의 기대

가 무색하게 1년도 못 다니고 피아노를 그만 둡니다. 음악적 영재성은 눈곱만큼도 없었던 다섯 살짜리가 감당하기에 피아노 악보는 너무 힘들었고, 이 힘든 것을 왜 감당해야 하는지를 전혀 몰랐던 저는 피아노를 그만 치겠다고 매일 엄마를 졸랐습니다. 결국 여섯 살 때 피아노를 그만 둔 저는 가기 싫은 피아노 학원에 대한 공포, 무서운 피아노 선생님에 대한 기억, 엄마의 기대에 부응하지 못했다는 자괴감까지 '피아노 트라우마 3종 세트'를 가지게 되었지요. 그래서 그 뒤에도 몇 번 배울 기회가 있었지만 그때마다 어릴 때의 기억이 떠올라 선뜻 배우지 못했습니다. 저는 지금도 악보를 전혀 보지 못합니다. 피아노 잘 치는 사람이 얼마나 부러운지 몰라요. 그래서 피아노 잘 치는 남자를 만나면 뒤통수만 보고도 사랑에 빠집니다.

이와는 달리 제 동생은 3학년이 다 되도록 피아노 학원에 가지 못했습니다. 저한테 한 번 된통 당했던 엄마께서 피아노 보내봤자 아무 소용없다는 것을 아시고 피아노 학원에 보내달라고 동생이 조를 때마다 '쓸데없이 돈 쓰는 짓, 하지 마라. 엄마 돈 없다.'라고 말씀하셨죠 (이래서 동생들이 억울한가 봐요). 동생은 자기 주변의 친구들은 다 피아노를 배우는데 자기만 피아노 못 배우게 한다고 울며불며 시위를 합니다. 엄마는 다짐을 받으셨죠. "너, 가기 싫단 말만 하면 그 날로 바로 피아노 끊을 테니까 그런 줄 알아!" 동생은 4학년이 되어서야 피아노를 배울 수 있었습니다. 동생은 학원에 갈 때 꼭 피아노를 배우겠다는 욕구가 강했겠지요. 아무 것도 모르고 학원부터 끌려간 저와는 달

랐던 겁니다. 피아노를 못 배우게 하니까 피아노를 배우고 싶다는 욕망이 더욱 강해진 거죠. 동생은 피아노 치기 싫다는 소리를 한 번도 안 하고 정말 오랫동안 피아노를 배워서 교회 반주도 하고 좋은 연주로 엄마를 기쁘게 해 드렸죠(전공까지 하지는 못한 걸로 봐서는 별 특별한 재능은 없었나 봐요). 동생이 피아노 치고 있는 모습을 보노라면 나 스스로 배우고 싶어질 때까지 기다려주시지 않은 엄마가 좀 원망스러워집니다. 제가 이런 얘기를 해봤자 엄마께서는 이렇게 말씀하시겠죠. "지가 배우기 싫어서 안 배워놓고 엄마핑계 대고 있다!" 뭐 결국 못 배운 것은 저니까 그 말씀이 틀린 것은 아닙니다만 제가 배우고 싶어질 때까지 엄마가 기다려줬으면 지금처럼 악보에 까막눈이 되지는 않았을 거라는 생각이 드니 왠지 억울하네요.

모든 욕망은 결핍에서 나옵니다. 이것은 만고의 진리죠. 우리가 100억을 통장에 넣어놓고 있다면 한푼 두푼 아껴 돈을 열심히 모아야겠다는 각오를 다지겠습니까? 우리 애가 언제나 전국 1등을 한다면 애와 함께 열심히 공부해봐야겠다고 결심할까요? 마찬가지로 주변에 책이 가득하면 책이 읽고 싶다는 아이의 결핍감은 상대적으로 줄어듭니다.

아이가 책을 읽으려면 무엇인가가 궁금하고 그것을 책에서 찾아봐야겠다는 마음이 생겨야 합니다. 아이가 스스로 책을 읽어보고 싶다는 욕망을 피워 올리지 않으면 책이 방바닥에 깔려있던, 화장실에 쌓여있던 아무 소용이 없는 겁니다. 피아노를 너무 일찍 배워 결코 피아노와 친해지지 못했던 저처럼 오히려 너무 빨리, 너무 과도하게 책과 친해진 바람에 책에 치이고 질려서 정작 책을 읽어야 할 시기에 책을 멀리할 수도 있습니다. 책이 집에 무조건 많이 있어야 논술에 강한 아이로 자라는 거 아닙니다. 조금만 부지런을 떨면 도서관에서도 얼마든지 좋은 책을 빌려 읽을 수 있고, 옆집 친구와 바꿔볼 수도 있고, 학교 도서관에도 요즘은 좋은 책이 많이 비치되어 있습니다.

수십만 원짜리 전집을 벽이 안 보이게 빽빽하게 전시해놓고 뿌듯해하면서 아이에게 이 모든 책을 읽히려고 오늘도 고군분투하시는 엄마들, 제발 아이가 스스로 책을 집어들 때까지 조금만 기다려주세요. 그리고 아이가 책과 친해지고 싶어하면 그때 아이 손을 잡고 도서관으로 가세요. 그때도 늦지 않습니다.

독서를 시키는
우리의 자세

① 책이 널 도와줄 거란다

책을 통해서만 논리력과 사고력이 생기는 것은 아니지만 책을 읽으면 논리력과 사고력이 증진되는 것은 맞습니다. 그래서 논술에 도움을 받는 것도 맞습니다. 그러나 아이의 인생은 논술시험을 보는 20살에 끝나는 것이 아닙니다. 시험이 끝나면 책을 안 읽어도 되는 건 아니잖아요. 책은 평생 아이의 친구가 되어야 합니다. 아이가 성인이

되고, 내가 죽고 없을 때 아이가 괴로운 일을 당하거나 좌절을 겪는다면 아이는 누구에게 가서 도움을 청할까요? 누구에게 어드바이스를 구할까요? 엄마가 100살 넘게 살면서 조언을 해주면 좋겠지만 그럴 수 없을 때, 아이가 책에서 도움을 얻고 책을 의지해서 역경을 헤쳐나간다면 참 좋지 않을까요? 우리 애가 어려운 일이 있을 때마다 책에 의지하여 삶의 어려움들을 헤쳐나가고, 책과 더불어 살면서 나이가 들수록 더 지혜로워진다면 우리는 참 행복하게 죽을 수 있지 않겠습니까?

책이 평생 아이의 친구가 되게 해주시려면 엄마가 먼저 책에서 삶의 문제를 해결하는 것을 보여주셔야 합니다. 아빠와 싸웠을 때 책에서 해결책을 찾는 엄마, 내가 아플 때 책에서 도움을 얻는 엄마, 책을 읽고 우는 엄마, 책을 읽으며 킥킥거리는 엄마, 책에 있는 레시피대로 맛있는 저녁을 차려주는 엄마를 본 아이는 책을 삶의 친구로 여깁니다.

외국 속담에 "아이는 부모가 말하는 대로 크지 않고 부모가 행동하는 대로 큰다."라는 말이 있습니다. "책 많이 읽어라. 거짓말하면 안 된다. 정직한 사람이 돼야 한다. 공부 열심히 해라." 부모가 아무리 말해도 아이는 이렇게 크지 않습니다. 부모가 책 많이 읽으면, 부모가 거짓말 안 하면, 부모가 정직하게 살면, 부모가 열심히 살면, 아이는 저절로 그렇게 크는 겁니다.(이렇게 말하고 있는 저, 반성할 것 백만 가지는 됩니다. 괴롭습니다.)

　나는 안 읽으면서 아이에게만 읽으라고 하면 아이가 누구를 보고 책 읽는 행동을 따라한단 말입니까? 엄마가 책에서 인생의 많은 것을 얻는 것을 보여주세요. 책은 704호 아줌마보다 훨씬 많은 것을 알고 있습니다. 1501호 아줌마보다 훨씬 교육 전문가에요. 지금 이 책을 읽으시는 분들은 물론 평소에 책을 많이 읽으시는 분들일 겁니다. 그러니 지금 책을 통해 아이에게 도움을 주고 싶어하시는 것일 테지요. 자, 조금 더 힘을 내서 아이에게 '우리 엄마 참, 책 좋아하는구나!' 하고 생각하게 해주세요. 내가 나도 모르게 우리 친정엄마를 닮아가듯이 우리 아이도 나를 닮아갈 겁니다.

② 너무 할 일이 없으니 책이라도

　아이가 심심하다고 몸을 비트네요. '평일에는 TV도 못 보고, 컴퓨터 게임도 못하고, 학원은 벌써 갔다 왔고, 놀이터에는 친구도 없고, 엄마는 아까부터 식탁에 앉아 책 읽고 있고. 에이 심심해. 할 수 없다. 나도 책이나 읽어야지.'

　아이에게 가장 바람직한 환경은 바로 이런 분위기입니다. 책 말고는 별로 딱히 재미있는 게 없는 환경이요. 집에는 하루 종일 TV가 켜 있고, 엄마가 TV 못 보게 하면 컴퓨터 게임하면 되고, 컴퓨터 좀 그만하라고 소리를 지르면 닌텐도 하면 되고, 엄마가 닌텐도 빼앗아 가면 휴대폰으로 게임하면 되는 상황에서 아이는 절대 책 못 읽습니다. 책은 원래 다이나믹하고 익사이팅한 것이 아닙니다. 책은 몰입과 집중

을 필요로 하는 물건입니다. TV처럼 아무 생각 없이 켜놓고 있으면 저절로 머리로 흡수되는 게 아니라 몰입하고 집중하기 전까지는 지루하고 고리타분하기 짝이 없는 존재지요. 그러니 집에 흥미진진하고 신나는 게 널려있는데 왜 책을 읽습니까? 신나는 일 놔두고 지루한 일 하는 사람이 세상에 어디 있습니까?

호프집에 가서 찐하게 걸치고, 끝나면 노래방에 가서 1차로 몸 좀 풀고, 12시 넘으면 클럽에 가서 이 밤을 불사르자고 친구한테 전화가 왔는데 싫다고 마다하고 책 읽는 엄마 안 계시지요? 클럽을 싫어하신다고요? 설마…… 저는 매일 가고 싶은데 늙었다고 아무도 안 데려갑니다.

집이 TV와 컴퓨터 소리로 꽉 차 있으면 아이는 절대 책 못 읽습니다. 엄마는 TV 보면서 아이한테는 들어가서 책 읽으라고 하는 거, 이거 정말 책을 싫어하게 만드는 방법이지요. 자기도 TV 보고 싶은데 TV 못 보고 책 들고 방으로 들어가는 아이는, 엄마한테 야단맞을까 봐 들어는 가는데, 들어가면서

이런 생각을 합니다. '나도 TV 보고 싶은데 못 보게 하고. 이게 다 이 책 때문이야. 빌어먹을 책. 지겨운 책. 나의 원수 이놈의 책!'

나는 책 별로 안 읽지만 아이

는 책을 많이 읽었으면 좋겠다고 생각하시나요? 아마 그럴 수는 없을 겁니다. 세상 모든 일에는 원인과 결과가 있거든요. 아이가 책을 많이 읽는 아이가 돼서 좋은 학교에 들어가는 결과를 만들고 싶으신 엄마들은 아이가 책을 좋아하는 아이가 될 수밖에 없는 원인제공을 먼저 하셔야 합니다.

일단 TV부터 끄세요.

초등 저학년 서술형, 논술형 문제 격파하기!

학교마다 다르지만 아이들은 이르면 1학년 2학기부터, 늦어도 2학년 1학기부터 본격적으로 시험이라는 것을 보게 됩니다. 그 전에도 문제집을 풀어보기는 하지만 진짜 시험을 볼 때에는 엄마가 이 시험을 잘 치기를 얼마나 기대하고 있는지 알기 때문에 아이의 긴장감은 매우 높아지지요. 저학년 아이가 서술형 문제를 잘 못 푸는 첫 번째 이유는 이 긴장감 때문입니다. 알고 있는 것도 긴장해서 잘 써내지 못하는 것이지요. 또 하나의 이유는 아이가 머릿속에 생각하고 있는 내용을 서술하는 데 어려움을 겪기 때문입니다. 우리도 어쩌다 외국인을 만나서 영어로 이야기할 때 머릿속에서 맴맴 이야기가 돌아다니기만 하고 문장으로 나오지는 않는 경우

가 많잖아요. 아이도 지금 그런 상태거든요. 그래서 집에 와서 엄마랑 맞춰보면 다 알고 있는데 시험 시간에는 못 쓰고 오는 것이지요. 아이 머릿속에 지금 말하고 싶은 내용이 들어있습니다. 그런데 이걸 시험 문제지 위에 쓰기 위해서는 머릿속의 내용을 정리해서 밖으로 끄집어내는 훈련이 필요합니다. 이건 아이에게는 아주 어려운 다리를 건너는 것과 같은 경험입니다.

아니, 이런 것도 훈련을 해야 하냐고요? 우리도 문법과 단어 안다고 영어회화 척척 되는 것 아니잖아요. 머릿속의 영어가 입 밖으로 나오는 연습을 원어민 선생님이랑 꾸준히 해봐야 영어가 자연스럽게 되는 것 아니겠어요?(이게 안돼서 우리가 영어를 못하잖습니까) 우리가 국어 원어민이니까 우리가 해주자고요.

아이와 함께 새로운 개념을 학습했다고 가정해볼게요. 그럼 아이에게 이렇게 말하는 겁니다. "이제 네가 엄마랑 배운 내용을 다시 엄마한테 얘기해줘." 아이가 다 안다고 생각했는데 의외로 말로 시켜보면 내용을 다르게 이해하고 있거나 잘 이야기해내지 못한다고 생각하실 거예요. 아이가 학습이 덜 돼서 일수도 있고, 위에 밝힌 대로 다리를 못 건너고 있는 것인지도 모릅니다. 자, 아이를 다그치지 마시고 다시 설명해보게 해주세요. 아이가 다리를 혼자 잘 건널 때까지 손을 잡아준다는 느낌으로 아이가 설명을 능숙하게 해낼 때까지 천천히 반복하세요. 아이가 잘 설명한다면 그건 아이가 그 개념을 확실하게 파악했다는 증거입니다.

아이가 서술형 문제를 접하면 일단 길게 써야 한다는 것 때문에 긴장을 합니다. 틀릴지 모른다는 공포가 객관식 문제보다 12배는 높지요. 그러니 서술형 문제를 접할 때에는 이렇게 설명해주는 겁니다. "승환아, 보기가 없는 서술형 문제는 네가 엄마한테 설명해주는 문제야. 엄마는 이 문제를 잘 모르니까 네가 자세하게 잘 설명해줘야 해. 너는 평소에 엄마한테 설명을 잘 해주니까 잘할 수 있어. 자, 지금부터 엄마한테 천천히 설명해줘. 시험 때도 엄마한테 설명해준다고 생각하고 쓰면 돼." 엄마랑 개념을 설명하는 연습을 반복해서 했던 아이는 서술형 문제를 크게 어려워하지 않고 받아들입니다.

서술형, 논술형 문제를 잘 풀게 하기 위해서는 시간과 공이 절대적으로 필요합니다. 너무 어려우시다고요? 읽어봐서 아시잖아요. 학원 선생님은 절대로 이거 못해줍니다. 오로지 엄마만 할 수 있지요.

3학년 아이들은 어떤 특징을 가지고 있을까요?

3학년은 1~2학년 때부터 지켜온 규칙을 자신의 생활에서 유지한다는 것에 일종의 기쁨을 느끼는 시기입니다. 규칙을 즐거움으로 받아들이는 시기지요. 그래서 이 시기의 아이들이 규칙이 복잡한 블루마블 같은 보드게임에 푹 빠지는 것입니다. 이런 이유로, 이 시기를 잘 보내지 않으면 규칙을 지키는 것과는 영영 멀어지는 아이가 되기도 합니다. 이 시기에는 자신과 한 약속이든 타인과 한 약속이든 약속은 꼭

지켜야 한다고 반복해서 알려주세요.

다른 사람과 지키는 약속도 중요하지만 자기 자신과의 약속을 지키는 것은 더 중요하겠지요? 내가 세운 공부 계획을 지키고, 내가 세운 생활 계획을 지켜나가도록 체크해주셔야 하는데요, 그렇다고 아이가 자신과의 약속을 잘 지키지 못하는 것에 크게 분노하실 건 없습니다. 사실 자신과의 약속을 지키는 것이 얼마나 어렵습니까? '올해부터는 기필코 적게 먹으리라!' 한 번이라도 잘 지켜집니까? 나도 매일 못 지키는 약속, 나보다 30년이나 덜 산 애한테 지키라고 하는 것이 사실 무리지요. 이 시기는 약속을 철저하게 지키는 시기라기보다는, '약속을 지키는 습관을 들이는 시기'라고 하는 게 맞습니다. 약속을 지켜야 한다는 개념을 알려주고, 엄마 안 닮아 자신과의 약속을 잘 지키는 아이가 되도록 도와주어야 한다는 것이지요.

또한 이 시기는 자아개념이 확고해지는 시기이기도 합니다. 1~2학년 때까지는 천지분간 못하고 매일매일 즐겁게 뛰어놀기만 했는데 3학년쯤 되니 같은 반에서도 발표력이 뛰어난 아이, 그림을 잘 그리는 아이, 공부를 잘하는 아이, 그렇지 못한 아이, 소심한 아이, 꼼꼼한 아이, 리더십 있는 아이가 눈에 띄기 시작합니다. 그러면서 아이들은 '나는 어떤 아이인가?'를 생각하게 되지요. 어릴 때부터 엄마로부터 많은 칭찬을 받고 스스로의 일을 스스로 잘하는 것이 몸에 밴 아이는 자존감이 높습니다. 어떤 일에도 당당히 도전하지요. 그렇지 못하고 자존감이 낮은 아이는 스스로를 비하하기도 합니다. "나는 안 돼. 내가 할 수 있겠어?” 하면서 말이지요. 이때 가장 중요한 것이 엄마의 명명입니다. 아이는 엄마가 명명한 방식으로 자신을 명명하거든요.

제 여동생은 운동선수 분위기가 날 정도로 덩치가 좋습니다. 그런데 제 동생과 제가 몸매에 대한 어떤 개념이 정리되기 전부터 엄마께 항상 이런 말을 들었어요. “우리 막내딸은 정말 몸매 하나는 끝내줘!” 저랑 제 동생은 늘 이 말을 듣고 자랐기 때문에 둘 다 동생 몸매가 정말 끝내주는 줄 알았습니다. 그런데 어른이 되고 보니 동생 몸매가 절대 끝내주지 않더란 말이죠. 그래서 하루는 엄마께 여쭤봤죠. “엄마, 쟤가 뭐가 몸매가 좋아? 쟤 과체중이야.” 그랬더니 엄마가 이런 대답을 하셨죠. “아무리 내 딸이지만 얼굴 예쁘다는 말은 차마 안 나와서 그렇게 말했다. 왜!” 우리 둘은 뒤로 자빠질 뻔 했습니다. 엄마한테 20년 넘게 속아오다니!!!!

그런데 놀라운 건 말이죠. 엄마의 20년 넘는 사기행각이 밝혀진 뒤에도 동생은 자기가 끝내주는 몸매라는 생각을 못 버리더라는 거죠. 아직도 그 어이없이 굵은 다리로 말도 안 되게 짧은 미니스커트를 입고 명동을 누비며 시민들에게 민폐를 끼치고 있습니다. 어릴 때 엄마가 아이에게 한 명명은 아이가 아주 커서까지 사라지지 않고 아이의 인생을 좌우하게 됩니다.

“너는 왜 이리 산만하냐?”고 야단맞았던 아이는 자신을 산만한 아이로, “너는 왜 이리 꼼지락 대냐? 빨리 좀 해!”라고 지청구를 들었던 아이는 자신을 꾸물거리는 아이로 인식합니다. 엄마가 아이에게 자신

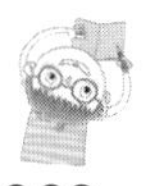

을 부정적으로 생각하도록 도와주시는 거지요. 산만한 아이는 호기심이 많습니다. 꼼지락 대는 아이는 꼼꼼하고요. "엄마는 네가 참 호기심이 많고 에너지가 넘쳐서 너무 좋아!", "너는 꼼꼼하고 차분하니까 뭘 해도 잘할 거야!"라고 아이에게 이야기해주세요. 아이가 자신에 대한 개념을 긍정적으로 형성합니다. 우리의 자아개념은 많은 경우 어릴 때 형성되니까요.

3학년 우리 아이, 어떻게 도와줄까요?

3학년 정도가 되면 아직은 자신이 왜 열심히 공부해야만 하는지 정확히는 모르더라도 어쨌든 공부가 자신의 인생에 매우 중요한 것이라는 건 알게 됩니다. 그러므로 이 시기의 아이들에게는 매일 꾸준히 공부하는 습관을 들여 주시는 것이 중요합니다. 학습량은 작더라도, 일정한 시간 반드시 학습을 하는 것을 습관들여주시면 나중에 자기 주도적 학습을 하는 데에 많은 도움이 되지요. 예를 들어 학교에 갔다 와서 숙제를 먼저 하고 놀러 나간다거나, 학원 갔다 와서 TV 보기 전에 먼저 엄마와 약속한 문제집을 푼다든지 하는 식으로 일정 기간 스스로 앉아서 공부하는 습관이 들게 해주세요. 이때 아이가 감당해야 할 학습량이 너무 많으면 아이가 습관을 들이지 못합니다. 아이 생각에 '이 정도면 뭐 빨리 해치우고 노는 게 낫겠다.'라고 생각할 수 있는 양이 적합합니다. 사람은 자신이 감당할 수 있는 범위의 일을 만났을 때에만 해야겠다는 의지가 생기니까요. 양보다는 질에 무게를 두셔서 작은 양이라도 매일 빼먹지 않고 하게 해주시고, 일정 기간 엄마와의 약속을 꾸준히 잘 지킨 경우에는 그에 상응하는 보상을 해주세요. 예를 들어 '한 달간 학교 갔다 와서 숙제 먼저 하고 문제집 3장 풀고 나가 논다. 밥 먹기 전에 피아노 연습 30분 한다.'를 지킨 경우에는 하고 싶은 것을 하게 해주는 식이지요. 보상은 무엇을 사주는 것보다는 놀이공원에 가족과 함께 놀러간다든지, 친구들을 초대해서 과자 파티를 하게 해주는 식으로 덜 물질적인 것이 좋겠지요?

1~2학년 때까지는 엄마가 하라는 대로 잘 따라하던 아이가 3학년이 되면서 서서히 자신의 목소리를 내기 시작하네요. 작년까지 잘 들고 다니던 책가방이 너무 유치하다고 투덜대고, 옷도 자신의 스타일대로 입겠다고 고집을 부리면서 엄마가 산 옷을 거들떠보지 않습니다. 아이에게 나름의 자의식이 생겼다는 증거지요. 이 시기의 아이들은 좋아하는 것이 뚜렷해지고 자신이 관심 있는 부분에서는 집중력도 늘어나기 때문에 아이가 좋아하고 관심 있는 부분으로 글쓰기를 진행해주셔야 합니다. 어디론가 놀러가는 것을 좋아하는 아이에게는 놀러 갔다 온 후 찍은 사진을 스크랩하면서 글을 쓰게 해주세요. 집에서 조용히 머무르는 것을 좋아하는 아이에게는 인터넷에서 찾은 자료를 스크랩하면서 거기서 얻은 정보를 정리하는 글쓰기를 해주시면 아이가 쉽게 글을 씁니다. 아이의 특성을 살펴서 글쓰기를 도와주어야

하지요.

또한 이 시기는 나름의 비판의식이 생기는 시기이므로 신문이나 교과서에 실린 글을 읽어보고 자신의 생각을 주장하면서 엄마와 토론을 할 수 있습니다. 빠른 아이들은 다른 사람의 생각에 대한 자신의 의견을 벌써 써내는 아이도 있긴 하지만, 일반적으로 이런 능력은 4~5학년은 되어야 확실해지므로 3학년 때에는 일단 자신의 의견을 명확하게 말하는 것으로 충분합니다.

이때 아이가 생각이 성숙되지 않아서 자신의 입장만 고집하는 경우도 있습니다. 이럴 때에는 다른 사람의 입장도 생각해보도록 유도해주세요. 친구와 싸웠다면 '왜 평소에는 그렇지 않던 친구가 그렇게 말했을까? 친구에게 무슨 사정이 있지는 않았을까?' 생각해보고 써보도록 권해주시는 거지요. 어떤 일이 일어났다면 그 일의 배후에는 반드시 어떤 배경이나 원인이 있을 것이라고 추측해보는 능력은 아이가 타인을 이해하는 공감능력을 기르는 데 매우 중요한 역할을 합니다. 이렇게 공감능력이 활성화된 아이는 책의 주인공에게 감정이입을 잘하게 되고, 이 시기가 바로 독후감을 제대로 가르칠 수 있는 시기입니다.

왜 독후감을 써야 할까요?

요즘은 어느 학교에서나 저학년 때부터 독후감을 쓰도록 하지요. 독후감을 잘 쓰지 못하는 1~2학년에게는 독서기록장을 적게 하거나 학교 홈페이지에 접속해 독후감을 쓴 뒤 인증을 받으라는 시스템도 도입하고 있습니다. 이렇게 학교에서 힘주어 독후감을 쓰라고 하는 것을 보면 독후감 쓰는 것이 정말 중요한 것 같은데, 우리 아이는 도무지 독후감을 쓰려하지 않으니 이를 어쩌면 좋을까요? 때리고 얼러도 생각이 안 난다고 책상에 엎드리기 일쑤고, 독후감 쓰기 학원이 있으면 보내고 싶지만 그런 학원도 없네요. 독후감 쓰기, 뭐 뾰족한 방법 없나요?

그 전에 독후감 쓰기가 왜 중요한지 한 번 짚어볼까요? 우리가 무엇인가를 느끼고 사고하는 행위는 다시 한 번 반복하면서 기억에 확실하게 남습니다. "어제 그 드라마 봤어? 고현정 나온 거. 어쩜 걔는 그렇게 늙지도 않냐? 하여간 피부 하나는 알아줘야 한다니까? 그 하얀 원피스 어디서 산 거지? 무지 예쁘던데." 옆집 아줌마랑 한바탕 떠들고 나면 드라마 내용 이해가 더 잘되고, 나중까지 하얀 원피스가 또렷하게 기억에 남습니다. 그런데 이걸 이렇게 말로만 할 게 아니라 아예 글로 적으면 사고의 밀도가 더욱 높아지겠지요? 자신이 본 드라마의 스토리를 다시 다 반복해서 머릿속에서 돌려봐야 하니 기억이 또렷해지고 주인공이 왜 그런 말을 했는지 의미파악도 더 잘 됩니다.

우리가 아이들에게 독후감을 쓰게 하는 것은 아이들이 방금 읽은 그 책을 이렇게 특별한 책으로 만들게 하려는 의도가 있습니다. 또한 자신과 비슷한 처지에 있는 주인공이 나온 책을 읽었을 경우에는 상

처치유효과가 나타나기도 합니다. 어떤 선생님이 반 아이들한테《너도 하늘말나리야》를 읽고 독후감을 써 오게 했더니 많은 아이들이 '실은 나도 하늘말나리다.'라고 써와서 깜짝 놀랐다고 하시더군요. 자신이 가진 상처를, 여러 어려움에 처한 주인공에게 대입해보면서 상처를 치유 받는 거지요. 그래요. 독후감은 이렇게 아이들에게 많은 도움을 줍니다. 저도 현장에서 아이들과 독후감을 썼던 책은 아이들이 오랫동안 세세한 부분까지 기억해내는 것을 여러 번 목격했으니까요. 그런데 만일 말입니다. 요즘 시청률 1위인 고현정이 나오는 드라마를 흥미진진하게 보고 있는데 시어머니가 갑자기 옆에서 이렇게 말씀하시는 겁니다. "이거 다 보고 나면 감상문 써야 한다." 헉! 갑자기 드라마에 빼앗겼던 마음이 싹 가시면서 어떻게 감상문을 쓸지 걱정이 밀려옵니다. 어머니는 왜 잘 보고 있는 사람한테 시비를 거나 하는 원망도 생기고, 드라마 안 봤으면 감상문을 안 써도 되는데 괜히 드라마를 봤다는 생각도 들고, 갑자기 드라마가 딱 보기 싫어지네요. 그런데 더 괴로운 것은 감상문이 시원찮다고 마구 혼이 나야 했던 겁니다. "글씨가 이게 뭐니? 손으로 썼니? 발로 썼니? 줄거리만 꽉 쓰고 느낀 점은 하나도 없어요. 그냥 재미있었다고 쓰면 어떻게 해? 어떻게 재미있었는지 자세하게 써야지! 느낀 점 다시 자세하게 써와!" 나는 그냥 드라마만 재미있게 보고 싶은데 이게 뭡니까? 이제부터는 드라마를 안 봐야겠다고 생각하는 순간, 시어머니가 단호한 목소리로 이렇게 말하는 게 아닙니까? "이렇게 감상문이 형편없어서야 원. 동네 창피해서 안 되겠다. 이제부터 일주일에 세 편씩 감상문을 쓰도록 해!” 눈물이 핑 돌면서 ‘우씨! 내가 절대 한 편이라도 드라마를 보나 봐라!’ 하고 각오를 하지요.

제가 어떤 얘기를 하려고 하는지 아시겠지요? 독후감은 아이의 독서활동에 도움이 되는 수준에서 이루어져야지 과해지면 아이에게 치명적으로 나쁜 영향을 미칩니다. 아이가 독후감이 싫어서 독서를 포기하게 되는 것이지요. 아이가 독서를 포기하게 하는 주범은 바로 독후감을 강요하는 엄마와 학교입니다. 네, 저는 1~2학년 때는 책을 곧잘 즐겨 읽던 아이가 5~6학년이 되어 책과 멀어지는 이유가 억지 독후감 쓰기에 있다고 확신합니다. 독후감은 절대 아이 입장에서 과해져서는 안 됩니다.

과하지 않으려면 어떻게 해야 할까요? 첫째 독후감은 강요로 시작되면 안 됩니다. 강요가 되지 않으려면 자신이 왜 독후감을 쓰는지 그 의미를 아는 나이가 되어야겠지요? 그러므로 저는 초등 1학년 아이들이 독후감을 쓰는 것은 좋지 않다고 생각해요. 초등 저학년에는 독후감보다 재미있는 독후활동이 얼마든지 있거든요. 재미있는 독후활동은 나중에 다시 다루도록 하겠습니다. 둘째 분량을 정해주시면 안 됩니다. “일단 왜 이 책을 읽게 되었는지 읽게 된 동기를 쓰고, 줄거리를 쭉~ 쓴 다음에 네 느낌을 써. 그러면 한 장은 충분히 나오고도 남을 텐데 왜 징징거려!” 쓸 말이 없어서 걱정이라는 아이에게 우리는 흔히 이런 말을 들려주지요. 그렇지만 이렇게 똑같은 패턴으로 지겹게

쓰는 독후감이 무슨 의미가 있겠습니까? 차라리 짧더라도 자기가 하고 싶은 이야기를 똑 부러지게 하는 게 낫지요.

분량에 집착하지 않으려면 일단 줄거리를 써야 한다는 강박에서 벗어나야 합니다. 줄거리를 쓸 줄 안다는 것은 매우 중요하고 꼭 필요한 능력입니다. 고학년이 되어서도 줄거리를 정리하지 못하는 아이는 내용이 무엇을 말하고 있는지 모른다는 것이고, 이는 아이의 학습에 막대한 악 영향을 미칩니다. 그러나 저학년 때에는 줄거리에 집착하지 마시고 자신의 느낌을 잘 적어내도록 도와주세요. 저학년은 줄거리를 잘 모르는 것이 당연합니다. 전체 내용 중에서 어떤 부분이 더 중요하고 덜 중요한지의 기준이 아직은 모호한 나이이기 때문입니다. 그럼에도 책 내용을 전혀 안 밝힐 수는 없겠지요? 이때는 다음과 같은 두 가지 방법을 이용해보세요.

쉽게 독후감 쓰기

① 핵심단어에 살 붙여 줄거리 적기

엄마가 책에서 핵심단어를 찾아주는 겁니다. 이 경우는 엄마가 책을 같이 읽어야 하기 때문에 좀 귀찮아하시는 분들도 계시지만, 아직은 이 정도는 함께 해주셔야 하는 나이랍니다.

엄마와 아이가 빨간 모자를 같이 읽습니다. 책을 펼쳐보며 엄마가 핵심단어를 적습니다. 〈빨간 모자, 할머니 선물, 늑대, 사냥꾼, 할머니를 만난다.〉 엄마가 고른 핵심단어는 이렇습니다. 이것을 본 아이가 퀴즈 맞추기처럼 이 단어들을 문장으로 만들어나갑니다. 저는 책을 안 보고 하게 합니다만 아이가 내용을 잘 기억 못하면 보고 하게 하셔도 됩니다.

〈빨간 모자가 있었습니다. 빨간 모자는 할머니께 선물을 드리려고 할머니 댁으로 갔습니다. 가는 길에 늑대를 만났습니다. 늑대는 할머니를 잡아먹고 빨간 모자도 잡아먹으려고 했습니다. 그때 사냥꾼이 나타나 빨간 모자를 살려주고 할머니도 구해주었습니다.〉 엄마가 핵심단어를 골라주고 거기에 맞는 내용을 아이가 맞추게 하면 아이 스스로 모든 내용을 정리해야 한다는 부담에서 벗어나기 때문에 쉽게 줄거리를 씁니다. 줄거리는 이렇게 간략하게 정리하면 된다는 것을 반복해서 알려주세요. 핵심단어를 찾으면 줄거리 찾기는 식은 죽 먹기라는 것을 알게 되지요. 그런데 이 방식은 글이 좀 길 경우에는 쓰기가 어렵지요? 어떤 단어를 골라야 할지가 난감하기 때문이지요. 이럴 때는 체면효과를 이용하세요.

② 체면효과

체면효과란 이런 겁니다. 어떤 할머니가 온몸이 아프십니다. 아들은 어머니를 모시고 좋다는 병원은 다 돌아다녔지만 엑스레이를 찍어보고 별별 검사를 다 해봐도 특별한 이상이 없습니다. 아들은 병원에서는 이상이 없다는데 여기 저기 아프다는 어머니가 이상하고, 할머

니는 아픈 것도 몰라주는 병원에 불만이 많습니다. 그런데 마지막으로 간 병원의 의사가 이제까지 할머니의 증상을 다 듣더니 이곳저곳을 진찰하고 나서 별안간 이렇게 말하는 겁니다. "아니, 할머니 이렇게 아프신데 지금까지 어떻게 견디셨어요. 용하시네. 많이 괴로우셨죠? 욕보셨어요." 다정히 손 잡아주는 의사 때문에 할머니는 왈칵 눈물이 날 것 같습니다. 그 의사가 지어준 약을 먹으니 몸이 갑자기 가벼워지는 것 같습니다. 할머니는 이 의사가 세상에 또 없는 명의라고 소문을 내고 다니신답니다. 의사가 준 약은 비타민입니다. 할머니는 뒷방 늙은이가 되고 있는 자신의 처지가 외롭고 슬퍼서 나 좀 알아달라고 여기저기가 아프셨던 거고, 그 의사가 그것을 알아봐 주었기 때문에 비타민만 먹고도 다 나으신 겁니다. 아들 며느리 앞에서 체면이 서신 것이지요.

아이가 줄거리를 스스로 정리할 수 있도록 체면을 세워주세요. "아휴, 엄마는 너랑 같이 방금 읽었는데 또 생각이 안 난다. 그 나쁜 어린이 표에 나오는 개 이름이 뭐지? 선우인가?" "건우예요." "아, 그래 맞다. 맞다. 건우지? 엄마 정신이 이렇다니까! 근데 걔가 무슨 상자를 사달라고 엄마한테 졸랐는데…… 뭐였더라?" "과학 상자잖아요." "와~ 너는 기억력 진짜 좋다. 좋겠다, 젊어서. 너도 내 나이 돼봐라. 참, 근데 걔네 엄마가 사줬던가?" 나를 낮추고 아이의 체면을 살려주며 살살 꼬여서 줄거리를 듣는 거지요. 이렇게 하면 '줄거리가 뭔지 얘기해 봐라.'라고 말하는 것보다 훨씬 자세하고 재미있게 아이가 이야기를 만들어냅니다. '건망증이 심해서 방금 전에 읽는 내용도 기억 못하는 불쌍하고 늙은 엄마를 위해서 내가 어쩔 수 없이 줄거리를 말해주어야겠구나. 어쩌겠어. 젊고 착한 내가 할 수 밖에.'라고 아이가 생각하게 되기 때문이지요. 아이가 다 이야기를 하고 나면 이것을 글로 옮기게만 도와주시면 됩니다.

제가 이런 방법을 말씀 드리면 벌써부터 너무 지친다는 표정으로 엄마들이 물어보세요. "선생님, 언제까지 그러고 있어요?" 글쎄요. 언제까지 이러고 있어야 할까요? 확실한 건 중학생이 되어서도 줄거리 정리해달라고 엄마한테 책 들고 오는 아이는 없다는 거죠. 얼마 안 남았습니다. 길 것 같지만 곧 끝납니다. 내가 도와주겠다고 해도 "됐거든요, 엄마." 할 나이가 곧 된다는 거죠. 그때까지만, 이 악물고 참아봅시다!

③ 그냥 재미있는 게 어때서

경상북도 청송의 주왕산에 다녀온 적이 있습니다. 올라갈 때는 너무 힘이 들어서 '내가 여길 다시는 오나 봐라!' 했었는데 꼭대기까지 올라가서 맞은편 절벽 가득 불타오르는 단풍을 딱 마주 서자 "우와~" 감탄이 절로 나왔습니다. 그때 저는 이렇게만 자꾸 말하게 되더라고요. "좋다. 진짜 좋다, 여보. 진짜 너무 좋지. 그렇지?" 그 기분은 진짜 좋다는 것 말고는 별달리 설명할 방법이 없습니다. 그냥 너무 좋을 때는 너무 좋다는 것 밖에 뭐가 더 할 말이 있습니까?

아이가 책을 읽었습니다. 너무 재미있게 읽었죠. "어땠니?" 엄마가 물어봅니다. 아이가 대답합니다. "너무 재미있었어요. 우와~ 진짜 재미있었어요." 엄마가 다시 묻죠. "어떻게 재미있었는데?" "그냥 되게 재미있었어요." "그냥 재미있는 게 어디 있어? 자세하게 말해봐!" 아이는 막막합니다. 그냥, 진짜, 되게 재미있었는데 뭘 더 말하라는 겁니까? 아, 난감하네요. 그렇다고 '정말 재미있었다.'만 열 번 써 가라고 할 수도 없고요. 이럴 때는 질문을 좀 구체화해주세요. "네가 만약 이 책 주인공처럼 날 수 있다면 어디로 가장 먼저 날아가고 싶어? '해리포터'가 더 재미있어? 이 책이 더 재미있어? 만약 가장 재미없는 게 -10이고 제일 재미있는 게 +10이면 그중 이 책은 몇이야? 네가 그 주인공이라면 날개를 다쳤을 때 그렇게 울었을까? 아니면 다르게 행동했을까? 걔네 엄마가 더 많이 혼내는 것 같니? 엄마가 더 심하게 혼내는 것 같니? 뭐! 진짜야? 엄마가 걔네 엄마보다 더 악독하단 말이야? 헉! 좌절이야~" 같이 질문을 구체화해주세요. 그래야 할 말이 조금씩 생긴답니다.

만약 누가 저에게 "주왕산 어땠어요?"라고 물으면 "진짜 좋았어요."라는 말밖에는 할 말이 없습니다. 그렇지만 "가는 길은 어때요? 많이 험하던가요? 9월쯤에 갈 건데 사람이 많을까요? 설악산 단풍보다 멋있던가요?"라고 구체적으로 질문을 한다면 할 말이 한 보따립니다. 마찬가지로 우리도 아이에게 어떤 '상황'에 대해 구체적으로 질문을 해줘야 하는 겁니다.

그리고 그저, 그저 재미있기만 하다거나 재미없기만 하다거나 그저 그렇기만 하다고 해도 이해해주세요. 분명 그런 기분도 있잖아요. 거짓말하는 게 아니라고요.

④ 내 경험을 끄집어낸다

'나도 사실 애처럼 이런 경험이 있었는데……'라고 이야기를 시작하면 글이 절로 늘어납니다. 꼭 같은 경험은 아니라도 괜찮아요. 주인공이 길을 잃었던 것처럼 나도 곤란을 겪었던 때가 있고, 우리 엄마도 주인공 엄마처럼 소리를 막 지를 때가 있고, 1학년 때 우리 선생님도 이 선생님처럼 벌을 서게 하신 적이 있고, 나도 애처럼 하늘을 막 날고 싶었던 때가 있고…… 비슷하거나 비슷한 기분을 느꼈을 법한 경험은, 끌어다 붙이면 얼마든지 생각해낼 수 있습니다. 그때 나는 이렇게 행동했는데 주인공 애는 다르게 행동했다든지, 나도 이렇게 행동할 걸 그랬다든지, 나랑 얘랑 만나면 말이 잘 통할 것 같다든지, 내 경험에 비추어보는 글쓰기는 할 말이 많아지게 하지요.

인물의 성격에 포커스를 맞추는 독후감도 쓸 말이 많아집니다. '주인공 건우는 내 친구 동훈이랑 성격이 진짜 비슷하다. 왜냐하면~'으로 시작할 수도 있고, '건우 아빠는 우리 아빠랑 완전 반대다. 건우 아빠는 엄마가 안 된다고 하는 과학상자도 사다 주시고 하시는데 우리 아빠는 엄마말만 듣는다. 그 뿐 아니다. 우리 아빠는……' 독후감이 아빠의 성토장이 됩니다. 그리고 이렇게 끝맺는 거죠. '나도 건우 아

빠 같은 아빠를 갖고 싶다. 아빠 반성 좀 하세요!' 이 글을 아빠가 읽으면 아빠, 반성 많이 하시겠지요?《나쁜 어린이 표》라는 학교에 적응하기 힘들어하는 아이의 괴로움에 대한 글이 우리 아빠에 대한 서운함을 토로하는 방향으로 엉뚱하게 나가긴 했지만 뭐 어떻습니까? 글쓰기엔 답이 없습니다. 쓰는 사람 보람 있고, 읽는 사람 재미있으면 이게 최고죠. 방향을 정해서 예상할 수 있는 방향으로 쓰도록 하지 마시고 내 경험에 비추어 작품을 바라보도록 도와주세요.

미치게 재미있는 독후활동

초등 저학년 아이들에게는 독후감보다 독후활동을 권합니다. 물론 고학년아이들에게도 필요하지요. '책을 읽고 났더니 지겨운 독후감이 기다리고 있다.'가 아니라 '책을 읽고 났더니 무언가 신나는 놀이가 기다리고 있다.'라는 경험이 반복되면 아이는 '책 읽기=재미있는 일'이라는 무의식을 가지게 됩니다. 책을 읽는 것이 재미있는 경험이었다는 어릴 적 무의식이 있어야만 아이가 중·고등학교에 가서도 별로 어렵지 않게 고전으로 책 읽기를 확장할 수 있는 것이지요. 독후감보다는 독후활동에 힘을 줍시다.

① 책 띠지(겉표지 종이) 뒀다 뭐하니?

| 수업 전 준비할 것: 책 겉표지, 필기도구, 가위, 풀, 나무젓가락, 스카치테이프 |

전집을 사면 책표지가 하나 더 있는 경우가 있습니다. 이 띠지를 책에 영구히 붙여서 볼 때마다 아이를 불편하게 하시는 엄마들 계시는데, 그냥 확 벗기세요. 이거 놔뒀다가 뭐하시게요. 이 표지에는 주인공 얼굴도 나오고 책 내용도 나오기 때문에 나무젓가락을 붙여 여러 가지 역할 놀이도 할 수 있고, 이 등장인물 얼굴을 오려 붙이면서 독후감 일기도 쓸 수 있고 이 종이를 조각조각 오려 퍼즐처럼 만들 수도 있고 무궁무진하게 쓸 수 있답니다.

② 겁내지 마, 북아트!

| 수업 전 준비할 것: 북아트 책, 도화지, 깨끗이 씻은 우유팩, 색종이, 필기도구, 가위, 풀 |

북아트라고 하면 거창한 것처럼 생각해서 엄두를 못 내시는 분들이 있는데, 그렇지 않습니다. 스케치북을 떼어내서 접은 후에 책 내용이 들어가는 간단한 스토리 북을 만드셔도 되고 다 먹은 우유팩을 잘라 여기에 그림을 그리고 작은 책을 만드셔도 됩니다. 도서관에 가셔서 북아트 책을 빌리셔서 쉬운 것부터 따라해 보세요. 생각보다 쉽고 의외로 큰 성취감을 아이에게 선사합니다.

③ 재활용품 활동

| 수업 전 준비할 것: 찰흙(아이클레이), 빈 종이박스, 쇼핑백, 색종이, 필기도구, 가위, 풀 |

찰흙이나 아이클레이 같은 것은 어느 집이나 서랍 속에 굴러다니기 마련이지요? 동물이 나오는 동화가 제일 좋지만 천사나 공룡이나 어떤 것이 나오는 동화도 좋습니다. 읽고 나서 아이의 감동이 다 사라지기 전에 등장인물을 찰흙으로 만들어보는 거예요. 꼭 등장인물이 아니더라도 등장인물이 살 것 같은 집이나 이야기에 등장하는 식탁이나 어떤 것이든 좋습니다. 만드는 동안 엄마와 아이는 계속 책에 대한 이야기를 나누게 되지요. 이처럼 경제적인 재활용이 없어요.

버리려고 놔둔 박스를 꾸며서 주인공의 집을 만들어준다거나 내복 포장 박스로 주인공의 방을 만들어주는 활동은 여자 아이들이 특히 좋아하는 독후활동이고, 커다란 쇼핑백에 색종이를 붙이거나 사인펜으로 색을 칠해 갑옷으로 꾸민 뒤 머리와 두 팔이 들어갈 구멍을 뚫어 거꾸로 쑥 입혀주어 전사로 만들어주는 것은 남자아이들이 껌뻑 죽는 활동이랍니다.

④ 몸 좀 씁시다

| 수업 전 준비할 것: 종이컵, 실, 바늘, 손수건 |

아이들이 제일 좋아하는 독후활동이 신체활동입니다. 엄마들은 책상에 앉아서 무언가를 가르쳐야만 아이들이 학습적으로 도움을 받을 것이라고 생각하지만, 우리의 뇌를 활성화시키는 호르몬은 의외로 몸을 움직일 때 나옵니다. 그래서 공부가 안 될 때나 우울증에 걸렸을 때 산책을 권하는 것이지요. 공부를 잘하게 하려면, 똑똑한 아이가 되

게 하려면 먼저 잘 뛰어노는 아이가 되어야 합니다. 자, 엄마랑 뛰어
놀아봅시다. 종이컵으로 실 전화기를 만들어서 방구석으로 각자 뛰어
가 서로에게 하고 싶은 이야기하기,《일곱 마리 눈먼 생쥐》읽고 손수
건으로 눈 가린 후 박수소리 내며 도망가는 사람 잡기,《아빠랑 함께
피자놀이를》읽고 몸으로 피자 만들기 같은 독후활동들은 돈 안 들
고 재료도 안 드는데, 일단 해보면 고학년 아이들까지 얼마나 미친 듯
이 좋아하는지 뿌듯한 마음 한량이 없지요. 땀을 뻘뻘 흘리며 한 번
만 더 하자고 조르는 아이들을 보면 좀 안쓰러운 마음까지 듭니다. 우
리 때는 늘 하던 것인데 요즘 아이들은 신체활동을 하며 놀아본 경험
이 적어서 이런 단순한 놀이에도 이렇게 감동하는구나. 하는 생각이
들어서 말이죠. 이렇게 신나게 놀다 보면 아이들은 이런 생각을 합니
다. '아, 책을 읽고 났더니 이렇게 재미있는 게 있구나.' 이런 이미지가
어릴 때 각인이 되고 나면 커서도 책에 대한 좋은 이미지를 잊지 않고
기억하고 있다가 힘들 때, 지루할 때, 속상할 때 책을 손에 드는 겁니
다. 나중까지 아이가 책에서 도움을 받는 사람이 되게 하고 싶으시다
면 지금 당장 신나는 독후활동을 시작하세요!

　개인적으로 많은 도움을 받았던 책을 한 권 소개합니다. 도서관에
있을 테니 일단 한 번 빌려보세요.《글자 많은 책도 그림책만큼 좋아
하게 만드는 독후활동 117가지》(바다출판사, 2005)

책 겉표지로 퍼즐을 만들어요. 비싼 퍼즐 살 필요가 없죠.

뽕뽕이로 애벌레를 만들어서 눈에 똑딱단추를 달아주세요. 애벌레를 붙일 수 있는 나만의 책이 됩니다.

기름종이에 여러 나라 지도를 베껴보는 거예요. 근사한 세계지도 책이 되지요.

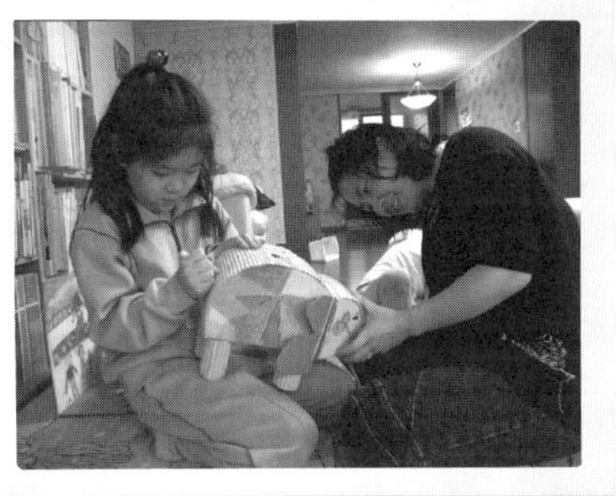

폐품을 이용해 책에 나오는 주인공을 만들어주세요. 볼수록 뿌듯하답니다.

아이가 책을 안다는 것은

우리가 '삼계탕을 안다'고 할 때 이것은 무엇을 의미하는 것일까요? 일단 삼계탕이 '닭으로 만든 보양식'이라는 삼계탕의 사전적 의미를 안다는 것이겠지요. 그렇지만 삼계탕의 사전적 의미를 안다고 삼계탕을 안다고 할 수 있을까요? 우리는 삼계탕을 먹으면서 삼계탕을 알게 됩니다. 삼계탕 잘하는 식당을 돌아다니고 맛을 비교하면서 삼계탕을 더 잘 알게 되고, 삼계탕을 실제로 만들어보면서 삼계탕의 진가를 알게 되지요. 더운 여름날 삼계탕을 먹었던 우리 조상의 지혜나 삼계탕이 가지는 문화적 의미에 관한 정보를 여러 매체에서 접하면서 삼계탕의 진짜 의미를 알게 되기도 합니다. 이 모든 것이 삼계탕을 배우고 알게 되는 방법이지요.

아이가 책을 안다는 것 역시 그렇습니다. 단순히 책을 많이 읽는다고 해서 책을 안다고 말할 수는 없습니다. 재미없는 책은 읽다가 던져버리고, 책이 시시하다고 흉보고(실제로 세상에 시시한 책이 얼마나 많습니까?) 안 보는 책은 가위로 오리고(책을 오려도 세상은 무너지지 않습니다!) 책에 낙서하고, 책을 읽은 느낌에 대해 토론하고, 토론하다가 싸우고, 책에 나오는 주인공 목소리도 흉내내보고, 주인공처럼 앞머리 자르다가 엄마한테 혼나고, 엄마와 함께 독후활동도 하고, 그러다가 가끔 글이 땡길 때 독후감도 쓰고, 주인공에게 편지도 쓰고, 두툼한 책은 베고 자기도 하면서 아이는 책을 배웁니다.

책, 많이 읽힌다고 좋은 게 아닙니다. 아이가 소화할 수 있을 만큼만 읽히시고, 읽는 '양'보다는 책의 내용을 얼마나 정확히 이해했는가 하는 '질'에 관심을 가져야 합니다. 그리고 아이가 책에 좋은 이미지를 가질 수 있도록 도와주셔야 해요. 그러니까 억지 독후감은 저리로 좀 치우세요. 다독 몇 천 시리즈도 내다 버리세요. 대신 아이가 온몸을 부딪쳐 책과 더 찐~하게 만나게 해주세요. 그 만남, 엄마가 주선해 주셔야 합니다. 엄마만이 할 수 있습니다.

언어와 사고의 관계, 이렇게 막강하다

　우리는 흔히 말을 하는 것과 생각을 하는 것이 약간 관계가 있다고 생각합니다. '생각이 깊은 사람은 말도 교양 있게 하겠지.'라고 막연하게 생각하는 것이지요. 그런데 이 둘은 이렇게 막연한 관계가 아닙니다. 이 둘은 치명적으로 가까운 관계입니다.

　지금 이 글을 읽으시면서 이런 생각을 했다고 가정해보자고요. '아, 배고파. 책 그만 읽고 라면이나 끓여먹어야겠다.' 머릿속에서 이런 생각을 했다면 이건 머리가 문장을 만든 겁니다. 머리로 언어를 구상한 것이지요. 다시 말해 우리가 '생각'이라고 정의하는 것들은 실은 전부 문장을 만드는 과정입니다. '아, 속상해. 왜 내가 저런 인간이랑 결혼해서 이 고생을 할까? 첫사랑 그 남자랑 결혼했으면 지금 잘 살 텐데. 애가 계속 피아노 학원을 다니기 싫다고 하는데 학원을 바꿔야 하나? 피아노 선생님한테 전화를 해볼까?' 우리가 머릿속으로 생각하는 모든 것은 우리가 머리로 만든 문장입니다. 우리가 '생각'이라고 생각했던 것들은 사실, 머릿속의 '문장'입니다. 그러므로 말을 함부로 하고 1차원적인 말만 하면서 사고는 깊고 심사숙고하게 한다는 것은 있을 수 없는 일입니다. 입으로는 수준 낮은 문장만 만들어내면서 머리로는 수준 높은 문장을 만들어낼 수는 없는 것이거든요.

　요즘 아이들, 욕을 많이 쓰지요? 그런데 욕을 쓴다는 것은 단지 예의 없는 아이가 된다는 것보다 훨씬 큰 문제를 가지고 있습니다. 자꾸 욕을 쓰다 보면 머릿속으로 언어를 만들 때(생각을 할 때)도 욕을 쓰게 됩니다. 욕으로 된 생각을 하는 것이지요. 그럼 저절로 아이의 생각도 거칠어집니다. '엄마가 싫다.'라고 해도 될 것을 '*발, 엄마 *나게 싫다.'가 되는 것이지요.

거칠게 생각하는 아이는 행동도 거칠어집니다. 아이들에게 욕을 쓰지 말라고 하는 이유가 이것 때문이지요.

자, 가정을 해보자고요. 한 반에 두 아이가 있습니다. 이 중 한 아이는 '편견/편애'라는 단어를 알고 있습니다. 한 아이는 모르고 있지요. 그런데 이 반 선생님이 아이들을 아주 편애하시는 분입니다. 몇몇 아이만 집중적으로 좋아하셔서 때때로 아이들은 억울한 일을 당하지요. 그때 '편견/편애'라는 단어를 아는 아이는 이렇게 생각합니다. '우리 선생님은 아이들을 너무 편애해. 저렇게 아이들을 편애하니까 아이들이 선생님을 싫어하지. 나는 저런 편견이 심한 사람이 되지 말아야지.' 그런데 그 단어를 모르는 아이는 이렇게 생각하지요. '에이, 우리 담탱이 짜증나.' 아이의 언어 차이는 아이의 사고력 깊이와 직결됩니다.

자, 우리가 왜 아이들의 언어에 신경을 써야 하는지 잘 아시겠지요? 아이들이 거친 언어를 쓰지 않도록 지도해야 하고, 정서적이고 철학적인 언어를 많이 사용해서 아이의 사고가 풍부해지도록 도와주어야 합니다. 예쁜 언어를 다양하게 사용하는 아이, 예쁜 생각을 다양하게 하고 있는 중입니다. 글쓰기는 이 사고가 충분히 풍성해진 후에 시작해도 늦지 않지요.

언어는 생활에서 모방하면서 배우기 때문에 아이의 언어가 풍성해지고 아이의 사고력이 풍성해지기 위해서는 먼저 엄마의 언어가 풍성해야 합니다. 네, 저도 반성합니다. 좀 더 아름답고 감성적인 언어 많이 쓰는 엄마가 되도록 열심히 노력하겠습니다!

4학년 아이들은
어떤 특징을 가지고 있을까요?

빠르고 늦고의 차이는 있지만 4학년을, 많은 아이들의 사춘기가 시작되는 시기로 봅니다. 사춘기가 된다는 것은 무엇을 의미하는 것일까요? 사춘기가 된다는 것은 자신이 익히 알고 있는 세상과 영영 결별한다는 것을 의미합니다.

10살 이전의 아이들은 그래도 마음에 판타지의 세계가 존재합니다. 아직도 미지의 영웅이 세상을 살리기 위해 나타날지 모르고, 사실 나

는 '오로라 공주'일지도 모르며, 산타할아버지가 루돌프와 함께 달려
오고 계시다고 생각하며 살던 아이들이 어느 날 갑자기 세상이 얼마
나 비루하고 시시한 곳인지를 탁! 깨달아버리는 것이 사춘기의 시작
이지요. 세상에서 제일 힘이 센 줄 알았던 우리 아빠가 실은 돈도 별
로 못 버는 별 볼일 없는 회사원이라는 것을 알게 되고, 세상에서 가
장 영향력 있는 줄 알았던 우리 엄마가 실은 그냥 그런 아줌마인 것
도 모자라 옷 입는 센스도 없다는 사실을 깨달아버립니다. 세상이 열
심히 노력한대로 잘 사는 곳도 아니며, 정의가 살아있는 곳은 더더욱
아니라는 것도 이 시기에 알게 되지요. 아이들은 세상이 갑자기 핑크
빛에서 회색으로 바뀌는 것을 경험합니다. 아이들의 세상이 회색으
로 변해갈수록 아이들은 현실 인식이 생기고, 현실 비판적이 되고, 자
아가 강해지고, 그래서 반항을 시작합니다. 엄마 아빠가 하는 시시한
말이 듣기 싫고, 이제까지 잘 따르던 규칙이 우스워지고, 이까짓 세
상 내 맘대로 살아가고 싶어지는 것이지요. 그러니 이 시기의 아이가
반항을 하고, 소리를 지르고, 규칙을 어기고, 자기 멋대로 행동하려
고 한다면, 막무가내로 '착하던 우리 애가 왜 저렇게 바뀌었을까?' 걱
정하며 통제하려 들지 마시고 '아, 너에게도 그런 시기가 왔구나! 쯧
쯧…… 세상을 알아버렸구나.' 하고 여유롭게 받아들여 주세요. 사실
지금 가장 괴로운 것은 지리멸렬한 인생을 깨달아버린 아이 자신입
니다.

4학년 우리 아이, 어떻게 도와줄까요?

아이가 판타지로부터 분리되었다는 것은 다시 말해 추상적 사고가 급격히 발달하고 있다는 것입니다. 추상적 사고란 '민족의 혼, 생태계의 평형, 수직이동, 폭력에 대한 욕망'(이 모두가 교과서에 나오는 단어랍니다) 등과 같이 눈에 보이지 않는 개념들을 이해하는 능력입니다. 아이는 판타지로부터 분리되면서 사회적으로 마땅히 알아야만 하는 개념들을 습득하게 되지요. 이 시기가 발달 면에서 이런 과정을 거치는 시기이기 때문에 4학년 교과서가 갑자기 어려워지는 것이지요. 이 시기에 추풍낙엽처럼 아이의 성적이 하향 곡선을 그리는 것은, 물론 질풍노도의 시기를 어렵게 보내고 있기 때문일 수도 있지만, 교과서에 나오는 이러한 개념들을 제대로 이해하지 못하고 있기 때문입니다. '국어공부 잘하는 아이가 다른 공부도 잘한다'는 말은 이래서 진실이지요.

이 시기에 그저 떼를 쓰고, 소리를 지르고, 부모에게 반항을 하는 아이로 놔둘 것인지, 아니면 그래도 부모와 의사소통의 끈을 놓지 않고 추상적 사고를 발달시키는 아이로 만들 것인지는 전적으로 엄마에게 달려 있습니다. 아이가 어떤 이야기를 해도 "그래, 네 입장에서는 그럴 수 있겠다. 그래, 그 부분은 엄마가 미안하다. 사과할게. 그래, 속상했겠다. 얼마나 화가 났겠니, 이해한다."라고 아이를 적극적으로 수

용한다면 아이의 분노가 많이 수그러듭니다. 아이가 주장하는 것이 비록 좀 어이없고 받아들이기 어려워도 크게 문제가 되는 것이 아니면 대체로 수용해주시고, 아이의 분노나 반항이 지금 나에게 대드는 것이 아니라 아이의 성장통이라고 생각해주세요. 엄마가 너그러워지면 아이도 편안해집니다. 그렇지 않고 버릇이 없어진 아이를 잡겠다고 회초리를 드시면 우리 집, 아프가니스탄 최전방 전쟁터 됩니다. 이 시기는 아이보다는 엄마에게, 엄청난 인내와 능력이 필요한 시기지요.

제가 사춘기 딸아이와 싸우고 있는 친구에게 이런 충고를 해줬더니 그 친구가 말하더군요. "네가 우리 딸 데려다 3일만 키워봐라. 그런 소리가 나오나!"

제가 그 친구가 아니니 어찌 그 심정을 다 헤아리겠습니까? 사실 저도 저희 아이가 사춘기가 되면 머리 뜯고 싸울지도 모르지만, 그래도 이 꽉 깨물고 참아보려고 각오하고 있습니다!

우리 어릴 때를 생각해보면 친구와 비밀편지를 주고받았던 것이 이 시기 쯤부터가 아닌가 싶어요. 꽃무늬 편지지에 어이없이 유치한 시를 적어서 낙엽 말린 것을 한 장 동봉하여 친구끼리 전해주는 일들도 학창시절에 종종 했었지요.

고등학교 때 문예부였던 저는 같은 반 문예부 친구와 눈이 내리는 창밖을 보면서 서로 눈에 관한 시를 적어서 수업시간에 바꿔보기도

했었답니다. 야멸찬 지구과학 선생님한테 걸려서 결국 뒤에 나가서 서 있어야 했지만(너무하지 않습니까? 시 쓰고 있는 여고생을 벌주다니!) 참 좋았던 시절처럼 느껴지네요. 시는 낭만과 한 몸입니다. 시를 안 쓰는 이 시대는 그러니까 낭만을 찾아볼 수 없는 시대가 된 거지요. 서글픕니다. 그런 이유로 이런 시대에 시를 쓴다는 것은 어쩐지 매우 고리타분한 느낌을 주기도 하네요. 더군다나 공부할 게 급격히 많아지는 4학년 때 시라니! 하며 콧방귀 뀌시는 엄마들, 저기 몇 분 보이네요. 그렇지만 이 시기야 말로 진정 시를 가르쳐야 하는 시기입니다.

자아가 빠르게 자라고 추상적인 사고가 급격히 늘어나는 이 시기의 아이는, 격하게 반항을 하고는 있지만 사실 본인 자신은 매우 흔들리고 있습니다. 이유도 없이 갑자기 화가 나고, 급격히 우울해졌다가 눈물이 툭 떨어질 때도 있어요. 빠른 정서적 성장에 본인 자신도 어리둥절해서 심적 변화를 심하게 느끼는 것이지요. 이럴 때 공부하라고 강요하는 것, 실은 공부하고자 하는 마음을 죽이는 일입니다. 머릿속이 부글부글 끓고 있는데 공부가 머리에 들어옵니까?

물론 4학년에 학습 내용이 급격히 어려워지는 것은 맞습니다만 이럴 때일수록 마음의 안정이 우선입니다. 공부는 마음이 차분해지고 난 후에 시작해야지요. 시를 읽으면 마음이 평안해져 아이 마음속의 분노를 가라앉히는 데 도움이 됩니다. 또한 또래 친구들의 시를 읽으며 아이는 상처를 치유받기도 합니다. 나만 그런 게 아니라 다른 친구들도 이렇다는 걸 알게 되니까요. 더불어 시어 속에 들어있는 개념들을 받아들이면서 앞에서 말했던 추상적인 사고들도 더욱 구체화되어 학습을 하는 데에도 많은 도움을 받습니다.

4학년 교과서에서는 글을 읽고 글에서 나타나는 문제가 무엇인지 알아내라거나 글을 읽은 후 더 적절한 제안을 하라는 식으로, 본문에 대한 자신의 시각을 나타내라는 요구가 많아집니다. 즉 네 목소리로 이야기해보라는 것이지요. 이 능력은 얼핏 주장하는 글인 것처럼 생각하기 쉽지만 의외로 시 쓰는 능력과 연관이 많습니다.

나만의 시각을 가진다는 것은 어떤 문제에 대해 나만의 목소리를 가진다는 말입니다. 하나의 사물을 봐도 다른 사람과 다르게 생각하는 능력, 이것이 자신의 시각이거든요. 시를 쓰게 되면 매일 보던 밥그릇이 삶을 담는 그릇으로 보이고, 매일 지나치던 집 앞 나무가 갑자기 말을 걸며, 친구 눈동자 안에 호수가 들어있다는 것을 알게 됩니다. '내가 네 이름을 불러주기 전에는 너는 아무것도 아니었다가 내가 네 이름을 불렀을 때 네가 내게로 와서 꽃이 되는' 인생의 진리와 정수에 아이가 다가가게 하는 가장 좋은 방법이 시 쓰기입니다.

시를 쓰던 어떤 선배가 분식집에서 '삶은 계란 200원'이라고 쓰여 있는 것을 보고 '삶은, 계란 200원이구나. 삶은 이토록 가볍고 가벼운 것이구나!'라면서 깨달음을 얻었다고 얘기해준 것이 갑자기 생각나네요. 일기에서 날씨를 다른 아이와 다르게 적는 것이 '한 줄짜리 나만의 시각'이라면 시를 쓰는 것은 '한 뭉텅이의 나만의 시각'이지요. 시는 삶을 통찰하게 해줍니다. 그래서 프랑스에서는 초등학교 때 수

백 편의 시를 외우게 하는 것이겠지요. 이렇게 인생을 통찰할 줄 안다는 것은 같은 사물을 다르게 보는 눈을 가지게 된다는 것입니다. 같은 사물을 다르게 본다는 것은 다른 시각을 가졌다는 것이고, 다른 시각으로 글을 쓴다는 것은 논술의 핵심입니다. 나만의 시각, 이것은 삶을 살아가는 데 있어서도, 대입시험을 위해서도 반드시 가지고 있어야만 하는 능력입니다. 아이는 시를 쓰면서 다른 누구와도 다른 나만의 목소리를 가지게 되지요. 아이의 자아가 무럭무럭 자라는 이 시기에 시 쓰기를 권합니다. 실제로 4학년 2학기 국어교과서 맨 마지막에는 시 화집을 만들며 한 학년을 마무리 한답니다.

자, 그럼 어렵게만 느껴졌던 시를 어떻게 하면 즐겁고 편안하게 지도할 수 있는지 알아볼까요?

시를 쓰기 전에

① 관찰과 관심

무엇인가를 주의 깊게 살펴보는 것을 관찰이라고 합니다. 이렇게 주의 깊게 살펴 본 것에는 애정이 생기고 그러면 관심이 만들어지지요. 예전에 〈죽은 시인의 사회〉라는 영화에서 키팅 선생님이 학교복도에 전시되어 있는 선배들의 옛날 사진 앞에 아이들을 세워놓고 "저 사진이 뭐라고 얘기하고 있는지 들어보렴." 하고 말하더니 뒤에서 작은 소리로 "카~르페 디엠~"이라고 속삭여서 아이들이 어이없어 하던 장면 기억나시는지요? 또 이 키팅 선생님이 아이들을 밖으로 데리고 나가서 자신의 걸음걸이를 면밀히 관찰하면서 걸어보라고 해서 아이들이 각자 개성 있는 걸음걸이로 우스꽝스럽게 걷던 것은 기억나세요? 잘생긴 청년들이 우글우글 나와서 제가 너무나 좋아했던 이 영화는 '시 쓰기'가 어떻게 시작되어야 하는지를 잘 보여주고 있습니다.

그런데 영화와 다르게 "그래, 나도 우리 아이에게 자연을 느끼게 해주어야겠어!"라고 결심한 엄마가 모처럼 아이를 데리고 밖으로 나가서 "이 나무가 너한테 뭐라고 말하고 있는 것 같니? 뭐라고 말하는지 한번 들어봐."라고 아이에게 아름다운 목소리로 물어보면 99%의 아이들은 "아무 말도 안 하는데요?"라고 말할 게 뻔합니다. 1%의 아이들은 엄마가 무슨 말을 듣고 싶은지 간파하고 "나무가 이제 봄이 오려고 한다는데요. 엄마 그만 들어가면 안 돼요?" 하면서 엄마의 심기를 매우 불편하게 하지요. 모든 아이들이 엄마의 마음을 이해하고, 엄마의 지도를 잘 따라와 준다면 애 키우기가 왜 힘들겠습니까? 우리 애가 협조를 안 한다고 해도 기죽지 마세요. 애들은 원래 엄마 말을 안 듣도록 조물주가 만들어놓은 존재들이니까요. 하지만 이러던 아이들도 엄마랑 풀밭에 앉아 토끼풀로 반지도 만들고 토끼풀 왕관도 만들어 쓰고 휴대폰으로 인증샷 찍고 집으로 오면서 "토끼풀이 너에게 뭐라고 하는 것 같니?" 하고 물어보면 아이 입에서 시어들이 막 쏟아집니다. 그 대상이 그냥 대상이 아니라 관심의 대상이 되면 나에게 특별해지고, 나에게 특별한 대상이 된 것에 대해서는 할 말이 많아지

거든요. 아이가 시를 쓰게 하고 싶으시다면 어떤 대상이 그 아이에게 '특별한 어떤 것'이 되도록 해주신 후에 시를 쓰라고 하셔야 합니다.

"아니, 시간 없어 죽겠는데 언제 나가서 꽃반지 만들고 있어요?" 하시는 분이 계시다면 아이가 특별한 대상으로 느끼고 있는 어떤 것을 글감으로 주시면 돼요. '가을', '자연보호', '우리나라' 같은 것은 아이에게 아무 개인적 대상이 아니므로 좋은 글감이 아닙니다. '내 동생', '내 짝', '급식시간' 같은 글감은 나름 개인적인 경험이 있을 테니 좋은 글감이라고 할 수 있지요. 하지만 만약 '원수 같은 내 동생', '지우개 안 빌려주는 내 짝', '맛없는 급식' 같은 글감을 주면 아이들은 날개 달린 듯이 글을 써낼 겁니다. 잊지 마세요. 시는 관찰과 관심의 대상으로 써야 한다는 것을!

② 먹어봐야 그 맛을 알지

음식의 진정한 맛을 알려면 가장 좋은 방법은 많이 먹어보는 것이지요. 매일매일 먹다 보면 서서히 음식에 익숙해져서 누가 가르쳐주지 않아도 만들 수 있게 되기도 하지요. 글도 마찬가지입니다. 매일매일 읽다 보면 어느 날 글이 써지는 순간이 있어요. 시를 별로 읽어본 적도 없는 아이에게 시를 쓰게 시키는 것은 먹어본 적 없는 달팽이 요리를 해보라고 하는 것과 같습니다. 그야말로 아동학대예요. 제대로 된 시 쓰기 교육도 안 시키고 아이들에게 시 쓰기 시키는 선생님들, 아동학대로 고발합시다!

자, 시 쓰기 교육을 시키기 전에 먼저 집안 곳곳에 시를 붙여두세요. 화장실 변기에 앉으면 눈이 가는 곳이 시를 붙여놓기 제일 적합한 장소이고(화장실 변기에 앉아있는 시간, 얼마나 집중력이 강해지는 시간입니까? 이 시간에 시를 읽히세요. 일주일만 붙여두어도 아이가 시를 외운답니다.), 냉장고 문에, 아이 방문에, 거울 한 귀퉁이에, 책상 유리 밑에, 식탁 유리 밑에 아름다운 시를 붙이고 읽게 하세요. 아이 입에서 어느 날 저절로 시가 튀어나오니까요.

그냥 눈으로 읽을 때와 한 자 한 자 노트에 옮겨 적어볼 때 그 소설들의 느낌은 달랐다. 소설 밑바닥에 흐르고 있는 양감을 훨씬 세밀하게 느낄 수 있었다.

그 부조리들, 그 절망감들, 그 미학들······

필사를 하면서 나는 처음으로 '이게 아닌데······'라는 생각에서 벗어날 수 있었던 것이다.

나는 이 길로 가리라.

필사를 하는 동안의 그 황홀한 체험은 내가 살면서 무슨 일을 할 것인가를 각인시켜준 독특한 체험이었다.

– 신경숙

물론 우리 아이가 신경숙 씨 같은 소설가가 되어주기만 한다면 이

보다 더 고마운 일이 어디 있겠습니까? 하지만 꼭 소설가나 시인이 되지 않더라도 필사는 글의 양감을 세밀하게 느끼게 해주는 아주 중요하고도 훌륭한 지도방법입니다. 아이에게 다른 사람의 시를 옮겨 쓰도록 해주세요. 그냥 쓰라고 하면 안 하지요? 그러니 일기를 이용하는 겁니다. "오늘 읽은 시, 일기장에 옮겨 보자." 아니면 "이 시집에서 맘에 드는 시 일기장에 쓰면 오늘 일기 쓴 걸로 해준다." 같은 유인책이 필요합니다. 아이는 골치 아픈 일기 간단히 해결하니 좋고, 엄마는 시 읽게 하니 좋고, 시를 베끼면서 그 미학들과 시의 양감들을 아이가 세밀하게 느끼니 좋고, 몇 번 베껴 쓰다 보면 시의 구조를 저절로 익히니 좋고, 이건 오바마 대통령이 주장하는 윈윈(Win-Win) 전략보다 더 훌륭하지 않습니까?

③ 시는 '무엇'을 쓰는 게 아니라 '무엇'을 발견하는 것

아이들에게 글을 쓰라고 하면 이렇게 말하기 일쑤입니다. "쓸 게 없어요." 특히 시 쓰기를 가르치면 이 말을 입에 달고 살면서 엄마 머리 뚜껑을 들어 올리지요. 그런데 시는 '무엇'을 쓰는 게 아니라 '무엇을 어떻게 바라보았는지'를 쓰는 것입니다. 그러니까 아이들이 쓸 게 없다고 말하는 것은 쓸 거리가 없다는 게 아니고 '무엇을 바라보는 시각'이 없다는 것이지요. 그때 이 글을 보여주세요.

당신에게 이 한 알의 사과에 대해 시를 쓰라는 과제가 떨어졌다. 어떻게 할 것인가? 당신은 적어도 다음에 제시하는 열 가지 정도의 행동을 수행하거나 사유를 움직여야 한다.

1) 사과를 오래 바라보는 일

2) 사과의 그림자를 관찰하는 일

3) 사과 담은 접시를 바라보는 일

4) 사과를 이리저리 만져보고 뒤집어보는 일

5) 사과를 한입 베어물어보는 일

6) 사과에 스민 햇볕을 상상하는 일

7) 사과를 기르고 딴 사람과 과수원을 생각하는 일

8) 사과가 내 앞에 오기까지의 길을 되짚어보는 일

9) 사과를 비롯한 모든 열매의 의미를 생각해보는 일

10) 사과를 완전하게 잊어버리는 일

이렇게라도 해야 당신은 비로소 시의 첫 줄을 시작할 수 있게 된다.

– 《가슴으로도 쓰고 손끝으로도 써라–안도현의 시작법》 중에서

내 앞에 놓인 사과가 있던 과수원을, 그 사과를 만들기 위해 1년 내내 노력했던 농부의 땀을 상상해보는 것은 사과를 읽는 또 하나의 방법입니다. 아이가 '쓸 게 없어요.'라고 말할 때에는 어떤 사물 뒤에 숨어있는 그 사물의 다양한 의미를 모르고 있다는 말입니다. '우리 아

빠'는 하루 종일 TV만 보는 아빠라 쓸 게 없습니다. 하지만 이게 아빠의 다는 아니지요. 나보다 더 깨방정을 떨고 다니던 어린 시절의 아빠도 있고, 엄마한테 수줍게 고백하는 편지를 보내던 로맨틱한 아빠도 있으며, 할머니의 사랑을 온몸에 받고 자라던 아들로서의 아빠도 있고, 총 들고 나라를 지키던 늠름한 아빠도 있습니다. 아빠에 대해 여러 가지를 상상해보기만 해도 시는 줄줄 써집니다. 엄마가 아이의 시각이 와이드 해지도록 쫙~ 잡아당겨주세요.

우리는 흔히 시가, 우리가 평소에 마음에 품고 있던 어떤 고결하고 훌륭한 생각을 옮겨 적는 것이라고 생각합니다. 그러나 '평소에 생각하고 있던 것을 적는 시 쓰기'는 시 쓰는 방법 중 일부일 뿐이고 실은 '무엇을 보고 쓴 시'나 '어떤 일을 겪고 나서 쓴 시'가 시 쓰기의 더 좋은 소재가 됩니다. 무엇을 보거나 어떤 일을 겪고 나서 거기에서 발견한 '나만의 시각'을 쓰는 것! 이게 좋은 시지요.

※ 다음에 나오는 황정민, 배상현, 이월아, 주동민, 김보경, 박언주, 성진원, 김진혁의 시는 《맨날맨날 우리만 자래》(보리, 2003) · 《잠귀신, 숙제귀신》(보리, 2005) · 《튀겨질 뻔했어요》(고슴도치, 2000)에서 발췌했으며, 홍성민의 글은 《갈래별 글쓰기》(나라말, 2000)에서 발췌했음을 밝힙니다.

아버지

4학년 황정민

아버지는 피곤하셔서

초저녁부터 잠을 잔다.

다리는 꼬아서 농에 걸치고

코는

커르릉

커르릉

배는 올라갔다 내려갔다

머리카락은 엉켜있다

입술이 자꾸 치켜 들리며

푸우

푸우

푸우

내가 방에 들어가니 아버지는

눈을 반쯤 뜨다가 감는다.

텔레비전은 혼자 왕왕

나는 텔레비전을 _끄고_

조용히 나왔다

아버지를 사랑한다거나, 우리를 키우시느라 고생하는 아버지 같은 간지러운 문장 하나 없이 아이의 아버지를 향한 애틋한 마음이 시를 통해 고스란히 전해집니다. 아버지를 바라보는 아이의 시각이 있기 때문이지요.

시를 쓰는 방법은 간단합니다.

첫째, 생활 속에서 아주 구체적인 경험을 한, 나만의 글감을 고른다.(요리 재료)

둘째, 이 글감으로 자신만이 경험한 이야기를 자신만의 시각을 가지고 담백하게 써넣는다.(요리 과정)

셋째, 써놓은 글을 보면서 없어도 되는 말은 빼고, 식상한 단어는 그 의미를 더 정확하게 해주는 단어들로 바꿔도 보고, 연과 행을 만들고 운율도 넣어 시의 형식으로 다듬는다.(요리 세팅)

이것이 시를 쓰는 과정입니다. 어렵지 않아요. 그런데 이 가운데 몇째가 가장 중요할까요? 네, 정답입니다. 둘째예요. 둘째를 어떻게 요리하느냐에 따라 최고의 요리가 되느냐 아무도 안 먹는 요리가 되느냐가 결정 나지요. 물론 요리 재료에 해당하는 첫째도 중요하고 완성된 요리의 세팅이라고 할 수 있는 셋째도 중요하지만 가장 중요한 것은 그 요리사가 가지고 있는 레시피겠지요? 시를 쓰고 있는 아이에게 '너는 창조적인 작업을 하고 있는 요리사이고, 너의 글은 너의 요리

다. 그러니까 너는 너만의 눈으로 너만의 레시피를 만들어야 한다.'라
고 알려주세요. 남들은 모르는 나만의 기억과 시각으로 글을 써야 하
고, 그 기억과 시각이 다른 사람에게 공감을 줄 수 있을 때 좋은 시가
태어나는 겁니다.

시 쓰기의 원칙

대학교 1학년 때 연애 비슷한 걸 시작한 저는 제 남자친구가 된 같
은 과 오빠를 진짜 무지하게 좋아했습니다. 그 오빠가 어떤 여학생이
랑 얘기만 해도 제 온몸이 질투심으로 활활 타오를 정도였죠. 그런데
몇 달 사귀다 보니 제가 그 오빠를 미친 듯이 좋아하는 것처럼 그 오
빠는 저를 안 좋아하더란 말이죠. 사랑을 어떻게 키워 나가야 하는지
전혀 몰랐던 저는, '나는 그 사람 때문에 하루에도 몇 번씩 졸도하겠
는데 그 사람은 나한테 무심하다'는 사실을 절대로 받아들일 수 없었
습니다. 그래서 편지를 썼죠. 내용은 뭐 대충 '이런 식의 우리관계 이
제 끝냈으면 좋겠다. 오빠와의 수많은 추억 저 바다의 모래알처럼 반
짝인다. 그럼 영원히 안녕~' 유치한 편지였을 게 분명합니다. 저는 편
지를 보내면서 생각했죠. '내가 이런 충격적인 편지를 보냈으니 그 오
빠가 "효정아, 너 어쩌면 이런 말을 나한테 할 수가 있니? 내가 너 없
이 어떻게 살라고! 안 돼, 어서 취소하고 나에게 돌아와~"라고 제 다
리를 붙잡으리라 한 치의 의심도 없이 기대하고 있었습니다. 그런데

240

그 오빠는 그렇게 순진하던 제게 '그래, 나보다 더 좋은 사람 만나라.' 라는 매우 쿨한 편지를 쥐어주더란 말입니다. 아! 저는 각오했습니다. '내가 너를 죽이고, 나도 죽으리라!'

내가 무슨 논개도 아니면서, 왜 이런 생각을 했는지는 모르겠지만 그때는 그 오빠 없는 인생은 아무런 의미도 없었기 때문에 죽는 게 겁나지 않았습니다. 나를 이렇게 무참히 차 버린 저 인간을 가만히 놔둔다는 것도 있을 수 없는 일이잖아요. 오빠가 준 편지를 들고 부들부들 떨던 저에게 학교와 집을 오가며 무심히 지나쳤던 '총'이라고 커다랗게 적힌 가게가 그 순간 팍! 떠올랐습니다. 저는 입술을 깨물며 다짐합니다. '내가 너를 총으로 쏴 죽이고 나도 죽으리라.'

저는 그다음 날 바로 엄마 카드를 훔칩니다. 그렇지만 엄마한테 들킬까 봐 겁나지도 않았어요. 엄마가 카드가 없어진 걸 발견하셨을 즈음에는 저는 이미 죽고 없을 텐데요 뭐. 엄마 지갑에서 훔친 카드를 코트 속에 단단히 넣고, 입술을 꽉 깨물고, 숨을 크게 들이쉬고, '삐그덕~' 총포사 문을 열고 들어가자 어떤 아저씨가 심드렁한 얼굴로 저를 쳐다보시더라고요. 저는 비장하게 말했죠. "아저씨, 총 (여기서 한 숨 쉬고) 주세요." 그 아저씨는 '얘 뭐야?' 하는 얼굴로 저한테 물으셨죠. "아가씨 면허 있어요?" 그러니까 이 총포사는 국가에서 발급하는 총기소지 면허를 가진 사람들에게 멧돼지나 까치 같은 짐승을 사냥할 때 쓰는 총을 파는 곳이었던 거예요. 그런데 저는 아저씨가 왜 나한테 면허가 있냐고 묻는지 그 이유를 전혀 몰랐죠. 그래서 짜증나는 목소리로 "아가씨 면허 있냐고!" 하고 물으시는 아저씨께 이렇게 말했습니다.

"…… 저 운전 못하는데요."

결국 그 오빠는 못 죽였습니다. 달리 어떤 방법으로 죽여야 할지 모르겠더라고요. 그 인간을 못 죽인 내 자신을 원망하며 좌절감과 인생의 비애로 하루하루를 버티고 있을 때 우연히 최승자 시인의 〈고요한 사막의 나라〉라는 시에서 이런 구절을 발견하게 됩니다.

애인은 비명횡사한다. 개새끼, 잘 죽었다. 너 죽을 줄 내 알았다.

캬~ 너무 멋지지 않습니까? 저는 이 글을 읽는 것만으로도 제 상처가 절반은 치유되는 것 같았습니다. 우와~ 나만 이렇게 생각하는 건 아니구나. 그래, 나쁜 놈들은 언젠가는 죽게 되어있어. 저 인간도 나한테 그렇게 나쁜 짓을 했으니 반드시 비명횡사할 것이다! 하면서 말이죠. 결론부터 말하면 그 오빠는 죽기는커녕 졸업하고 돈 많은 집 딸과 결혼했습니다. 그러니까 인생이, 뭐 그렇게 내 맘대로 되는 건 아니죠. 그래도 저 시구가 그때의 저에게 얼마나 큰 위로가 되었는지 모릅니다.

우리는 흔히 시가 '송알송알 은구슬 조롱조롱 옥구슬' 같은 아름다운 시어로만 이루어져야 한다고 생각하는 강박이 있습니다. 그래서 아이들의 시에서 펄떡펄떡 살아 숨 쉬는 문장을 발견하면 조언하지

요. "이런 말, 시에 쓰면 안 되지. 다른 예쁜 말로 고쳐." 하지만 살아 숨 쉬지 않는 말들은 죽은 말입니다. 사실 나뭇잎에서 은구슬, 옥구슬을 발견하는 애가 어디 있습니까?(저 이 동요 좋아합니다. 단지 애들은 이렇게 안 쓴다는 거죠.)

'좋은 시'란 어떤 시일까요? 그래요. 좋은 시란 '감동적인 시'입니다. 그렇다면 '감동적'이라는 건 어떤 걸까요? 눈물을 펑펑 흘리게 하는 것? 사실 이런 글은 천만 개 중에 한 개 있을까 말까입니다. 우리가 아이들에게 바라는 감동적인 글은 '아, 정말 이랬겠구나. 정말 이렇게 슬펐겠다. 정말 이렇게 재미났겠다.' 공감이 가는 글입니다. 아이의 상상력이 우스워서 큭 웃음이 나기만 해도 좋은 시지요. 글은 내 경험에서 나온, 진짜 내 생각일 때 가장 좋은 글입니다. 아이에게 좋은 시를 쓰게 해주세요. 어떻게 이런 글을 쓰게 할 수 있냐고요?

자, 그럼 시의 세계로 빠져볼까요?

① 상투성을 집어던져

가을

가을
들판에 고추잠자리 날아다니고
추수가 한창인 가을

하늘은 높고 푸르기에

마음이 넉넉해지는 가을

마음이 풍요로워지는 가을

학교는 참 고맙지요

우리에게 공부를 가르쳐주니까요

그리고 친구를 만나게 해주니까요

우리에게 놀 운동장도 주는

참 고마운 우리 학교

우리는 이 시를 읽고 감동받지 않습니다. 왜냐? 어디선가 많이 본 듯한 글이니까요. '학교'라는 시를 쓴 아이가 학교를 가면서 "야, 정말 학교 고맙다."라고 생각하고 쓴 것 아닙니다. 그냥 무난하게 쓰려다 보니, 학교가 고맙다고 쓰면 착한 아이처럼 보일 것 같아서 쓴 거지요. 대상에 대한 관심과 관찰 없이, 즉 아무 애정 없이 그냥 엄마가 쓰라니까 쓴 겁니다. 그런데 말이죠. 아이들이 위의 글과 비슷한 동시를 쓰면 엄마들이 "잘 썼네. 그만하면 됐다. 숙제로 내라."라고 말한다는 겁니다. 그러면 아이들은 '이 정도면 잘 쓴 거구나. 계속 이렇게 쓰면

되겠다.' 하고 다음에도 그다음에도 계속 저런 글만 쓴다는 데 문제가 있습니다. 아이가 이런 글을 쓰면 얘기해주셔야 합니다. "정말 가을이 되니까 네 가슴이 풍요로워지니? 정말 놀고 들어와서 손 씻을 때 물이 고맙디? 정말 그렇게 느낀 게 아니라면 그렇게 쓰면 안 돼." 그래야 아이가 '그럼 어떻게 써야 한단 말인가?'를 고민하게 됩니다.

숙제

6학년 배상현

숙제 하는데
잠이 사르르 온다.
죽겠다
잠 귀신이 눈꺼풀을 누른다.
현아……
잠자라
편안한 게 그만이다
살살 날 꼬신다.
나는 귀신한테 꼬시켜서
눈을 감았다
딱 일분만 자야지
숙제 귀신이

발바닥을 간지랜다.

엄마야 숙제,

숙제해야 된다.

그러면서도

공책에 침까지 흘리면서

택 곤들어졌다.

두 손

7살 이월아

우리는 어른들한테 뭐 줄 때

두 손으로 주는데

왜 엄마는 나한테 던져?

엄마도 우리한테 뭐 줄 때

이리 와서 두 손으로 줘

상투성을 집어던진 시, 간단하지만 아이의 생각이 고스란히 묻어나오는 시, 내 경험에서 나온 시, 내가 팍! 느끼고 쓴 시, 이런 시가 좋은 시입니다. 이런 시만이 감동을 줄 수 있습니다.

② 척하지 말아야

　그리운 척, 외로운 척, 나 혼자 아름다운 것을 본 척, 마음이 안 아
픈데 아픈 척, 눈물이 안 나오는데 우는 척, 낭만적인 척, 유식한 척하
고 싶은 유혹에 우리는 늘 흔들립니다. 이제 막 자아가 형성되기 시작
하는 4학년쯤의 아이들의 경우에는 무엇인가 남에게 멋져 보이고 싶
은 자아가 커지는 때라 이러한 경향이 더 심하지요. 그러나 '척'하는
글, 특히 존재의 이유를 알 수 없는 비유하는 말, 꾸미는 말이 덕지덕
지 붙은 글은 어느 누구에게도, 심지어 자기 자신에게도 감동을 주지
못합니다. 글을 읽는 사람도 '척'은 금세 알아볼 수 있기 때문입니다.
아이가 거짓으로 감정을 과잉해서 글을 쓰면, 이건 네 진짜 감정이 아
니고 이렇게 쓰는 것은 그 누구에게도 감동을 주지 못하며 특히 이런
글을 잘 쓴 글이 아니라고(솔직히 말해서 아주 못쓴 글이지요.) 말해주세
요. 이런 문장들이 우글우글한 글은, 흡사 안 어울리는 귀고리와 목걸
이가 주렁주렁한 것 같이 촌스럽습니다. 이런 단어가 보일 때에는 과
감하게 잘라내세요. 아이에게 담백하고 솔직한 것만이 글을 살리는
가장 좋은 방법이라는 것을 말해주세요.

고해

어두웠던 지난날이
무심히 떠오르면

나는 밤새 흐느끼다가

내 앞의 삶의 무게에

무릎을 꿇는다.

진정, 돌아갈 수는 없을까?

허무의 끝자락에서

절망의 나락을 붙잡고

경건의 폐부를 여민다.

도대체 이게 무슨 말입니까? 뭔가 후회할 일을 하긴 했나본데, 정말 뭔가를 절절하게 후회하는 사람이라면 시, 이렇게 안 씁니다. 정말 밤새 울었으면 '밤새 흐느꼈다'라고 못 씁니다. 이 시가 아무 감동도 못 주는 이유는 울지도 않았으면서 이렇게 쓰면 멋져 보일 것 같아서 썼기 때문입니다. 이런 글은 아무에게도 감동을 못 줍니다. 글을 쓰는 목적이 뭡니까? 쓰는 사람은 창작의 기쁨을 맛보며 보람 있고, 읽는 사람은 공감하며 재미있어야 하는 거 아닙니까? 이런 글은 둘 다 안 됩니다. 쓰는 사람 괴롭고 읽는 사람 지루합니다. 존재의 이유가 없는 글이지요.

내 동생

6학년 주동민

내 동생은 2학년

구구단을 못 외워서

내가 2학년 교실에 끌려갔다

2학년 아이들이 보는데

내 동생 선생님이

"야, 니 동생 구구단 좀 외우게 해라."

나는 숨고 싶어

고개를 숙였다

2학년 교실을 나와

동생에게

"야, 니 집에 가서 모르는 거 있으면 물어봐."

동생은 한숨을 푸우 쉬고

교실로 들어갔다

집에 가니

밖에서 동생이 웃으며 놀고 있었다.

나는 아무 말도 안 했다

밥 먹고 자길래

이불을 덮어주었다

척하지 않고, 부끄러운 일을 담담히 눌러 써도 동생을 사랑하는 마음이 많이 느껴지지요? 아이에게, 글이란 멋져 보여야 하는 게 아니라 자신의 목소리에 충실해야 하는 것이라고 반복해서 알려주세요.

③ 입말이 살아나도록

김용택

환장하것네 환장하것어

아, 농사는 우리가 쌔빠지게 짓고

쌀금은 지들이 앉아 올리고 내리면서

(중간 생략)

풍년 잔치도 저그들이 먼저 지랄이니

(후략)

김용택 시인이 어떤 촌부의 입을 통해 들은 이야기를 시로 만드신 게 아닌가 하는 생각이 들 정도로 입말이 살아있는 시지요? 입말을 살려 글을 쓰니 그냥 설명하는 것보다 훨씬 더 농촌의 현실이 뼈저리게 느껴지네요. 시 속의 농부는 이 나라 쌀값정책이 얼마나 어이없고 억울하겠습니까? 그 심정이 이해가 가고도 남습니다.

이렇듯 이 시가 울림이 큰 것은 입말이 잘 살아서 그런 것이지요.

치마

6살 김보경

엄마, 나 치마 입을 거야

무슨 치마를 입어 오늘 추워서 안 돼

싫어 소현이도 치마 입었어

안 돼 추워서

싫어 입을 거야 입을 거야 입을 거야

그래 입어 입고 나가서 얼어 죽어

싫어 안 죽을 거야

이제 치마 입었으니까 밖에 나가 놀아

싫어 집에서 놀 거야

앗! 저는 이 시, 제 딸이 쓴 것인 줄 알았습니다. 이 엄마의 뒤집히는 속이 완벽히 이해가는, 다른 엄마들한테 공감 팍! 주는 글. 얼마나 잘 썼습니까? 아이가 자신의 목소리와 말투를 정제하지 않고 그대로 사용하도록 해주세요. 아이가 어리다면 아이가 하는 말을 엄마가 받아 적어서 그대로 시로 만들어주셔도 됩니다. 아이가 자신이 한 이야기가 그대로 시가 된다는 것을 알게 되면 시 쓰기를 훨씬 쉽게 받아들이지요. 아이의 말이 살아있는 글이 진짜 좋은 글입니다.

할머니

4학년 박언주

우리 할매는 날마다

팔다리가 아플 때면

죽고 싶다 한다.

내가 장가가서

아이 놓을 때까지

살아라. 하면

"그때까지 살아가 뭐하노

늙으면 움직이지도 못하고

누워가 있는데

빨리빨리 죽어야지

언주야, 내 죽으마

난중에 우리 천국에서 만나자. 응?” 이런다.

나는 씨익 웃지만

속으로 눈물이 날라 한다.

할매

내 장가 갈 때까지 만이라도

진짜 꼭 살아도

아프지 말고

울지도 말고

    할머니가 하시는 한 말씀만 봐도 할머니가 어떤 분인지 알 것 같습니다. 아이가 하는 말 한마디만 봐도 무뚝뚝한 경상도 남자아이의 할머니에 대한 애정이 다 보이네요. 입말은 그 사람을 그대로 보여줍니다. 우리 아이 글이 우리 아이답기를 원하신다면 입말, 글에서 그대로 살려주세요.

④ 단순하고 엉뚱한 상상력이 결국 시를 살린다

내 자지

1학년 성진원

오줌이 누고 싶어

변소에 갔더니

해바라기가

내 자지를 볼라고 한다.

나는 안 비줬다.

튀겨질 뻔 했어요

7살 김진혁

우리 아빠 큰 일 날 뻔 했어요.

아빠가 드라이기 쓰다가

'퍽' 하고 연기 났는데요.

우리 아빠요

튀겨질 뻔 했어요.

아이의 글이 반짝! 하고 빛나는 순간은 이렇게 아이의 상상력이 탁

튀어 오르는 순간입니다. 아이의 나이가 어릴수록 더 자주 이런 상상력을 보여주지요. 고학년 아이들에게 시 쓰기를 지도하는데 어찌나 뻔한 글만 쓰는지, "니들은 이제 시를 쓰기에는 너무 늙었나봐."라고 얘기하고 같이 웃은 적이 있는데, 아이가 너무 늙어버리기 전에! 이런 재미난 글을 쓰도록 지도해주시고, 아이가 자기만의 상상력을 보여주면 하여간 할 수 있는 감탄사는 다 동원해서 칭찬해주세요. "끼야~ 뜨아~ 꺅~ 세상에~" 아이가 자신의 상상력 풍성한 표현에 자신감을 가질 수 있도록 말이죠.

⑤끊임없이 첨삭하라

아이들의 글이 발전하는 순간은 글을 쓰는 순간이 아닙니다. 글은 감각으로 쓰는 것이니까 글을 쓰는 순간은 감각이 발전하는 시간이지요. 정작 글 솜씨가 늘어나는 순간은 자신의 글을 퇴고하는 때입니다. 자신이 쓴 글을 다시 읽어보고, 자신의 유치함을 한탄하면서 안 유치하게 바꿔보고 더 진정성이 담긴 글을 쓰기 위해 안간힘을 쓰는 그 순간이 글이 일취월장하는 순간입니다. 그러므로 시를 쓴 후에는 "다 썼다!" 하고 집어던질 것이 아니라 반드시 다시 읽어보고 자신의 글을 첨삭하게 해주셔야 하는데요. 시를 첨삭할 때는 빼도 상관없는 조사나 필요 없는 어미는 떼어내게 해주시고 연과 행을 의미 있게 나누는 것, 운율이나 반복을 살리는 것을 열심히 연습하게 하세요. 특히 같은 단어라도 더욱 참신한 느낌을 주는 단어는 없을까? 고민하게 해주세요.

울 엄마

중1 홍성민

오늘도 하루가 시작되고 있다.

이른 아침부터 설거지 하시는 우리 엄마

어쩌다 설거지 하는

달그락 달그락 소리에

잠을 깨곤 한다.

잠이 깨어 식당 주방에 나가보면

어젯밤 손님이 많이 와 밀쳐둔 그릇

수저 김치 쪼가리, 돼지 뼈다귀들

엄마는 허리를 굽히고 찬물에 설거지를 하신다.

손님이 많이 오면 좋기야 좋지만,

아이고 이놈의 설거지. 한숨을 쉬신다.

이곳저곳을 청소하시는 엄마

참 딱하다고 생각하곤 한다.

설거지는 못할망정

식탁이라도 닦아드리고 싶다.

그럴 때마다 엄마는 들어가서

더 자라고 하신다.

엄마, 공부는 못하더라도

말썽부리지 않는 자식이 될게요.

⇓

이른 아침부터 설거지 하시는 엄마

달그락 소리에

잠이 깬다.

어젯밤 손님들이 밀쳐 둔 그릇, 수저,

김치 쪼가리, 돼지 뼈다귀들

손님이 많이 오면 좋기야 하지만

이놈의 설거지…… 한숨 쉬시는 엄마.

설거지는 못할망정

식탁이라도 닦아드리고 싶은데

그럴 때마다 엄마는

들어가서 더 자라고 하신다.

엄마, 말썽부리지 않고

효도하는 자식이 될게요.

글이 많이 슬림해졌는데도 뜻은 같죠? 그 말은 처음 글이 불필요한 말을 많이 포함하고 있었다는 뜻이 됩니다. 불필요한 말을 떼어내고 정제된 단어로만 이루어져야 좋은 시입니다. 아이가 자신의 시에서 불필요한 표현들을 떼어내고 단어 하나를 고르는 데에도 고심할 때, 그때 아이의 글이 일취월장합니다.

김소월의 〈진달래 꽃〉도 우리가 알고 있는 시와 처음 개벽에 발표했던 시는 사뭇 다릅니다. 처음 발표하고 나서 3년 뒤 다시 발표한 시가 우리가 알고 있는 〈진달래 꽃〉이지요. 김소월도 시 한 편을 3년간 첨삭했고, 헤밍웨이도 《노인과 바다》를 2천 번 고쳤다는데 우리가 무슨 하늘이 내린 시인이라고 첨삭 없이 글을 쓰겠습니까? 아이가 글을 잘 쓰길 바란다면 아이에게 첨삭의 이러한 취지를 설명해주시고 자신의 글을 다시 바라볼 수 있도록 해주셔야 합니다.

단, 저학년 아이들에게는 첨삭을 권하지 않습니다. 자신의 글을 더 좋게 고쳐보려는 의지가 있고, 자신의 글을 객관적으로 바라볼 수 있는 고학년 아이들에게 첨삭을 권합니다.

시를 다 쓰고 나서 확인할 것들

- 솔직하고 꾸밈없이 썼는가? (진솔성)

- 불필요한 말은 없는가? (간결성)

- 더 써넣어야 할 말은 없는가? (가감성)

- 어디서 보고 쓴 것, 어디서 본 듯한 글은 아닌가? (정직성)

- 입말이나 의성어 의태어가 잘 살아있는가? (생동감)

- 중심 생각이 잘 드러나는가? (주제)

- 자기만의 목소리가 있는가? (독창성)

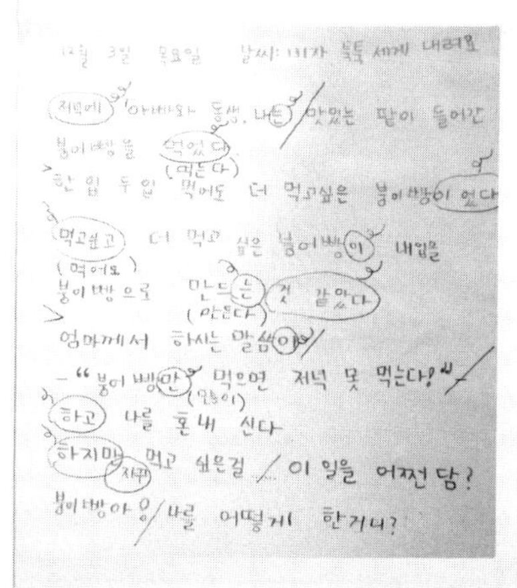

아이가 쓴 줄글에서 중요하지 않은 단어를 하나씩 지우세요(아이 스스로 하는 게 가장 좋습니다).

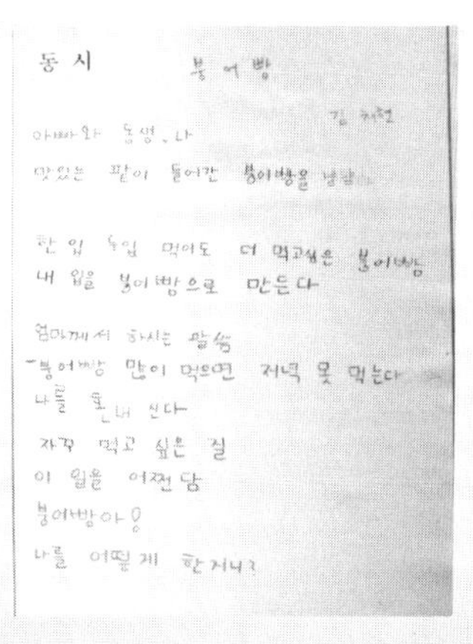

꼭 필요한 말을 남겨서 싹~ 건져 올리면 그대로 시가 됩니다.

시 쓰기, 이렇게 하니 너무 쉬워요!

① 옛날 일기장을 뒤져 재미있는 (날짜의) 일기를 하나 고릅니다. 그 일기에서 필요 없는 말을 모두 지워나갑니다. '필요 없는'의 기준은, 뺐더니 말이 연결이 되면 필요 없는 겁니다. 그러니까 '이 문장을 뺐더니 전혀 글이 연결이 안된다.' 하면 넣어야 하고 '이 문장을 빼도 내용상의 문제가 없네.' 하면 빼면 되는 겁니다. 이런 기준으로 하나씩 문장을 지워가세요. ~했다. 같은 어미도 지워주세요. 이렇게 다 지우고 남은 문장만 싹 건져서 하얀 종이에 적어봅시다.

시 완성!

자신의 일상에서 건져 올린 시이므로 그 어떤 시보다 생동감 넘치지요.

② 사실 유행가 가사는 시대를 반영하는 시입니다. 자신이 좋아하는 유행가 가사를 적어놓고 이 가사를 내 입장에서, 내 처지에 맞게 바꿔보는 겁니다. 모방이 창의력을 만났을 때 예술이 됩니다. 인터넷에서 아이가 좋아하는 노래 가사를 출력해서 고쳐보게 하세요.

기존의 시에 단어만 바꿔도 나만의 시가 됩니다. 단어만 바꾸니 연과 행을 나눌 부담도 없고, 써놓고 나면 실로 그럴듯하지요. 단, 누구의 시로 내 시를 만들었는지는 반드시 밝혀야합니다.

부모님전상서

임지원

나 보기가 역겨워

가실 때에는

말없이 고이 보내 드리오리다.

중간고사 시험지

기말고사 성적표

아름 따다 가실 길에 뿌리오리다.

가시는 걸음걸음

놓인 열받음

사뿐히 즈려 밟고 가시옵소서.

나보기가 역겨워

가실 때에는

용돈 좀 잔뜩 주고 가시옵소서.

(김소월 시인의 진달래 꽃〉을 고쳐봤습니다.)

시 쓰기, 이렇게 하면 안 돼요!

'모방시는 얼마든지 괜찮지만 표절시는 안 된다.'라고 확실하게 말씀해주셔야 합니다. 모방시라는 것은 시의 원본이 누구의 글인지를 밝히고 그 시를 내 생각대로 고치는 것이지요. 모방시를 쓸 때는 원래 글의 작가가 누군지 확실히 밝힙니다. 표절시는 좋은 시를 내 것인 것처럼 조금만 바꿔서 쓰는 것입니다. 작가를 밝히지 않지요. 이것은 도둑질입니다. 빅뱅이 이문세의 〈붉은 노을〉을 빌려다 쓴 〈붉은 노을〉이라는 신곡을 발표하고 대박이 났지요. 이것은 얼마든지 괜찮습니다. 이문세의 〈붉은 노을〉을 모티브로 쓴 곡이라는 것을 만천하에 밝혔으니까요. 그러나 남의 노래를 자신이 쓴 것처럼 표절하여 이효리에게 곡을 준 작곡가가 실형을 선고받는 것 보셨지요? 이것은 범죄입니다. 아이가 다른 친구의 글을 자신이 쓴 것처럼 이야기할 때는 '지적 정직성'을 가진다는 것이 얼마나 중요한지 모르고 하는 행동일 확률이 높으므로 무조건 야단치시기보다는 '이건 분명히 도둑질이므로 하면 안 된다.'라고 명확히 해주셔야 합니다. 특히 동시집에서 베낀 글을 가지고 자신이 쓴 것처럼 칭찬을 받은 경우는 상태가 매우 심각해집니다. 일단 자신이 쓰지 않은 글로 칭찬을 받으면, 칭찬받은 대상(엄마나 선생님)을 실망시키기 싫어 다음에는 더욱 교묘하게 표절을 합니다. 다른 어린이가 쓴 동시집을 몰래 빌려다가 베끼고 나서 자신이 쓴 것이라고 천연덕스럽게 거짓말을 하게 되지요. 어릴 때 이런 경험을 해서 상을 받는다거나(실제로 이런 일이 종종 있습니다. 상을 주시는 선생님이 세상에 존재하는 모든 시를 알 수는 없으니까요) 성취감을 느껴본 아이는 일생 이런 도덕적 결함을 가지고 살아가게 됩니다. 죽을 때까지 자신의 힘으로는 글을 못 쓰는 아이가 되지요. 이건 아이에게 더할 수 없이 치명적 결함입니다. 이런 아이들이 나중에 대학교 졸업논문 표절하고 박사논문까지 표절하는 것이지요. 아이가 절대로 표절시를 쓰지 않도록 해주셔야 합니다. 어떻게 하느냐고요? 방법은 간단해요. 엄마랑 같이 쓰면 되지요. 엄마와 같이 글감을 고르고, 같이 쓰는 과정을 거치고, 같이 첨삭하다 보면 시 쓰기에 재미도 느끼고, 자신의 힘으로 쓰는 내공도 생기지요.

참, 아이가 시를 완성하고 나면 커다랗게 쓰게 하셔서 냉장고에 팍! 붙여주시고, 옆집 아줌마 놀러오면 자랑도 화끈하게 한 번 해주세요(반드시 아이가 있을 때, 아이가 들을 때!). 그림만 작품입니까? 시는 진짜 예술작품입니다.

5학년 아이들은
어떤 특징을 가지고 있을까요?

5학년 정도가 되면 성장이 느린 아이들도 신체적인 변화를 감지합니다. 여자아이들의 경우에는 가슴이 자라고 남자아이들은 몽정을 경험하지요. 아이는 자신의 성(性)에 깊은 관심을 가지게 됩니다. 실제로 이 시기는 프로이드가 말하는 생식기가 시작되는 시기로 이제까지 잠복해있던 성에 대한 관심이 수면 위로 쭉 올라옵니다. 그래서 이 시기의 아이들 대부분이 음란물을 접하게 되지요. 다양한 경로로 음란물

을 접한 아이는 성에 대해 왜곡된 시각을 가질 수 있습니다(우리 집은 성인물을 보지 못하게 해 놨으니 마음 놓고 계신가요? 컴퓨터는 우리 집에만 있는 게 아닙니다). 그러니 성에 대한 잘못된 시각을 가지지 않도록 부모님이-아들은 아빠가, 딸은 엄마가-성교육을 시켜주시고(요즘은 좋은 성교육 책들이 시중에 많이 나와 있답니다) 성에 관한 건전한 관심을 가질 수 있도록 신체활동을 왕성하게 시켜주세요(운동을 열심히 하면 성에 대한 왜곡된 관심이 현저히 사라집니다).

이 시기에는 이성 친구를 사귀는 아이들이 부쩍 늘어납니다. 몸에서 호르몬이 왕성하게 분비되니 이성에 대한 관심이 증폭되면서 벌어지는 현상이지요. 저도 5학년 때 학교에 좋아하는 남자아이가 있었습니다. 그 시절에는 쪽지나 주고받는 수준이었지만, 요즘 아이들은 인터넷이나 방송매체의 영향으로 더 적극적으로 어른 흉내를 냅니다. 커플링도 해서 끼고, '너는 내꺼!'라는 표현도 서슴지 않지요. 우리 아이가 이성 친구와 주고받은 노골적인 문자 메시지를 발견하면 엄마는 '수렁에 빠진 자식' 때문에 가슴이 철렁해지지만, 아이들은 역시 아이들이라 이런 관계는 3~4개월을 넘기지 않습니다. 뉴스에서 언급되는 나쁜 상황은 극히 일부의 이야기이고, 대부분은 3~4개월 이내에 싫증 나는 관계지요. 너무 밤늦게 돌아다닌다거나 눈에 띄게 특별한 변화가 생긴 게 아니라면 모른 척 넘어가셔도 됩니다. 오히려 아이의 감정을 무시하고 그 애와 헤어지라고 종용하게 되면 '고난과 역경 속에서 불타오르는 사랑'의 부작용이 생길 수 있답니다.

5학년 우리 아이,
어떻게 도와줄까요?

가끔 저학년 아이 엄마들이 오셔서 이런 질문을 하십니다. "선생님, 우리 아이는 너무 숫기도 없고, 앞에 나가서 자기 주장을 잘 못하는데 토론수업을 좀 해야 하지 않을까요? 토론 수업 잘하는 학원 좀 추천해주세요." 하지만 저학년은 토론을 할 수 있는 나이가 아닙니다. 토론이라는 것은 1. 상대방의 의견을 듣고, 2. 상대방의 의견에서 잘못 주장되고 있는 부분을 찾아서 3. 그 부분을 지적하고 4. 이에 대한 내 의견을 이야기하는 시간입니다. 5. 내 의견을 들은 상대방이 내 주장의 문제점을 지적하면 6. 그 부분에 대해 다시 생각해본 후 변론하고 7. 자신의 의견을 더욱 공고히 해가는 과정이지요. 서로 마주 보고 앉아 생각나는 대로 말하는 것은 잡담이지 토론이 아닙니다. 그런데 저학년에 토론 수업을 시작한 아이는 자신이 무엇을 주장해야 하는지 모를 뿐만 아니라 저 사람의 의견에서 어떤 부분을 지적해야 하는지 역시 모릅니다. 아이가 토론 수업시간에 어리둥절하고 있게 되지요. 그러면 자신의 말에 자신감이 더욱 떨어지고 아이는 점점 더 위축됩니다. 발표력을 향상시키려고 토론수업에 갔다가 토론을 절대 할 수 없는 아이로 만들기 십상입니다. 그래서 저는 저학년 때에는 토론수업을 권하지 않습니다. 하지만 5학년 정도 된 아이들은 적합한 주장이 어떤 것인지, 적절한 근거가 어떤 것인지에 대해 개념을 가지고 있

지요. 그래서 토론 수업은 5~6학년 이상은 되어야 시작할 수 있습니다. 이 시기는 자기 주장이 강해지는 시기이므로 토론을 통해 다른 사람의 이야기를 듣고, 나의 의견을 내세우는 훈련이 필요하기도 하고요. 그렇다고 5학년이 모두 토론수업을 할 수 있는 것은 아닙니다. 아직도 자신의 주장을 사람들 앞에서 발표하는 것에 어려움을 느끼거나 자신의 주장이 확실히 무엇인지 모르겠다고 하는 아이들은 다그치지 마시고 좀 더 기다려주세요. 5학년 중에서 자신의 주장이 확실하고, 다른 사람과 논쟁하는 것을 즐기는 아이들, 어떤 주장에 대해 다양한 의견을 듣고자 하는 호기심이 있는 아이들은 토론수업을 할 준비가 된 아이들입니다. 토론을 통해 부쩍 성장하는 아이로 만들어주세요.

5학년에는 사회에 대한, 자신을 둘러싸고 있는 환경에 대한, 객관적인 인식과 평가를 할 수 있는 능력이 필요합니다. 어떤 문제에 대해 환상도 떼어내고, 무조건적인 고집과 아집도 떼어내고, 좀 더 객관적인 시각으로 이를 바라보고 평가하는 능력을 교과 과정에서 꾸준히 원합니다. 대상을 관찰하여 쓰기, 신문 만들기, 사실과 의견을 구분해서 쓰기처럼 5학년에게 객관적인 글쓰기를 집중적으로 가르치는 이유도 그 때문이지요. 그러므로 이 시기의 아이가 어떤 주장을 할 때에는 이것이 불평에 머무르지 않고 생산적인 고민과 연결될 수 있도록 도와주셔야 합니다. "그럼 네가 제시하는 좋은 해결책은 어떤 거야? 너라면 어떻게 이 문제를 해결하겠어?" 하는 질문을 통해 아이 스스로 상황에 맞는 결론을 찾아내도록 질문해주세요.

　12세는 피아제가 말한 형식적 조작기에 해당하는 시기입니다. 이 시기의 아이들은 '사고가 직접적인 경험으로부터 분리되어 가설형성이 가능'해지지요. 이게 무슨 말인가 하면요. 12세 이전의 아이들은 '기쁘고, 슬프고, 즐겁고, 속상하고, 뿌듯하고, 미안하고, 맛있고, 맛없고' 하는 수많은 느낌들을 자신이 직접경험하면서 세상을 배웁니다. 자신이 직접경험하지 않은 세상은 어떤 것인지 잘 몰라요. 설마 그럴리가요, 하시나요? 사실입니다. 그래서 초등 저학년 시기의 아이들에게 체험학습이 중요하다고 하는 거지요. 그러나 12세 이후가 되면 아이는 직접경험에 의하지 않고 단지 책에서 읽은 내용만을 통해서도 다른 세상이 있다는 걸 알게 되고 이해하게 됩니다. 1~2학년 때에는 황순원의 〈소나기〉를 읽어도 남자아이가 왜 여자아이를 업어주는지 이해하지 못합니다. 자기가 그런 경험이 없으니까요. 그러나 5~6학년 정도 되면 자신이 그런 경험이 없더라도 이 남자아이의 마음을 어렴풋하게 알게 되지요. 그래서 중학교 때 교과서에서 이 소설을 읽으면 가슴이 아려오는 것입니다. 즉 모든 걸 직접 손으로 만져보고 눈으로 관찰해야만 이해했던 시기에서, 단지 설명만 들어도 상황을 이해하고 여기에 자신이 이미 알고 있는 사실을 더해 사고를 업그레이드 시키는 시기가 된 것이지요. 간단하게 말해서 애들이 쑥 컸다는 얘깁니다.

　이러한 능력을 가지기 시작한 아이들은 더 많은 지적 정보를 원합니다. 이 시기에 매우 정확하고 적절한 정보가 제공되어야 하는 것은

자연스러운 것이겠지요? 그래서 이 시기가 아이들이 진짜 책을 많이 읽어야 하는 시기이고, 이 시기가 설명문을 읽고 쓰는 훈련이 필요한 시간입니다.

다양하고 재미있는 책을 읽고, 이것에서 많은 정보를 취득하고, 자신이 이미 알고 있는 정보에 이것을 더하여 자신의 것으로 만드는 일이 선행되어야 하지요. 이것과 병행하여 매우 객관적으로 글을 쓰는 방법인 설명문에 과감히 도전해봐야 합니다. 설명문을 쓰면서 자신의 글에서 미성숙한 고집을 떼어내고, 객관성을 가진 하나의 글로 완성되는 과정도 살펴보고, 다 쓴 후에는 자신의 글을 엄마와 같이 읽어보고 미흡한 부분을 더 첨삭하는 훈련을 꾸준히 하게 되면 아이의 글쓰기 능력, 허들 뛰어넘듯이 껑충껑충 나아가지요.

설명문이란 어떤 글인가요?

우리는 살아가면서 수많은 설명문을 만납니다. 일기 쓰기 부분에서도 이야기했지만 라면 뒷부분에 있는 '라면 맛있게 끓이는 방법'도 설명문이고 오늘 펼쳐 본 요리책도 설명문이며 레고조립 과정이 쓰여있는 설명서나 종합 감기약을 사면 들어있는 복용설명서도 설명문으로 구성되어 있습니다. 이 글들은 모두 읽는 사람에게 어떤 내용을 이해시키기 위해 쓴 글입니다. 그러므로 설명문은 아주 쉽고 친절해야 합니다. 다른 사람에게 설명해주는 글인데 어려우면 다른 사람이 알 수가 있겠습니까? 그러니까 설명문이란 자신이 알고 있는 것이나 자신의 생각을 다른 사람들이 알기 쉽게 설명해주는 것이라고 아이한테 말해주세요. 자, 처음에 우리는 우리의 생각을 다른 사람이 알기 쉽도록 풀어쓰기만 하면 됩니다. 예를 들면 이런 것이지요.

- 내가 잘 아는 사람을 소개한다(친구, 가족이나 특별히 내가 좋아하는 위인 등).
- 내가 잘 아는 ○○하는 법을 설명한다(프라모델 만드는 방법, 맛있게 라면 끓이는 방법, 화분 키우기, 애완동물 키우기 등).
- 내가 잘 아는 놀이를 설명한다(딱지 잘 넘기기, 공기 잘하는 방법 등).
- 내가 잘 아는 학습법을 소개한다(스케치 잘하는 방법, 사회과목 잘 외우는 방법, 훌라후프 잘 돌리는 방법, 줄넘기 2단 뛰기 한 번에 성공하는 방법 등).

이런 글을 쓸 때에는 읽는 대상이 누구인지, 무슨 목적으로 쓰는지 명확해야 합니다. 친구들에게 레고 만드는 법을 설명하는 글과 레고 고수들에게 알리기 위해 블로그에 올리는 글은 그 수준 차이가 나야 할 테니까요. 일단 쓰고자 하는 글의 대상과 목적이 정해졌다면 무엇을 쓸지를 결정해야겠지요? 다음과 같은 기준으로 쓸 내용을 정합니다.

- 남들은 잘 모르는데 자기는 잘 알고 있는 것

- 잘 알고 있어서 자세하고 정확하게 쓸 자신이 있는 것

- 남들에게 알릴 만한 가치가 있는 것

자, 이런 것이 있다면 글을 쓰는 일은 식은 죽 먹기겠지요?

설명문을 쓰려고 관심도 없는 내용을 인터넷에서 조사한 후에 그 내용으로 글을 쓰면 절대 좋은 글이 될 수 없습니다. 인터넷에 나오는 내용은 누구나 접근할 수 있는 글이므로 전문성이 떨어지지요. 남들 다 알고 있는 내용을 적는 것이 무슨 의미가 있습니까? 처음부터 아이가 관심이 없었으니 자세하게 적을 리도 없고요. 이런 글은 쓰는 사람 맥 빠지고, 읽는 사람 지루합니다. 설명문을 쓰려고 할 때는 아이가 가장 흥미 있어하는 주제로 시작하세요.

이렇게 아이가 관심 있는 분야에서 시작한 설명문은 학년이 높아지면서 점차 보고서 형식을 띠게 됩니다. 보고서는 설명문의 일종으로 아이가 자라면서 가장 많이 읽게 되는 글이 될 겁니다. 회사, 관공서, 군대, 대학교에서 이루어지는 수많은 글들과 프레젠테이션 자료들이 다 보고서일 테니까요. 그만큼 일반적인 글이니 미리 익혀둘 필요가 있지요. 보고서는 설명문이 한발 진전 된 형태로, 단순히 알고 있는 것을 쓰는 것에서 벗어나 자신이 관심 있는 주제나 소재에 대해 적극적으로 조사하고, 인터뷰하고, 자료를 모으고, 관찰하고 나서 쓰는 글입니다. 교과서에 조를 짜서 이러한 보고서를 쓰는 과제가 자주 나

옵니다만 아이 학원에 늦는다고 엄마들한테 전화 올까 봐 선생님들이 잘 안하시더라고요.

처음에는 단순히 자신이 알고 있는 것을 쓰는 간단한 설명문에서 어떤 형식을 갖춘 보고서 형식으로 아이의 글이 발전하도록 도와주세요. 방학을 이용해 평소에 알고 싶었던 어려운 주제를 조사해보고 보고서를 만드는 것도 좋은 방법입니다.

① 설명문의 효과

설명문을 지도하는 이유는, 아이 자신이 알고 있는 내용을 잘 요약하고 정리하는 힘을 키우게 하기 위해서입니다. 아이는 설명문을 쓰면서 자신이 막연히 알고 있었던 내용을 확실하게 정리하게 되고 이 내용을 자신의 것으로 만듭니다. 이렇게 설명문을 적으면서 자신이 부족하다고 생각하는 부분은 자료를 찾아서 첨부하기도 하고, 이를 통해 자신의 지식을 더욱 공고히 하게 되지요. 초등 고학년 시기는 많은 자료와 정보를 접해서 이것을 자신의 것으로 만들어가야만 하는 시기입니다. 또한 다른 사람이 쓴 비슷한 종류의 글을 읽으면서 자신이 알고 있던 내용을 분석하고 종합하는 힘도 길러야 하지요.

설명문은 논설문을 쓰기 위한 준비단계입니다. 우리가 어떤 주장을 하려고 합니다. 예를 들면 '독도는 우리 땅!'임을 주장하려 한다고 가정해볼게요. 그러면 무조건 큰 목소리로 "독도는 우리 땅이다! 무조건 우리 땅이다!" 외치면 누가 들어줍니까? "그게 왜 네 땅인데? 무

슨 근거로?"라고 누군가 묻는다면 어떻게 해야 할까요? 누군가가 우리의 목소리를 듣고 '아, 독도는 한국 땅이구나.'라고 생각하게 하려면, 독도가 우리 땅이라는 것을 증명하는 객관적인 사실증명이 필요합니다. 옛 문헌에 우리 땅임을 밝히는 문구가 적혀있다든지, 예전부터 우리가 살아 왔었다는 증거가 있다든지, 다른 누군가를 충분히 설득시킬 객관적인 증명이 필요하죠. 그래서 한, 일 두 나라에서 독도에 대해 그토록 고문서를 뒤지며 연구하는 것 아닙니까? 자, 이 객관적인 증명이 바로 설명문입니다. 누가 객관적인 설명을 더 잘하느냐, 다시 말해 누가 설명문을 더 잘 쓰느냐 하는 것은 누가 객관적인 논증을 더 잘 붙이느냐, 즉 누가 더 설득력 있는 논설문을 쓰느냐의 관건입니다. 자신이 가진 정보를 객관적으로 설명하지 못한다면 논술은 물 건너갔다고 봐야죠. 논술의 시작은 자신이 알고 있는 정보를 얼마나 설득력 있게 잘 설명하느냐가 시작이니까요.

② 설명문의 글감

설명문의 글감은 처음에는 아이들 주변에서 찾아주시는 게 좋습니다. 그러다가 학년이 높아질수록 이 글감이 확대되는 것이 가장 바람직합니다. 처음부터 어려운 글감을 잡아서 쓰게 하시면, 자신이 잘 모르는 내용일 뿐만 아니라 자신이 느껴보지도 못했던 내용이므로 잘 모르는 내용을 정리하다가 마음처럼 정리가 안돼서 신경질을 내며 글을 집어던지게 되지요.

처음에는 매우 접근하기 쉬운 글로 시작해서 '내 동생, 내가 아는 곤충 ⇒ 내 친구, 우리 선생님 ⇒ 우리 학교, 우리 동네 ⇒ 교과서에서 다루어지는 내용, 역사 ⇒ 사회적 이슈, 문화재 ⇒ 종교, 가치관'과 같은 순서로 아이의 수준이 높아질수록 글감의 범위를 확대시켜주세요. 쉬운 글감은 나와 친밀도가 매우 높은 글감을 말하고 어려운 글감이라 함은 뒷받침되는 객관적 사실의 양이 많고, 그 사실의 질도 그만큼 확보되는 글을 말합니다. 초등 저학년 때에는 내 동생, 내 친구, 우리 선생님처럼 나와 매우 가까운 관계인 글감으로 쓰고, 3~4학년이 되면 우리 동네, 우리 학교 같이 자신을 둘러싸고 있는 것들로 글을 쓰고, 5~6학년이 되면 교과서 내용이나 역사와 같이 객관적인 글을 쓰기 시작해서 중학생이 되면 사회적 이슈에 대해 쓰고 고등학생이 되면 종교나 가치관에 대한 글을 쓰는데 이것이 논술입니다.

③ 설명문의 문장

• 짧게 쓴다

설명문은 설명하는 글입니다. 설명은 간결하고 알아듣기 쉬워야 하지요. 꾸미는 말이 길게 늘어지는 문장은 설명문으로서는 자격미달입니다. 사실 아이들은 문장을 짧게 끊어 씁니다. 문제는 엄마들이 이렇게 짧은 문장을 보면 무언가 부족하다고 느끼지요. 그래서 "더 구체적으로 써봐라."라든지 "무슨 설명이 이렇게 간단하냐, 자세히 써봐라."

라고 애기하게 되지요. 그러나 간결할수록 읽는 사람이 더 쉽게 받아들인다는 것을 잊지 마세요. 뉴스 기사를 말하는 기자가 꾸미는 말 길게 다는 것 보셨어요? 설명문은 수필이 아닙니다. 문장이 짧아야 하고 싶은 이야기를 잘 전달할 수 있습니다.

강금실 변호사가 책을 냈다. 종교관련 서적이다. 최근 출간된 가톨릭 성지순례기인 《오래된 영혼》이다. 노무현 정부 초대 법무부 장관 등을 지내며 '진보적 여성 정치인'의 이미지가 강했던 그다. 24일 강남역 근처의 사무실에서 그를 만났다. (〈중앙일보〉 2011년 1월 26일 자)

• 쉽게 쓴다

글쓰기에서 정말 심각한 잘못은 낱말을 화려하게 치장하려고 하는 것으로, 쉬운 낱말을 쓰면 어쩐지 좀 창피해서 굳이 어려운 낱말을 찾는 것이다. 그런 짓은 애완동물에게 야외복을 입히는 것과 마찬가지이다. 애완동물도 부끄러워하겠지만 그렇게 쓸데없는 짓을 하는 사람은 더욱 부끄러워야 한다. 그러므로 지금 이 자리에게 엄숙히 맹세하기 바란다. '평발'이라는 말을 두고 '평편족'이라고 쓰지 않겠다고. '존은 하던 일을 멈추고 똥을 누었다' 대신에 '존은 하던 일을 멈추고 생리 현상을 해결했다'고 쓰는 일은 절대 없을 것이라고. '똥을 눈다'는 말이 독자들에게 불쾌감이나 혐오감을 줄 것이라 생각한다면 '존은 하던 일을 멈추고 응가를 했다'도 괜찮겠다.

내 말뜻은 굳이 천박하게 말하라는 게 아니라 평이하고 직설적인 표현을 쓰라는 것이다.

어쩐지 아이가 쓴 문장에 어려운 한자어나 영어가 섞여있으면 글을 잘 쓴 것 같기도 합니다. "이렇게 어려운 단어를 잔뜩 쓴 걸 보면 애 머릿속에 지식이 꽉 차 있다는 증거가 아니겠어요?"

천만에요. 아이는 지금 글도 제대로 못 쓰면서 겉멋부터 들어버린 것입니다. 〈슈퍼스타 K〉나 〈위대한 탄생〉과 같은 프로그램에서, 노래하는 데 나쁜 버릇이 들어버린 출연자를 가차 없이 잘라내는 것 보셨지요? 목소리가 잘 다듬어지지 않은 것은 괜찮습니다. 가능성이 있으니까요. 그러나 기성 가수를 흉내 낸다든지 노래에 겉멋이 잔뜩 들어 있다든지 하는 나쁜 버릇은 그 평가가 냉혹하기 그지없습니다. 기성 작가를 흉내 내서 글을 쓰면서 '유식한 척, 멋있는 척'하는 우리 아이, 심사위원에게 "제 점수는요~ 실격입니다!" 소리 들어야 합니다. 아이 글은 쉽고 담백할수록 좋은 글입니다.

'기독교는 동성결혼에 보수적 입장이다.' ⇨ '기독교는 동성결혼에 반대한다.'

'정상적인 가격보다 높은 수준을 유지하고 있다.' ⇨ '비싸다.'

• **정확하게 쓴다**

설명문의 목적은 정확한 정보를 전달하는 데 있습니다. 정확하지 않은 정보를 전달하는 글은 안 쓰느니만 못하지요. 특히 요즘은 인터넷 매체를 통해 검증되지 않은 사실을 유포하는 일이 공공연해져서 아이들이 정확하지 않은 정보를 전달하는 데 별로 거부감이 없습니다. 하지만 이럴 때일수록 정보를 정확하게 조사해서 쓰는 버릇을 길러주셔야 합니다. 정확하지 않은 정보로 다른 사람에게 피해를 주면 이 또한 범죄가 될 수도 있으니까요. 다른 어떤 글보다도 정확성은 설명문의 생명입니다.

'그 전시회에는 <u>많은</u> 사람이 다녀갔다' ⇨ '그 전시회에는 <u>3만 명 이상의</u> 사람이 다녀갔다'

'피해금액이 <u>눈덩이처럼</u> 커졌다.' ⇨ '피해금액이 <u>3억 원이다.</u>'

더불어 추측하는 문장을 쓰지 않도록 해주셔야 합니다. 추측하는 문장이란 '~인 것 같다'로 끝맺는 문장입니다. 설명문이라는 것은 내가 확실하게 알고, 다른 사람에게 그것을 설명해주는 것인데 '~인 것 같은' 확실하지는 않은 것을 설명해주면 어쩝니까? 이런 문장이 설명문에 들어가 있다면 이 문장 때문에 글의 가치가 떨어집니다. 약 설명서에 '성인 하루 1알 복용하면 좋은데 2알 복용해도 될 것 같다. 확실하게는 모르겠다.'라고 적혀있다고 생각해보세요. 그 약 사먹겠습니까? 아이가 이런 문장을 썼다면 설명문에는 적합한 문장이 아니라고 알려주시고, 만일 아이가 "정말 잘 모르겠는데 어떻게 해요?"라고 묻는다면 이 부분에 관한 더 자세한 정보를 같이 찾아서 확실해진 다음에 쓰게 하거나 아예 이 부분을 싹 드러내는 게 좋습니다. 꼭 들어가야 하는 내용이라면 아무래도 인터넷이나 전문서적을 같이 뒤져보는 게 좋겠지요?

• 읽는 사람 입장에서 쓴다

설명문은 온전히 읽는 사람의 입장에서 쓰는 글입니다. 내 주장을 펴거나 내 감상을 적는 글이 아니라 읽는 사람에게 편리하고 유익한 글이어야 한다는 뜻이지요. 그러므로 내 입장에서 글을 쓰면 안 됩니다. 내가 설명해주는 이 사실에 대해 전혀 모르거나 거의 모르는 사람들의 입장에 서서, '그 사람들이라면 어떤 것을 궁금해할까? 어떤 부분이 알고 싶을까? 어떤 방식으로 설명해주어야 보다 쉽게 알아들을까?'를 고민해야 합니다. 쓰기 전에 '사람들이 가장 궁금해할 만한 부분'에 대해 자세히 조사하고, 쓰면서는 '사람들이 더 쉽게 이해할 수 있는 표현은 없나?'를 고민하고, 다 쓰고 나서도 읽는 사람의 입장이 되어 '궁금한 점이 잘 설명이 되었나?'를 살펴보아야 합니다. 한발 물러나 자신의 글을 읽게 해보세요. 아이가 스스로 더 나은 방향으로 글을 고쳐나갑니다.

설명문 직접 써보기

아이는 O형인 삼촌이 A형인 친구에게 수혈을 해주었다는 말을 듣습니다. 그런데 삼촌이 "나는 마음씨 착한 O형이라 아무에게나 피를 주는데, 너는 못된 AB형이라 AB형한테밖에 수혈을 못 해준다." 하고 놀립니다. 아이는 그게 착하고 못돼서가 아니라는 걸 밝혀내기로 합니다. 그리고는 삼촌에게 보여주기 위해 설명문을 씁니다.

주제 : 혈액형의 분류

처음   1. 인간의 피는 네 가지 유형이 있다.

가운데   2. O형

            3. AB형

            4. A형과 B형

끝   5. 혈액형에는 우열이 없다.

자, 서론·본론·결론이 만들어졌습니다. 이제 여기에 살을 붙이기만 하면 되지요.

혈액에 관한 본격적인 연구가 시작되면서 피에 몇 가지 유형이 있다는 것을 알게 되었습니다. 응집 시험을 통해 인간의 피를 크게 O, A, B, AB

의 네 가지로 유형으로 나누었습니다.

O형의 피의 혈구(혈액세포)는 다른 어느 형의 혈청(피를 가만히 놓아 두면 혈구가 가라앉아서 나뉘는데, 이때 위쪽의 투명한 액체를 부르는 말)에 섞여도 응집하지 않습니다. 다시 말하면 O형의 피는 어떤 혈액형의 사람에게도 수혈할 수 있습니다. 그러나 O형의 혈청은 다른 모든 혈액형의 혈구를 응집시킵니다. 따라서 O형의 사람은 O형 이외의 사람으로부터 수혈을 받지 못합니다.

반대로 AB형의 혈청은 어떤 혈액형의 혈구도 응집시키지 않습니다. 그러므로 AB형의 사람은 다른 어떤 혈액형의 혈청에 섞여도 반드시 응집하기 때문에 AB형의 피는 AB형 이외의 다른 사람에게는 수혈하지 못합니다.

A형의 혈구를 B형의 혈청에 섞었을 때와 B형의 혈구를 A형의 혈청에 섞었을 때에는 모두 응집이 생깁니다. 그러므로 A형의 사람과 B형의 사람은 서로 수혈을 하지 못합니다.

혈액은 누구든지 유전되며 이것은 평생 변하지 않습니다. 우리가 알아야 할 것은 어느 혈액형이 건강하고 우수하며, 어느 혈액형이 건강하지 못하고 나쁘다고는 말할 수 없다는 것입니다.

– 《마침표 논술독서》 중에서

삼촌이 할 말이 없겠지요? 아이는 통쾌합니다. 다시 한 번 자기를 놀리면 더 납작하게 코를 눌러줘야겠다고 각오하지요.

처음에는 이렇게 쉬운 설명문부터 시작해서 점차 길고 복잡한 보고서로 글을 발전시켜 나갑니다. 물론 아이가 가르치는 대로 척척 써내지는 못합니다. 처음에는 서툴고 미흡하더라도 이 과정에서 자기 스스로 자료를 찾고, 찾은 자료를 어떻게 배치할까 고민하고, 자신이 쓴 문장을 다듬으면 아이의 글이 서서히 모습을 드러냅니다. 이 과정을 몇 번만 반복하면 아이의 글쓰기 실력, 주위 엄마들이 부러워할 만한 수준이 되지요. 완성된 자신의 글을 손에 쥔 아이는 실제로 아기를 낳은 엄마의 심정이 됩니다. 아기를 낳은 자신이 대견하고, 아기가 너무 예쁘고, 비록 과정은 고통스러웠지만 그만한 가치가 있었다고 생각하게 되는 것이지요. 그때 우리는, 첫 애 낳은 내 손을 잡아주시던 친정 엄마처럼 아이 손을 잡고 말해주면 되는 겁니다. "잘했다. 대견하다. 네 애가 제일 예쁘더라."

설명문을 다 쓰고 나서 확인할 것들

- 글을 쓴 목적이 분명한가?

- 글을 쓴 대상이 확실한가?

- 설명하는 대상에 대한 정보가 잘 드러났는가?

- 내용에 과장이 없고, 알릴 만한 새로운 사실이 많이 있는가?

- 다양한 자료를 충분히 활용했는가?

- 잘못된 자료를 사용한 것은 없는가?

- 처음, 중간, 끝의 내용이 알맞게 전개되고 있는가?

- 맞춤법, 어법, 띄어쓰기는 정확한가?(이 부분은 항상 가장 마지막에 체크해주세요. 놔두면 저절로 알게 되는, 별로 안 중요한 부분이니까요.)

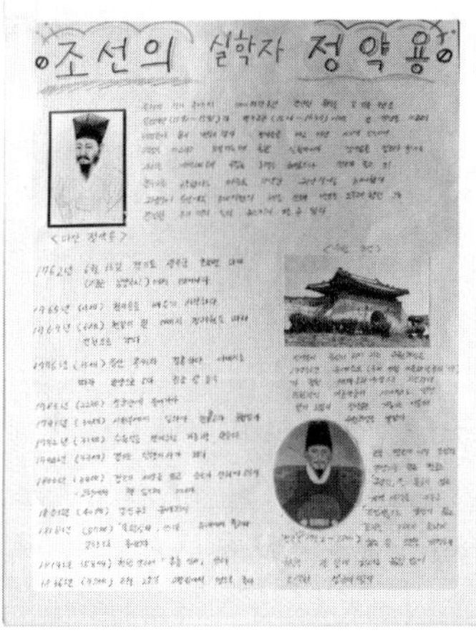

아이가 좋아하는 위인은 설명문을 쓰기 가장 좋은 소재입니다. 처음부터 글을 쓰는 것이 어려우면 조사를 먼저 하고 조사한 내용을 연결해서 문장으로 만들게 하세요.

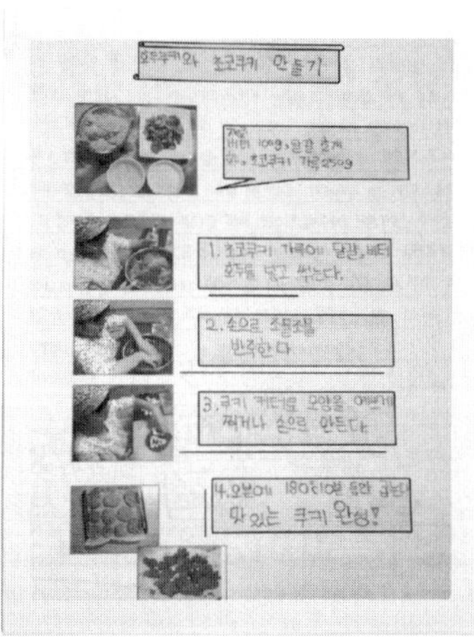

오늘 만들어본 초코쿠키, 물론 좋은 설명문의 소재가 됩니다.

초등 고학년 서술형, 논술형 문제 격파하기!

　초등 고학년 아이들은 서술형, 논술형 문제를 나름 풀어봤을 텐데도 일단 주관식이라는 이유만으로 긴장을 합니다. 아이가 객관식 문제를 제법 잘 푸는데 서술형 문제만 유독 어려워한다면 이 아이는 객관식 문제만 너무 많이 풀어서 문제에 대한 감은 어느 정도 있지만 문제의 핵심은 파악하지 못하고 있는 경우일 수 있습니다. 그러니 개념을 제대로 파악하고 있는지 다시 체크해주실 필요가 있어요. 그게 아니라면 자신의 주장을 밝히는 훈련이 부족하다는 증거이므로 아이가 자신의 목소리로 자신의 주장을 얘기할 수 있는 기회를 가정에서 자주 만들어주시는 것이 필요합니다. 자신이 하고 싶은 이야기를 확실하게 말하는 훈련이 반복되면 이것이 즉시 시험 성적으로 나타나지는 않지만 서술형 문제를 대하는 태도가 조금씩 달라집니다.

　고학년 서술형 문제는 대부분 본문에는 나와 있지 않은 깊은 의도를 물어보는 경우가 많습니다. 예를 들어, '1. 다음 글의 배경이 되는 시대의 민족의 삶은 어떠하였겠는지 짐작하여 쓰시오. 2. 유엔이 '세계 물의 날'을 제정한 까닭을 쓰시오.'(실제로 출제되었던 시험 문제들입니다)와 같은 문제들입니다. 문제 속에 숨은 뜻을 제대로 알고 있는지 묻고 있는 것이지요. 이것을 간파하기 위해서는 물론 먼저 개념 파악이 확실히 되어있어야 하지만 개념 파악만 되어있다고 해서 잘할 수 있는 것은 아닙니다. 여우 같은 눈이 필요하지요. '문제를 출제한 선생님이 뭘 물어보고 싶어서 이 문제를 낸 거지? 나한테서 뭘 알고 싶어서 이 문제를 낸 걸까?' 그 의도를 알아야 합니다.

고학년 아이가 서술형 문제를 풀 때에는 순진한 마음으로 '내가 알고 있는 것을 쓰면 된다.'고 생각하면 안 됩니다. 문제 출제자가 원하는 답을 써야 하지요. 아이에게 얘기해주세요. 선생님이 뭘 물어보고 있는지 문제를 째려보면서 생각해보라고요. 아이가 잘 못한다면 엄마랑 같이 문제를 째려보면서 선생님이 물어보는 의도를 정확하게 알아내야 합니다. 위의 1번 문제에서 선생님은 아이가 이 글의 시대적 배경 지식을 얼마나 가지고 있는지가 궁금합니다. 그러므로 아이는 자신이 알고 있는 이 시대의 모든 배경지식을 다 꺼내서 써야 하지요. 많이, 자세히, 정확히 쓸수록 점수가 높습니다. 특히 이런 문제는 일제강점기처럼 시대적 배경이 혼란기일 때를 묻는 문제가 많습니다. '이런 어려운 시기에 우리 민족이 어떤 어려움을 겪었고 어떤 투지로 이 시기를 헤쳐나왔는지' 두루 자세하게 쓰는 것이 좋습니다. 2번 문제는 유엔이 뭘 하는 곳인지 알고 있는가, 현재 물 부족 현상을 알고 있는가, 하는 2가지를 한꺼번에 물어보는 문제입니다. 물 부족 현상의 심각성에 대해 쓰되 이 현상이 일부 국가에 한정된 문제가 아니라 세계 전체에 커다란 위협이라는 것, 그래서 국제연합인 유엔에서 다루고 있다는 것, 유엔이 이 심각성을 전 세계에 알리기 위해 이 날을 제정했다는 것을 써야 하지요. 답을 '물이 부족하니까'라고 쓰면 이건 1점짜리 답입니다. 유엔의 성격과 전 세계적인 물 부족 현상에 대한 통찰이 답에서 보여야 합니다.

아이에게 설명해주세요. "선생님이 너한테 뭘 알고 싶어서 이 문제를

냈는지를 먼저 생각해. 그리고 선생님이 원하는 걸 드려." 원하는 것 주는

데 싫다는 사람이 어디 있습니까? 당연히 점수 잘 받아오지요.

6학년 아이들은 어떤 특징을 가지고 있을까요?

4학년쯤부터 시작한 반항이 6학년이 되면 절정을 이룹니다. 제가 아는 어떤 분이 6학년 된 딸아이가 자기 몸에 손도 못 대게 한다고 섭섭해 하시던데, 사실 이 나이는 부모가 자기 몸에 손대는 것, 싫은 나이입니다. 부모가 자기 인생에 코딱지만큼 개입을 하는 것도 싫은 나이지요.

그런데 애들이 '오로지 반항!'을 외치는 이유는 지들도 지들 마음을

모르기 때문입니다. 이 시기는 어린이도 아니고 청소년도 아닌, 어중간한 나이지요. 자기들도 자기가 지금 어리광을 부리면서 엄마와 목욕을 같이 가야 하는지, 독립을 선언하고 나 혼자 때를 밀러 가야하는지 잘 모르겠는 겁니다. 독립을 선언하자니 자신이 없고, 어리광을 부리자니 자존심이 상합니다. '내 마음 나도 몰라.'의 시기지요. 머리는 커져서 잘 돌아가고, 자아는 커져서 자존심이 세지고, 정체성의 혼란도 커져서 매 순간 갈등을 느끼는, 그야말로 '총체적 위기'의 시간입니다. 그래서 사회심리학자인 에릭슨은 이 시기를 '정체감 VS. 정체감 혼미'의 시기라고 말했답니다. 자기 정체감을 찾아가느라 지들도 힘들어 죽겠어서 반항하는 것이거든요. 방문 쾅 닫으며 "엄마, 아빠 다 필요 없어!" 하고 방으로 들어가면, "우리 애가 왜 저러나." 하지 마시고 "이제 내가 필요 없단다, 만세!" 하세요.

어떤 학자들은 이 나이의 아이들 귓속에 새가 산다고 말해요. 아이들 귓속에 새가 살면서 아이들에게 계속 떠들지요. "야, 엄마한테 반항해! 야, 엄마한테 소리 질러! 엄마 말 듣지 말고 가출해!" 그러니 애들이 새 말 듣지, 내 말 듣겠습니까? 우리 아이, 가출 안 하고 집에 꼬박꼬박 들어오면 '기특하구나.' 생각해주시고, 가출하면, '어디서 열심히 자아를 찾아다니나 보다.' 이해해줘야 하는 시기입니다. 엄마가 이렇게 간과 쓸개 빼놓고 살지 않고, 사사건건 아이를 바로잡으려고 하면 엄마 마음 걸레 되고, 집안 전쟁터 되고, 아이 비뚤어집니다. 엄마가 사랑으로 기다려주면 아이는 방황할 만큼 하다가 돌아오지요. 군대 가서 엄마한테 반항하는 아들 보셨어요? 대학 간 딸들 전부 엄마랑 팔짱끼고 쇼핑 다니잖아요. 조금만 기다려주세요. 엄마가 사랑으로 대해준다면 반드시 예쁘고 기특한 우리 아들, 딸들로 다시 돌아옵니다. 안 돌아오면, 지들이 어디 가겠습니까?

정체감 혼미 상태 속에서 자신의 정체감을 찾기 위해 몸부림을 치고 있는 이 아이들에게 가장 중요한 것은, 방황하고 가출해도 돌아갈 집과 부모님이 든든하게 뒤에 있다는 것을 확인하는 것입니다. 간섭하고 잔소리하는 엄마가 아니라 든든한 백그라운드로서의 엄마를 필요로 하지요. 그러니 우리, 아이는 믿는 만큼 자란다는 사실을 믿어봅시다. 지금은 나를 뚜껑 열리게 하는 자식이지만, 언젠가는 무지하게 효도할 거라고 믿어보자고요.

그런데 간혹 이런 분들 계세요. "우리 애는 그렇게 반항 안 하던데요?" 그런 분들은…… 한마디로 로또 맞으신 분들이지요. 부럽습니다.

6학년 우리 아이, 어떻게 도와줄까요?

이 시기의 아이가 곤란을 겪는 것은 자신에게 앞으로 닥칠 일들이 불안하고 걱정스럽기 때문입니다. 앞으로 중·고등학교도 가야 하고, 죽도록 열심히 공부하는 일만 남았는데 엄마, 아빠의 바람과 다르게

자기 자신은 별로 하고 싶은 것도 없고, 할 수 있는 것도 없고, 잘할 수 있을지 자신도 없는, 복합적인 마음 때문에 혼란스러운 거지요. 그래서 6학년 아이들에게는 공부하라는 잔소리가 아니라 동기부여가 필요합니다. 서울대 가겠다는 아이에게 '서울대 목표 모의고사 문제집'을 사주지 마시고 아이 손잡고 서울대를 한번 가보세요. 확실한 동기부여가 되지요. 이 시기는 어떻게 하면 아이의 적성을 살려줄까, 어떻게 하면 아이가 자신의 적성을 찾을 수 있도록 동기부여를 해줄까를 고민해야 하는 시기입니다.

초등 저학년 아이들은 그냥 멋있어 보이는 것을 직업으로 선택합니다. 대통령, 경찰관, 연예인, 선생님 등이 아이들이 선호하는 직업인 이유는 저학년 아이들에게 그 직업이 멋지게 보이기 때문이지요. 그러나 6학년쯤 된 아이들은 직업을 자신의 역량과 연관시킵니다. '나는 가르치는 것을 좋아하니까 선생님이 되어야겠다.', '나는 말을 잘한다는 얘기를 늘 들으니까 아나운서가 되어야겠다.'와 같이 자신의 능력이나 관심을 직업 선택에 반영시킵니다. 그러니 6학년 아이가 자신의 목표를 설정하고 그를 위해 노력하려고 한다면 정체감 혼미의 시기가 일찍 끝날 것이고, 지금이 자신의 인생에서 얼마나 중요한 시기인지 깨닫겠지요. 아이가 자신이 잘하는 것, 재미있어 하는 것이 무엇인지 찾아내고 이것을 자신의 목표와 연결시킬 수 있도록 다양한 활동을 권해주세요. 학원에만 묶여있던 아이는 자신의 적성이 무엇인지 모릅니다. 자신이 하고 싶은 일을 이미 이뤄낸 위인들의 전기를 읽는 것도 도움이 되겠지요?

　반항심이 마구 자라는 아이에게 가장 바람직한 것은 이 반항심이 건전하게 표출되도록 도와주는 겁니다. 세상에 대한 불만, 음악으로 표현하면 명곡 되고, 그림으로 나타내면 예술작품 되는 것 아닙니까? 이 시기의 아이는 세상에 할 말이 많습니다. 왜냐? 세상에 불만이 많거든요. '너 열 받는 거, 여기 써봐라. 들어주마.'의 자세가 우리에게 필요하죠. 그래서 논설문을 권합니다. 논설문은, 물론 세상에 대한 불만을 토로하는 글의 종류는 아닙니다. 하지만 자신의 주장을 명확히 하고, 그 주장을 공고히 한다는 의미에서 이 시기의 아이들에게 가장 필요한 글쓰기입니다.

　《글쓰기 심리학》이라는 책에 보면 이런 말이 나옵니다. "지식과 생각은 많은데 표현능력이 따라주지 못할 때 인간은 좌절과 분노가 생기고 자기비하감이 형성된다." 지식과 생각이 많아진 우리 아이, 좌절과 분노와 자기비하감이 생기지 않도록 자신의 생각을 쓸 기회를 만들어주어야겠지요? 그런데 자기 몸에 손도 못 대게 할 만큼 까칠한 아이와 무슨 글을 쓰냐고요? 그러니까 대화가 중요합니다. 이제까지 누누이 이야기해왔던 아이와 마주 앉아 다정하게 이야기하는 게 안 되어있다면 다 큰 자식과 마주 앉아 논설문 쓰는 것은 '미션 임파서블!'입니다. 문제는 대화예요. 한 살이라도 아이가 어릴 때 부지런히 대화합시다!

290

논설문이란
어떤 글인가요?

일기나 시가 '내 마음은 이렇다.'라고 주관적 감상을 이야기하고, 설명문이 '있는 그대로의 사실은 이러하다.'라고 밝히는 소극적 단계의 글이라면 주장하는 글은 '내 주장을 확실하게 밝히고, 나의 글을 읽은 다른 사람의 생각이 바뀌기를 바라는' 적극적인 글입니다. 다른 사람이 가지고 있는 신념을, 내 글을 통해 바꿔야 하니까 사실 여간 어려운 글이 아닙니다. 10년 넘게 같은 이불 덮고 잔 남편 신념도 못 바꾸는데 모르는 사람 신념을 바꾸기가 쉽습니까? 사실 논설문은 매우 어려운 글입니다.

보통 아이들의 교과 과정은 '주장하는 글 ⇒ 논설문 ⇒ 논술'로 글의 장르가 발전되지요. 초등 저학년에서는 주장하는 글, 비판하는 글, 옹호하는 글, 호소하는 글 등을 배우고 고학년에 올라가서 본격적인 논설문을 접하게 됩니다. 우리가 신문에서 읽는 사설이 가장 접하기 쉬운 논설문이라고 할 수 있지요. 논설문의 성격은 다음과 같습니다.

먼저 "오늘 내 짝이 친구를 괴롭혀서 선생님께 야단을 맞았다."라는 문장이 있다고 가정해볼게요.

감상문은 자신의 생각이나 느낌을 쓰면 됩니다.

오늘 내 짝이 친구를 괴롭혀서 선생님께 야단을 맞았다.

내 짝은 속이 상한지 많이 울었다. 불쌍한 내 짝꿍.

왜 자꾸 친구들을 괴롭히는지 모르겠다.

설명문은 현재시제로 사실을 설명합니다.

오늘 내 짝이 친구를 괴롭혀서 선생님께 야단을 맞았다.

우리 선생님은 친구를 괴롭히는 사람은 나쁜 사람이라고 늘 말씀하

신다.

친구를 괴롭히는 사람은 괴롭힌 만큼 벌을 받아야 한다고 말씀하신다.

주장하는 글에는 자신의 목소리를 담습니다.

오늘 내 짝이 친구를 괴롭혀서 선생님께 야단을 맞았다.

야단맞는 것을 보니 불쌍했지만 친구를 괴롭히는 것은 나쁜 일이다.

친구를 계속 괴롭히면 벌을 받을 수밖에 없다고 생각한다.

친구를 괴롭히면 벌을 받을 수밖에 없다고 자신의 주장을 가지게
된 아이는 선생님한테 벌을 받는 것이 싫어서 친구를 괴롭히지 않게
됩니다. 그런데 어떤 놈이 자꾸 나를 놀린단 말이죠. 아이는 갈등합니
다. 나를 놀리는 저 놈을 혼내주고 선생님한테 벌을 받을 것이냐? 선
생님한테 벌을 받는 것은 싫으니까 그냥 참을 것이냐? 아이는 참다
못해 벌을 받더라도 친구를 응징하겠다고 결심합니다. 나를 놀리는
친구를 한 방 먹이지요. 그리고는 선생님한테 야단을 맞습니다. 이미
알고 있었던 일이므로 변명 없이 잘못을 시인하고 꿋꿋하게 야단을

맞습니다. 우리가 보기에는 그냥 싸우고 선생님한테 야단맞은 아이와 다를 바 없어 보이지만 지금 이 아이는 자신의 가치를 가지고 스스로 더 견디기 쉽다고 판단한 일을 본인 스스로 '선택한' 아이이므로 그냥 친구와 싸운 아이와 다릅니다. 주체적인 인생을 살기 시작한 아이가 되는 것이지요. 논설문을 쓰는 아이는 자신만의 '주체성'을 가지게 됩니다.

감상문은 '재미가 있다/없다, 감동이 있다/없다'의 주관적인 글이지만 논설문은 자신이 하려는 이 주장이 '옳다/그르다'의 가치판단이 선행되어야 하는 글이므로 아이들이 매우 어려워합니다. 자신의 주장을 쓰라고 하면 내 주장이 무엇인지 모르겠다는 말을 하는 아이들이 많지요.

그러므로 논설문을 지도하실 때에는 '무엇을 주장할 것인가?'를 아이와 상의하셔야 합니다. 멋진 주제로 근사하게 시작을 해도 이 주제에 대해 자신이 주장하고 싶은 것이 별로 없으면 글이 금방 시들시들해집니다. 가장 좋은 것은 '쓰지 않고는 견딜 수 없을 만큼 하고 싶은 말이 많은 주제'여야 합니다. 분하고 원통한 일이든, 억울해서 눈물나는 일이든, 내가 주장하지 않으면 진실이 묻힐까 봐 조바심이 나는 일이든, 어느 것이든 좋습니다. 아이가 쓰지 않고는 답답해서 못 견디는 일이 있다면 이것이 논설문에 가장 좋은 글감입니다. 이런 글감이 어디에 있냐고요? 아이들을 살살 꼬여서 물어보면 억울한 일 한 보따립니다. 얘기해봤자 엄마한테 잔소리 들을 게 뻔하니까 꾹 참고 있는 것이지요. 스마트 폰으로 바꾸고 싶은데 엄마는 '있는 전화기도 뺏을 마당에 무슨 어이없는 이야기냐?'라고 콧방귀도 안 뀌고, 학원 선생님 이상해서 학원 바꾸고 싶은데 엄마는 '친구 따라 학원가냐? 지금 학원 열심히 다니기나 해!'라고 하고, 쥐꼬리만 한 용돈은 맥도날드 세트메뉴 몇 번 먹으면 끝인데 이걸로 준비물까지 사라고 하고, 분명히 동생이 잘못했는데 나보고 철 좀 들라고 하고, 확실히 반장이 잘못했는데 반장이라고 야단 안치시는 선생님도 어이없고, 중학생이라고 무조건 교복 입는 것은 엄연히 인권침해고, 남자만 군대 가는 것은 차별이고…… 억울한 거 끝도 없습니다.

자신의 경험 속에서 부당하다고 생각하는 일, 바로 잡히기를 바라는 일을 주장하는 글의 형식으로 적다 보면 아이는 자연스레 논리가 생기고, 아이의 이 논리가 논술문을 쓰는 주춧돌이 되는 것이지요.

사실 우리나라는 자신의 주장을 강력하게 피력하기 매우 어려운 나라입니다. 일단 유교적인 사회분위기 때문에 어릴 때부터 자기 주장을 이야기하려 하면 말대꾸한다거나 어른 말씀하시는 데 끼어든다는 지청구를 듣기 일쑤고, 학교에서 자신의 주장을 발표하려 하면 수업 시간에 나서는 잘난 척하는 아이로 찍혀 왕따 대상 1순위를 기록하지요. 그나마 1,2학년 때에는 반에 손들고 발표하는 아이가 몇 명씩 있는데 3, 4학년만 되어도 "발표해볼 사람~" 하고 물으면 고개 푹 숙이고 있는 아이들로 반이 가득합니다. 사실 교과를 얼른 끝내야 할 선생님들, 아이들이 손들고 발표하는 것 안 좋아하세요. 한 아이 발표할

동안 다른 아이들이 죄다 떠들어 진도도 못 나가고 반 분위기만 나빠지니 어떻게 한 아이씩 발표를 시킵니까? 아이들을 자율적인 분위기에서 토론시켜가며 가르치지 못하고, 빨리 진도 빼고 시험 준비시켜야 하는 교육 구조상의 문제니까 선생님들의 잘못도 아니지요. 이러저러한 이유로 우리의 아이들은 자신이 하고 싶은 이야기를 거세당하고 살아야만 하는 문화 속에서 대부분의 시간을 보냅니다. 자신의 주장을 소리 높여 하는 것은 옳지 않은 일인 것처럼 느끼기도 하지요. 학교에서 늘 이 모양인데 엄마가 억압적이고 강압적인 경우는 가정에서마저 자신의 의견을 이야기할 기회가 없지요.

사정이 이렇다 보니 자신의 주장을 이야기한다는 것 자체를 어려워하는 아이도 많습니다. 그러나 아이가 논리적으로 사고할 줄 아느냐 모르느냐 하는 것은 비단 사고에 국한된 문제가 아니라 문제해결 능력이 있느냐 없느냐를 가늠하는 매우 중요한 척도입니다. 강력한 자신의 의견과 주장이 있어야만, 자신의 주장을 받아들이지 못하는 사람들을 어떻게 설득할까를 생각하며 고민하게 되고, 주변 사람들과 이 문제에 대해 토론하게 되고, 그러다 보면 우물 안 개구리 같던 의식이 확장되고, 이 확장된 의식 속에서 문제의 해결책을 찾아내거나 자신의 주장을 보완하게 되는 겁니다.

의견에 대한 주장　⇒　**주장에 대한 고민과 토의**
⇒　**의식의 확장**　⇒　**문제점 보완과 문제해결**

아이가 자신의 주장이 있느냐, 없느냐 하는 것은 문제해결 능력이 있느냐 없느냐 하는 것과 직결됩니다. 우리 아이는 천사표라 뭐든지 엄마가 하라는 대로 한다고요? 이건 자신의 주장이 없다는 것이고, 즉 자신의 인생에 어떤 일이 생겨도 자신이 해결하겠다는 의지 없이 엄마가 해결해주는 대로 살겠다는 것입니다. 착한 우리 아이, 너무 좋죠. 그러나 내 말대로 따라하는 아이를 착한 아이라고 생각하시면 안 돼요. 어릴 때는 엄마 말을 잘 들어서 착한 줄 알았는데 커서 보니 자기 생각은 없는 아이였다면, 이때부터 아이 자신도 '대략 난감'한 상황 됩니다. 아이에게 네 주장이 뭔지 반드시 물어주세요.

다시 한 번 얘기하자면 논설문의 형식은 나중에 잡아주셔도 됩니다. 선행되어야 할 것은 아이가 또렷하게 주장할 것을 마음속에 가지고 있는가? 하는 것입니다.

논설문의 형식

① 무엇을 쓸까?

무엇을 쓸 것인지를 결정하기에 앞서 선행되어야 하는 것은 주제에 대해 엄마와 충분히 상의를 해보는 것입니다. "이 주제가 과연 네가 목청껏 힘주어 말하고 싶은 부분이니? 이 주제에 반대하는 사람들이 있니?(아무도 반대하는 사람이 없는 주제는 굳이 논설문을 써서 설득할 필요가 없으므로 좋은 글감이 아닙니다.) 그렇다면 그 사람들의 의견에 대

해서는 어떻게 생각하니? 네가 이 논설문을 통해서 분명하게 전달하고 싶은 메시지는 뭐니? 너는 이 문제를 어떻게 해결하면 좋겠니? 이 문제에 가장 적합한 해결책을 가지고 있니?" 등으로 아이가 자신의 가치에 대해 정리하고 주장에 대한 근거를 모을 수 있도록 시간을 주세요.

"우리 아이는 아무 주장이 없어요." 하시는 엄마들이 계신데, 그럴 경우 아무 생각이 없다기보다는 무언가에 대해 사고를 할 만한 기회를 가지지 못한 경우일 수 있습니다. 이런 아이에게는 의식 있는 다큐멘터리를 한 편 보여주세요. 지구 온난화에 대해서 어떻게 생각하느냐고 물어보면 "별 생각 없는데요?" 했던 아이도 다큐멘터리 〈북극의 눈물〉이나 〈아마존의 눈물〉을 보고 나면 지구 온난화에 대해 소리 높여 자기 주장을 합니다. 놀라울 정도로 많은 말을 하지요. 요즘은 좋은 다큐멘터리를 값싸게 다운 받을 수 있는 사이트가 많습니다. 그러니 어떤 주제에 대해 논설문을 써야한다면 쓰기 전에 그와 관련된 좋은 프로그램을 아이와 함께 시청하기를 권해드립니다.

② 글쓰기 내비게이션, 개요 짜기

모르는 길을 가기 위해서는 내비게이션이 필수입니다. 믿을 만한 내비게이션을 가진 것만으로도 여행의 절반은 성공한 셈이지요. 개요표란 아이의 손에 내비게이션을 쥐어주는 것과 같습니다. 아이가 손에 개요표를 쥐고 있다면 자신이 어떻게 글을 시작해서 어떻게 끝내야 할지 알고 있기 때문에 흰 종이를 막막하게 바라보며 괴로워하는 일은 없습니다. 논설문을 쓰기 전에 반드시!!!! 엄마와 개요표를 먼저 작성하세요. 자, 그럼 개요표 만드는 방법을 알아볼까요?

• 시작은 섹시하게

도입부는 바로 독자를 붙잡아 계속 읽게 하여야 한다. 참신함, 진기함, 역설, 유머, 놀라움, 비범한 아이디어, 흥미로운 사실, 질문으로 독자를 유혹해야 한다. 독자의 옆구리를 찌르고 소매를 끌어당기는 것이라면 무엇이든 좋다.

– 《글쓰기 생각쓰기》 중에서

우리가 어떤 사람을 볼 때 첫인상이 얼마나 중요합니까? 사실 우리는 첫인상으로 그 사람에 대한 많은 부분을 결정지어 버리잖아요. 글도 마찬가지입니다. 글의 시작 부분은 말하자면 첫인상이지요. 첫인상은 섹시하든 도도하든 깜찍하든 하여간 눈에 띄어야 합니다. 식상하고 시시하면 안 됩니다. 식상하고 시시한 사람을 계속 만나고 싶어 하는 사람이 어디 있습니까? 특히 논설문은 재미없는 글입니다. 그러니 그 재미없는 글을 계속 읽도록 만들려면 처음에는 일단 읽는 사람을 잡아둘 만한 흥미로운 시작을 고민해야합니다.

아이가 대학 논술시험을 봤다고 가정해봅시다. 교수 앞에는 수백 장의 시험지가 쌓여있습니다. 교수도 사람인데 똑같이 평범하고 비슷

한 시험지 몇 백 장 채점하려면 얼마나 지치겠습니까? "아, 요즘 애들 글 진짜 지겹다."를 외치고 있을 때 상큼하고 눈길을 확 잡아끄는 시험지 한 장을 발견합니다. 교수는 끝까지 다 읽기 전에 외치지요. "애는 합격이야!"

시작은 이렇게 중요합니다. 다른 논설문과 비슷한, 식상한 글로 시작하지 못하게 하세요. 무조건 튀기만 하라는 말이 아니라, 읽는 사람의 입장에서 흥미를 느낄 만한 도입부란 어떤 것일까 고민하라는 것이지요. 다큐멘터리를 보고 논설문을 쓴다면, 충격적이었거나 특별히 기억에 남는 장면을 묘사하는 것으로 시작하는 것도 좋습니다. 그러고 나서 이와 관련이 있는 자신이 하고 싶은 이야기를 꺼내는 것입니다. 그렇게 되면 읽는 사람이 본론으로 자연스럽게 넘어가게 됩니다.

• 본론은 집요하게

본론은 글의 됨됨이입니다. 첫인상이 너무 강렬하고 매력 있어서 다시 만난 꽃미남 오빠. 몇 번 만나다 보니 머리에 든 것도 없고, 능력도 없으면서 명품만 밝히고, 인격이 바닥을 긁고 있으면 눈물 나지만 헤어져야 합니다. 돌아서면서 다짐하지요. '첫인상이 다가 아니야.'

결국 인간의 수준을 결정하는 것이 그 사람의 됨됨이인 것처럼 글의 수준을 결정하는 것은 본론입니다. 본론에 모든 역량을 집중해야 하지요. 서론은 상큼했는데 본론은 허접하다면 그 글은 꽃미남 오빠일 뿐입니다.

　본론은 자신이 서론에서 제기한 문제에 대해 다른 사람이 납득할 수 있는 근거를 들어야 합니다. 그 근거가 자세하고 구체적일수록, 그래서 설득력이 높을수록 그 논설문은 훌륭해지지요. 그러기 위해서는 자신의 주장을 입증할 만한 기사를 인용한다거나 자료를 제시한다거나 문제를 해결하기 위한 구체적인 실천 방법 등을 자세하게 써야 합니다. 여기서 가장 중요한 것은 이것입니다. '내가 인용하는 기사가, 내가 제시하는 자료가, 내가 주장하는 실천방법이 과연 이 문제를 해결하는 데 도움이 되는가? 이 글을 읽는 사람이 내 주장에 설득당할 것인가?'

　집요하게 고민하고 자신의 의견을 끝까지 집요하게 주장해야합니다.

　아이는 학교에서 또 폭력사건을 목격했습니다. 이번에는 좀 심했습니다. 한 친구의 코뼈가 부러지기까지 했지요. 친구들은 하루가 멀다 하고 싸우는데 선생님은 엄마들한테 연락만 할 뿐 싸운 아이들을 크게 나무라지도 않습니다. 아이는 답답합니다. 공부하는 것에만 신경 쓰느라 교실의 폭력에는 무관심한 어른들에게 자신이 겪은 일을 이야기해주고 교내폭력을 없애는 데 힘써 달라고 말하고 싶습니다. 아이는 다른 학교 교내폭력 기사도 검색해보고, 교내폭력의 피해사례도 조사해보면서 그 심각성을 깨닫습니다. 그리고 자신이 해결책을 제시해야겠다고 생각하지요. 부족하지만 자신이 생각하는 해결책을 열심

히 씁니다.

아이의 고민이 치열하고 집요할수록 본론의 수준이 높아지는 것입니다. '어떻게 얘기할까? 어떻게 해야 내 이야기가 잘 전달될까? 더 좋은 해결책은 없을까?' 고민하다 보면 글의 윤곽이 서서히 드러납니다.

• 끝은 쿨하게

아, 결국 끝났습니다! 이제 마지막 정리만 잘하면 됩니다. 그런데 이 정리라는 것이 또 어렵습니다. 왜냐하면 뭔가 아직 할 말이 더 남은 것 같은 기분 때문이지요. 그래서 본론에서 해야 할 말들을 결론에 늘어놓기 시작합니다. 헤어질 때 바짓가랑이 붙잡는 여자처럼 구차합니다. 헤어질 때 쿨하려면 사랑에 후회가 없어야 합니다. '죽도록 사랑했다. 후회 없다. 너도 잘 살아라.' 외칠 수 있는 이별을 위해서는 사랑할 때만큼은 사랑에 목숨을 걸어야하지요. 글을 쓸 때 역시 마찬가지입니다. 힘은 본론에서 주고 결론에서는 자신이 주장한 것을 간략하고 임팩트 있게 요약해야합니다. 간단하게 자신의 주장에 대한 해결방안을 제시해도 좋습니다.

'떠날 때는 쿨하게~' 연애할 때만 필요한 게 아닙니다.

논설문 직접 써보기

앞에서 말한 서론, 본론, 결론의 성격을 이해하고 아이와 함께 직접 개요표를 만들어보자고요.

개요표에는 아이가 진짜 하고 싶은 말이 담기게 해주세요. 그래야 본문을 쓸 때 쉽게 풀어나간답니다.

3단 구상의 예

제목	학교 폭력, 그 문제점과 대책
주제문	학교 폭력이 점점 심각해지고 있다. 학교는 폭력을 적극적으로 해결하지 않고 있다. 해결책이 필요하다.
서론	1. 학교 폭력의 현실 2. 학교 폭력 때문에 생기는 많은 문제들
본론	Ⅰ. 학교 폭력이 일반 학생들에게 미치는 영향 Ⅱ. 학생들이 폭력을 행사하는 원인과 문제점 　1. 컴퓨터게임 중독의 영향으로 폭력을 자연스럽게 받아들인다. 　2. 공부하면서 받은 스트레스를 폭력을 행사하며 풀고 있다. 　3. 가정과 학교에서 폭력의 피해에 대한 교육을 하지 않고 있다. Ⅲ. 학교 폭력을 근절하는 해결방안 　1. 공부 스트레스를 풀 만한 많은 방법들이 생겨야 한다. 　2. 폭력을 행사하지 않도록 다양한 교육이 실시되어야 한다. 　3. 폭력을 행사한 학생들에게는 확실한 법적 제재가 필요하다.
결론	요약/재강조

이와 같이 간단한 표를 작성하고 글을 쓰게 되면 아이는 자신이 써야 할 글의 방향을 알게 되므로 글을 쓰면서 길을 잃지 않고 글을 밀고 나갈 수 있게 됩니다. 이 과정에서 자신이 잘 모르는 부분이 나오면 좀 더 조사를 하는 노력이 필요하지요. 예를 들어 학교 폭력을 근절하는 방안에 어떤 법적인 조치들이 있는지를 인터넷에서 조사해 보고 이 부분이 미흡하다고 생각되며 더 보완해야 할 부분을 자신이 직접 생각해서 적어보는 것이지요. '현 법안은 강력범죄를 저질러도 15세 이하는 형사처벌이 불가능한데 이는 범죄 연령이 점점 낮아지고 있는 현실에 맞지 않으므로 이런 법안은 고쳐야 한다.'든지, '소년원에서 청소년기를 보내고 나온 청소년은 나중에 더 큰 범죄를 저지를 확률이 매우 높다는 통계가 있으므로 소년원에 보내는 것 이외의 사회봉사 등으로 참회의 기회를 주어야 한다.' 등의 의견들을 제시할 수도 있는 것이지요.

이 과정에서 자신의 생각만 주장할 것이 아니라 가족들이나 친구들과 토론을 거친다면 혼자 쓰는 것보다는 훨씬 성숙한 의견을 제시할 수 있습니다. 해결책도 현실 가능한 것을 얘기하게 되겠지요.

물론 개요표를 짜고 그 표에 맞추어 한 편의 글을 완성한다는 것은 아직 초등학생인 아이에게는 매우 어려운 과정입니다. 그러나 아이가 이런 문제에 대해 글을 한 번 쓰고 나면 아이는 이 문제에 대해서만큼은 다른 아이와 비교할 수도 없을 만큼 사고의 깊이가 깊어집니다. 어디에서 누구하고도 이 문제에 대해서만큼은 토론을 벌일 수 있고, 뉴스에서 학생 폭력이나 교내 폭력에 대한 이야기가 나오면 귀 기울여 들으면서 관심을 보입니다. 자신이 이미 알고 있던 사실에 새로운 내용을 첨가해 법안이 이렇게 바뀌었다는 둥, 이것은 근본적인 해결책이 아니라는 둥, 학교 상황을 모르고 발표한 탁상 행정이라는 둥, 마치 자기 어깨에 학교 폭력에 대한 책임이 있는 냥 아는 척을 하지요. 이것이 바로 아이가 자신의 의견을, 자신의 목소리를 가지게 되었다는 증거입니다. 그러는 과정에서 아이는 처음 글을 쓸 때와는 달리 점점 더 좋은 의견을 가지게 됩니다. 아이의 신체가 자라듯이 아이의 사고가 성장하는 것이지요. 이런 주제와 맞닥뜨릴 때마다 이 문제에 대해 자주 골똘히 생각하다 보면 다른 아이들은 생각해내지 못한 매우 창의적인 해결책을 생각해낼 수 있습니다. 사고력이 주는 선물이지요. 이렇게 준비된 아이에게 폭력이나 전쟁 등과 같은 논술문이 제시될 경우 아이는 자신의 논리를 펼쳐 입증해보이면서 평소에 생각하고 있던 매우 현실적이고 창의적인 해결책도 제시하게 됩니다. 자, 이제 아이는 원하는 대학에 합격하는 일만 남았습니다.

아이의 사고는 이렇게 오랜 시간 발전에 발전을 거듭하며 성장합니다. 중요한 것은 '아이가 이번 시험에 몇 점을 맞았는가?' 하는 것이 아닙니다.

'지금, 하고 싶은 이야기가 있나?' 하는 것입니다. 아이에게 강하게 주장하고 싶은 자신의 목소리가 있나요?

논설문을 다 쓰고 나서 확인할 것들

- 주제가 분명하게 드러났는가?

- 주제와 관련된 자료가 충분히 제시되었는가?

- 논설문의 기본 구조(서론, 본론, 결론)가 균형이 잡혀있나?

- 처음에 계획한 개요표 대로 작성되었는가?

- 주장이 분명하고 일관성이 있는가?

- 주장이 충분히 설득력이 있는가?

- 주장을 뒷받침하는 다양한 종류의 논거(증거)가 제시되었는가?

- 표현이 적절한가? 억지스러운 점은 없는가?

- 결론이 참신한가?

- 맞춤법, 어법, 띄어쓰기는 정확한가?

아이가 자신의 목소리를 가지려면

① 열린 가정 분위기가 중요해요. "어른 말씀하시는 데 끼어들지 마라!" 또는 "엄마가 하라는 대로 하지 무슨 말이 그렇게 많아?"와 같은 말은 절대 금물입니다. 하고 싶은 주장을 일단 하게 해주세요.

② 할 말이 있으면 또렷하게, 하고 싶은 말이 있으면 분명하게 하라고 가르쳐주세요. 하고 싶은 말이 있는데 감정이 격해져서 울면, 울음을 그칠 때까지 기다리셨다가 할 말을 하게 하세요. 얼버무리면 다시 생각해보고 하고 싶은 말을 하라고 하세요. 아이가 이야기하는 도중에는 답답해도 끝까지 들어주셔야 합니다. 일단 내 얘기를 엄마가 끝까지 들어준다는 신뢰를 주세요.

③ '나'를 드러나게 하세요. 내 친구 누가 그렇게 말했다든지, 선생님이 그렇게 하라고 했다든지 그런 말은 빼고 자신의 생각이 뭔지 분명하게 밝히게 하세요. "그러니까 네 생각은 뭔데? 너는 어떻게 했으면 좋겠는데?"라고 반복해서 물어주셔야 합니다.

④ 생각하고 있는 해결책이 있으면 주장하게 하세요. 물론 아이들은 타당한 해결책을 제시하지 못하는 경우가 많습니다. 해결책이라고 주장하는 것도 받아들일 수 없는 경우가 많지요. 아이가 타당한 해결책을 제시

하면 그게 앱니까? 어른이지. 하지만 가능하지 않은 해결책도 자꾸 제시해봐야 합니다. 그래야 자신의 주장에 힘을 실을 수 있습니다. 아이가 주장하는 해결책을 받아들일 수 없을 경우에는 아이가 이해할 때까지 설득하는 것이 좋지만, 일단 시간을 가지고 생각해보자고 하세요.

⑤ 해결책을 도출하도록 재촉하지 마시고 엄마의 해결책에 동의하도록 강요하지도 마세요. 무엇인가 자신의 능력 밖의 일을 재촉 받았던 아이나, 동의할 수 없는 문제에 억지로 동의하는 경험을 가졌던 아이는 무기력해집니다. 무기력은 자신의 주장을 이야기하는 데 가장 치명적인 독입니다. 무기력한 아이가 무슨 하고 싶은 말이 있겠습니까?

⑥ 자신에게 일어난 문제는 자신이 해결하게 하세요. 엄마가 공부하는 아이 책상에 우유를 갖다놓습니다. 그리고는 말하지요. "그 우유 쏟겠다. 빨리 마셔. 쏟겠다. 쏟겠다~아." 엄마가 이렇게 지성으로 염불을 외우니 안 쏟을 수가 있습니까? 아이는 엄마의 기대에 부응하기 위하여 우유를 와장창 쏟습니다. 엄마는 기다렸다는 듯이 속사포 응징을 가합니다. 거봐라 엄마가 쏟는댔지, 덤벙댄다, 칠칠치 못하다, 실컷 야단을 치고 나서 소리를 지릅니다. "걸레 가지고 와!" 그리고는 엄마가 엎드려 쏟아진 우유를 싹싹 닦아내지요. 야단맞은 아이는 이 상황에게 그저 엄마의 야단치는 목소리를 조용히 견디는 것 말고는 할 수 있는 게 없습니다.

이렇게 무기력한 상황을 자주 겪어내면 아이는 문제해결에 대한 의지를 아예 상실하게 됩니다. 다음에 또 우유를 쏟으면, 물을 쏟으면, 급식을 먹다가 반찬을 쏟으면, 어떻게 해야 하는지 모르는 아이가 되지요. 심지어는 이걸 내가 왜 해? 엄마가 해야지. 라고 생각하기도 하고요. 아이의 문제는 죽이 되든 밥이 되든 아이 스스로 해결하게 하세요.

자, 아이가 우유를 쏟습니다. 엄마는 못 본 척 가만히 있습니다(이 부분에서 깊은 내공이 필요합니다. 처음에는 잘 안되지만 이렇게 주문을 외우세요. '난 아무것도 못 봤어. 아무 것도'). 아이는 엄마를 쳐다보며 떨리는 목소리로 이렇게 말합니다. "엄마, 어떻게 해요?" 그때, 지금 막 봤다는 듯이 웃음을 띠고 돌아보면서 이렇게 말하는 것이지요. "어떻게 하면 좋겠니?" 아이는 다시 대답합니다. "치워야 돼요." 역시 웃음을 띠고(안면 장애가 오지만 꾹 참고) "그럼 치워라"라고 대답합니다. 아이는 "뭘로 치워요?"라는 어리석은 말로 속을 뒤집습니다만 계속 웃으며 "치우고 싶은 걸로 치워라."라고 얘기합니다. 윽, 너무 참아서 토할 것 같습니다. 그런데 저 웬수 같은 자식 놈이 치우고 싶은 걸로 치우랬다고 크리넥스 한통을 다 뽑아 쓰며 우유를 닦고 있네요. 그때 다시 주문을 외웁니다. '크리넥스 한 통을 다 쓴다고 세상이 무너지지는 않아~' 아이는 휴지로 바닥을 닦고 나서 다 했다고 말합니다. 아이 옆에는 휴지 뭉텅이가 아이 크기만큼 쌓여 있네요. 그때 말해주는 겁니다. "너는 우유 한 컵 닦겠다고 나무한테 너무 몹쓸 짓을 했구나." 그때서야 휴지를 발견한 아이 깜짝 놀라며 자신의 짧은 생각을 반성하지요. 스스로 반성해야 다음에는 걸레를 써야겠다는 인식의 전환이 이루어지는 것입니다. 우유를 쏟은 아이는 생각합니다. "으아~ 우유 쏟으니까 진짜 괴롭구나. 다음에는 우유 컵을 책상 가장자리에 절대로 안 놓아야겠다. 휴지로 닦으니까 휴지가 너무 많이 드는구나. 걸

레가 낫겠다. 걸레 그대로 놔두면 엄마가 또 소리 지르겠지? 걸레를 빨면
야단 덜 맞을 테니 귀찮지만 빨아야겠다. 걸레 빠는 것도 되게 힘드네. 엄
마 힘들겠다." 아이는 우유를 닦으며 여러 가지를 깨닫지요. 아이가 깨달
음을 얻을 수 있도록 되도록 많은 일을 아이 스스로 하게 해주세요. 바닥
이 깨끗하지 않다고요? 애 나가고 나서 다시 한 번 닦아야지요 뭐.

저는 되도록 많은 일을 아이 스스로 하도록 내버려두는 편인데 그럴
때면 내가 빨리 해버리면 될 일을 꼼지락거리는 아이를 보면서 속이 터
지지요. 그때마다 주문을 외웁니다. '아이가 자기 양말 빤다고 저렇게 베
란다를 물바다로 만들어놓아도, 기껏 양말 몇 개 빨면서 세제를 범벅을
해놔도 이 세상은 무너지지 않아.'

조금만 이를 악물고 참으면 아이가 말간 얼굴로 하얀 양말을 들어 보
이며 말하지요.

"엄마, 내가 다 했어요!"

아이들은 글을 쓰고 나서 길고 지루했던 터널에서 빠져나온 얼굴로 자신이 쓴 글을 집어던지며 외칩니다. "끝났다~!!!!!!"

그러나 진짜 글쓰기의 시작은 자신이 쓴 글을 첨삭하는 과정부터 입니다. 아이의 글이 일취월장하는 부분도 이 부분이고 자신의 글에 대한 객관적 시각을 갖는 것도 여기서 부터랍니다. 첨삭, 빼먹고 넘어 갈 수가 없어요. 그런데 아이에게 지금 쓴 글을 첨삭하자고 하면 도살장 끌려가는 소 같은 표정을 한다는 데 우리의 어려움이 있습니다. 지금까지 '글쓰기만 끝나면 엄마로부터 해방이다!'를 마음속으로 부르 짖으며 참아왔는데 이제부터 시작이라니 이게 웬 날벼락입니까? 아

이에게 첨삭은 그야말로 날벼락입니다. 아이에게는 첨삭이 날벼락이라는 사실을 우리, 이해해주자고요. 그러므로 왜 자신이 자신의 글을 첨삭해야 하는지 이해하지 못하는 저학년에게는 첨삭을 권하지 않습니다. 저학년은 그저 자신의 생각을 나타냈다는 것에 중점을 두어야지 첨삭하자고 달려들면 글로부터 더 멀리 도망가지요. 첨삭은 자신이 자신의 글을 더 나은 방향으로 만들어보고자 하는 의지가 생기는 4, 5학년 이상은 되어야 가능하다는 것을 잊지 마세요. 4, 5학년 이상은 무조건 첨삭을 해야 한다는 말이 아니라 적어도 이 정도 나이는 되어야 인생을, 글을, 무언가 나은 방향으로 끌고 가보려는 의지가 생긴다는 말이지요. 첨삭지도를 반드시 시작해야 하는 학년이 정해져있는 것은 아닙니다. 다만 기준을 잡자면 자신의 글을 더 발전적 방향으로 써보겠다는 의지가 생기는 시기가 첨삭의 적기입니다.

• 덜어내자, 지저분한 장신구

첨삭은 내가 쓴 글을 더 좋은 글로 변화시키려는 목적이 있습니다. 첨가할 것은 첨가하고 삭제할 것은 삭제해서 문장과 주제가 더 탄탄해지도록 하는 것이지요.

그렇다면 좋은 문장이란 어떤 문장일까요? 좋은 문장이란 쉬운 낱말을 사용하여 담백하고 간결하게 쓴 문장입니다. 미사여구를 사용해서 화려하게 치장한 문장일수록 주제가 모호한 경우가 많지요. 이런 문장들은 화장을 진하게 하고 장신구를 치렁치렁 단 여자처럼 볼수록 품위가 없어요. 아이가 5~6학년 정도가 되면 문장이 길어지면서 미사여구를 주절주절 붙이는 경우가 많습니다. 무언가 머릿속에 생각은 많은데 확실하게 말하려고 하면 정리는 안 되고, 그저 생각나는 대로 쓰자니 유치해 보이는 것 같고, 이제 낼 모레 중학생이 되니 그럴 듯하게 보이는 글을 쓰고 싶고, 이런 저런 이유로 아이들의 문장이 솔직함을 잊어버리고 지저분해지지요.

간단히 정리하자면 아이가 글에 수많은 수식어를 붙이며 글을 늘이려는 이유는 첫째, 자신이 무슨 이야기를 하려는지 잘 모르겠는 경우. 둘째, 글이란 모름지기 멋져보여야 한다고 생각해서. 셋째, 쓰기 싫어 죽겠는데 원고지 일곱 장 이상 채워오라고 하니까 어쨌든 길게 늘려보려고. 셋 중 하나일 확률이 높습니다. 그러므로 아이의 글이 매우 산만해보이고 아래의 글처럼 필요 없는 문장이 섞여있는 경우는 위의 세 가지 이유 중 어떤 것인지 원인을 파악하셔서 같이 해결책을 찾아야 합니다.

대한민국이 민족 전쟁을 겪어 상처 입은 개발도상국에서 선진국으로 한 걸음 한 걸음 나아가 '한강의 기적'이라 불리며 다른 선진 국가들을 맹렬히 쫓음과 동시에 세계화에 물이 들고 있다. 세계화 되어가는 대한민국의 젊은이들이 혹여나 문화사대주의에 빠져 우리나라 전통의 정체성을 잊어가는 건 아닌지 감히 추측해본다.

☞ 한때 개발도상국이었던 대한민국은 선진국 진입을 눈앞에 두고 있

다. 세계화에 앞장서고 있는 대한민국의 젊은이들이 우리의 전통을 잊어가는 것은 아닌지 걱정스럽다.

자신이 무엇을 쓰려고 하는지 명확하다면 위와 같은 오류에 빠지지 않겠지요. 그러니 앞에서도 누누이 말한 것처럼 자신이 무슨 얘기를 하고 싶은지를 확실하게 아는 것이 중요합니다.

• 간결한 문장, 쉬운 표현으로 썼는가?

~했고, ~하였으며, ~하므로 인하여 등으로 계속 연결되어 있는 문장은 읽는 사람을 힘들게 합니다. 간혹 이런 문장이 멋지게 보여서 끊지 않고 계속 이어가는 아이들이 있어요. 하지만 반점이 여기저기 박혀있는 문장은 매우 지저분해보입니다. 문장에 반점이 많은 글은 반점이 있는 부분을 과감하게 딱 잘라주세요. 가장 좋은 것은 하나의 문장에는 하나의 생각만이 들어가는 것입니다.

공업화로 인한 대기오염, 수질오염 등은 우리가 살고 있는 지구의 하늘에 구멍을 뚫고, 남극과 북극의 빙하를 녹여가고 있으며, 이러한 지구 온난화 현상은 자연생태계의 먹이사슬을 위협하고 있으며, 각종 동식물의 멸종위기를 불러일으키고 있다.

☞ 공업화로 인한 대기오염은 우리가 살고 있는 지구의 하늘에 구멍을 뚫었다. 지구 온난화로 남극과 북극의 빙하는 녹아가고 있다. 이처럼

점점 심해지는 지구의 변화는 자연생태계의 먹이사슬도 위협하고 있다. 각종 동식물이 멸종위기를 맞고 있는 것이다.

더불어 여기저기 박혀있는 이어주는 말(접속부사) 또한 뽑아내 주셔야 합니다. 이어주는 말은 꼭 필요할 때 가장 적합한 것을 골라 써야 합니다. 글을 못 쓰는 아이들일수록 이어주는 말을 많이 쓰는 경향이 있습니다. 영어를 못하는 사람이 영어를 할 때 문장마다 'and then, because, so ……' 같은 것을 계속 말하지 않습니까? 다음 할 말을 잘 모르기 때문이지요. 문장에 이어주는 말이 많이 들어간다는 것은 다음 문장을 어떻게 연결해야 할지 모른다는 뜻입니다. 그러니 읽는 사람이 글의 수준을 급격히 낮게 보게 되지요. 이런 글은 실제로도 읽어보면 수준이 낮습니다.

일기를 제외한 모든 글은 다른 사람에게 읽히기 위해 씁니다. 그러므로 읽는 사람의 입장에서, 읽는 사람이 이해하기 쉬운 문장으로 써야 한다고 말씀해주세요. 처음 쓸 때는 일단 내 입장에서 쓰더라도 첨삭을 할 때에는 다른 사람 입장에서 읽어봐야 합니다.

• 말꼬리를 분명하게 할 것

'~라 생각된다. ~라 말할 수 있지 않을까? ~라 말할 수도 있을 것이다. ~라 말하여지기도 한다.' 등의 문장은 모두 확신이 없이 쓴 문장입니다. 그러나 확실하지도 않을 것을 글로 쓴다는 것은 옳지 않

지요. 확실해질 때까지 조사를 해보거나(어떤 사실일 경우) 확신이 생길 때까지 기다려야지(내 감정일 경우) 확실하지도 않은 것을 쓰면 어쩝니까? 이런 글은 읽는 사람에게 신뢰를 줄 수 없습니다. 그런데 이것은 꼭 아이가 경솔해서 그런 것만은 아니고 우리의 문화가 '겸양'의 문화이기 때문이기도 합니다. "싫어요."라고 똑바로 말하면 좀 건방져 보이고 "글쎄요. 제 생각에는 별로 좋게 생각되지는 않습니다만……" 하고 불분명하게 말하는 것이 어쩐지 더 겸손해 보이는 문화 속에 살다 보니 글 역시 겸손한 느낌을 주는 쪽으로 쓰는 것이지요. 그러나 글을 심사하는 심사위원이나 논술 채점위원은 이런 글이 준비가 안된 글이라고 여깁니다. 확실하지도 않은 것을 얘기하는 자신감 없는 학생이라고 생각하는 것이지요. 그러니 글에서 이런 문장을 발견하시거든 확실한 느낌을 표현하는 어미로 바꿔주세요.

한글의 소중함을 모르는 것 같은 젊은이들이 한글을 아끼지 않고 있는 이런 시점에서 과연 우리만의 문자인 한글이 정체성을 잃지 않을지는 미지수이다. 전 세계가 하나가 되어가는 시점이므로 세계적인 언어인 영어가 많이 쓰이는 것은 어쩔 수 없다곤 하지만 이렇게 한글의 정체성을 잃어가다가는 언젠가는 한글이 없어지지 않으리라고 누가 보장할 수 있을 것인가?

☞ 젊은이들이 한글을 아끼지 않으면 한글은 점점 그 정체성을 잃게 된다. 만국 공용어인 영어가 전 세계적으로 많이 쓰이는 것은 이해하지

만 국민 모두가 영어만 쓰다가는 언젠가 우리의 한글은 없어지고 말
것이다.

• 번역문처럼 쓰지 말 것

최근에 어린 학생들까지 '해리포터' 등의 번역된 외국 소설들을 읽
으면서 번역문 문장을 많이 접하다 보니 글도 이런 방식으로 쓰는 것
을 많이 봅니다. 번역투의 문장이란 대표적으로 피동형으로 쓰는 것
입니다. 우리나라 말은 사실 피동형을 거의 쓰지 않습니다. 자동사를
쓰는 경우가 대부분이지요. 그런데 영어는 빈번하게 피동형을 쓰니
피동형 문장이 글에 나타나는 것입니다.

이 책은 젊은이들 사이에서 많이 읽혀지고 있습니다.

무엇이 그녀를 그렇게 하도록 시킨 것일까요?

비대화된 도시

무엇이 잘못 된 것인지 모르시겠다고요? 위의 문장들은 다음과 같
이 고쳐야 합니다.

☞ 이 책은 젊은이들이 많이 읽고 있습니다.

그녀는 무엇 때문에 그렇게 된 것일까요?

비대해진 도시

크게 다른 점을 모르시겠다고요? 그렇습니다. 뜻 자체가 크게 달라지는 것은 아니지요. 그러나 피동 문장은 문장의 뜻이 자동 문장보다 훨씬 모호하고 문장의 힘도 떨어집니다. 피동으로 쓴다는 것은 사물에게 주권을 넘겨준다는 것이니까요. '이 책은 젊은이들이 많이 읽고 있습니다.'의 경우 이 문장의 주체가 '젊은이들'이 되지만 '이 책은 젊은이들 사이에서 많이 읽혀지고 있습니다.'의 경우 '이 책'이 문장의 주체가 됩니다. 이러한 문장은 무생물에게까지 성(性)을 붙이는 불어나 강아지도 he, she를 구분하는 영어에서는 자주 쓰는 문장이지만 우리글에는 어울리지 않습니다. 그런데도 많이 쓰고 있지요? 물론 무의식적으로 쓰는 경우까지 매번 골라낼 수야 없습니다. 빈번하게 워낙 많이 쓰니까요. 이 책에서도 아마 많이 발견하실 수 있을 거예요. 하지만 아이가 눈에 띄게 이러한 문장을 쓴다면 자동사로 고쳐보라고 얘기해주셔야 합니다. 자동사로 고쳐 쓰다 보면 문장에 힘이 생깁니다.

• 주어가 찾습니다, 서술어

아이들은 처음에 씩씩하게 문장을 시작합니다. 그런데 문장을 완성해갈 때쯤에는 머릿속의 생각이 얽혀버리지요. 그래서 시작할 때의 주어와 끝날 때의 서술어가 서로 달라집니다. 문장의 주어와 서술어가 맞지 않는다는 것은 바지 위에 팬티를 입는 것처럼, 오른쪽 발에는 운동화를 신고 왼쪽 발에는 구두를 신은 것처럼, 말도 안 되는 일입니다. 그런데 아이들 글을 읽다 보면 참으로 많습니다. 이런 문장들.

이 책은 밥 먹고 게으름을 피우다가 소로 변한 사람이 할 일을 미루고
게으름을 피워서 소가 되었다.

얼핏 보아 괜찮은 것 같은 이 문장은 주어와 서술어가 서로 맞지 않
습니다. 주어는 '이 책은'인데 서술어는 '소가 되었다.'죠. 책이 소가
된다니 말이 안 되지요? 아이의 문장이 어딘가 모르게 이상할 때에는
주어와 서술어만 떼어내서 퍼즐 맞추듯이 맞춰보세요. 딱 맞지 않으
면 바르지 않은 문장입니다.

☞ <u>이 책에는</u> 밥 먹고 게으름을 피우다가 소로 변한 사람이 <u>나온다.</u> <u>그</u>
<u>사람은</u> 할 일을 미루고 게으름을 피워서 <u>소가 되었다.</u>

이처럼 문장에서 주어와 서술어를 맞춰보세요. 맞지 않는 경우, 맞
는 문장으로 바꿔야 합니다.

언젠가 강원도 특산물을 산 적이 있는데 거기에 이렇게 써있더
군요.

강원도 농 · 수 특산물은 최고의 품질을 보장합니다.

농·수 특산물이 품질을 보장하다니 참으로 대단한 특산물이지요? 이 문장은 주어와 서술어가 맞지 않습니다. 다음과 같이 써야 맞지요.

☞ 강원도민은 강원도의 농·수 특산물이 최고의 품질임을 보장합니다. (강원도 농·수 특산물은 최고의 품질입니다.)

주어와 서술어를 처음부터 잘 맞춰 쓰는 아이도 있고 가르쳐주어도 잘 못 맞추는 아이도 있습니다. 하지만 이런 아이들도 자꾸 연습시키다 보면 서서히 변화하니까 너무 마음 쓰지 마시고 쓸 때마다 스스로 고치게 해주세요. 귀찮다고 방치하시면 안 됩니다. 주어와 서술어는 하늘이 두 쪽 나도 서로 맞게 만나야 하는 존재들입니다. 주어와 서술어를 못 맞추는 글, 글의 수준을 논하기 전에 실격입니다.

• 아, 제발 이모티콘은

우리는 자라면서 이모티콘이나 '외계어'라고 하는 인터넷 용어들을 써본 적이 없습니다. 그러니 진지한 글을 쓰면서 이런 단어들을 문장에 섞어 쓴다는 것이 이해가 안되지요. 하지만 지금 아이들은 글을 배우면서 이모티콘과 인터넷 용어를 함께 배운 아이들입니다. 그러니 문장에 이런 단어를 쓰는 것을 당연하게 생각해서 "이런 단어를 문장에 쓰면 안 된다."라고 말하면 오히려 "왜요?"라고 되묻기도 합니다. 왜 안 될까요?

　오페라를 부를 때 청바지를 입고 불러도 소리에는 아무 지장이 없습니다. 헤비메탈 공연을 하면서 한복을 입어도 음악이 달라지지는 않지요. 하지만 모든 것에는 형식이 있습니다. 신입사원 면접에 슬리퍼를 찍찍 끌고 가면 안 되는 것처럼 글에도 지켜야 할 형식이 있음을 알려주세요.

　이모티콘이나 인터넷 용어들은 한 번만 써도 글의 품격을 매우 훼손시킵니다. 진지한 글에서는 절대로 써서는 안 됩니다. 논술 채점위원이 채점을 하다가 글에서 이모티콘을 발견한다면 읽기를 딱 멈추고 글 쓴 아이를 불합격 명단에 넣을 거예요.

　사실 저도 'ㅆ'를 잘 씁니다. 'ㅆ;;'도 애용하는 편이지요. 하지만 제 글은 엄마들과 소통하기 위한 글이지 논술위원이 읽는 글은 아니잖아요. 심사위원에게 제출할 글이나 선생님께 보여드릴 글도 아니고. 그러니 때때로 쓰는 것을 이해해주세요.

　아이들 글도 마찬가지입니다. 일기나 편지처럼 개인적인 글에서는 애교로 이런 것들을 쓸 수 있지만, 독후감, 설명문, 논설문 등 제출을 위한 글에서는 이모티콘, 외계어 금물! 입니다.

요즘에는 컴퓨터 사용이 보편화되면서 예전보다 원고지 사용이 많이 줄었습니다. 글쓰기 숙제도 원고지에 해가기보다는 컴퓨터로 작성해서 출력을 해가는 경우가 많지요. 저 개인적으로도 원고지 사용이 별로 바람직하지 않다고 생각합니다. 일단 아이들에게 원고지를 앞에 놓고 글을 쓰게 하면 한 칸 한 칸 채워야 한다는 부담감에 안색이 안 좋아집니다. 쓰다가 혹여 밀려 쓰기라도 해보세요. "선생님, 다 지워야 해요?"라고 묻는 아이의 목소리는 "선생님, 저는 귀신을 봤어요."와 맞먹는 공포를 포함하고 있답니다. 사실 원고지를 사용하는 나라도 일본, 중국, 우리나라 정도 밖에는 없습니다. 그래서 저는 특별한 경우가 아니면 원고지 사용을 권하지는 않습니다. 하지만 아직도 원고지 종종 쓰지요? 백일장에 나가서도 쓰고, 논술시험을 볼 때도 씁니다. 왜일까요? 원고지에 쓴 글이 채점에 훨씬 용이하기 때문입니다. 그냥 흰 종이에 쓴 글보다 원고지에 글을 쓰면 읽는 사람이 내용파악을 훨씬 편하게 할 수 있습니다. 글의 구성이 눈에 확 들어오지요. 원고지에 글을 쓰는 것이 아이의 예쁜 글씨 쓰기를 잡아주거나 문단 나누기 연습을 하는 데 도움을 주는 것은 사실이지만 원고지가 보는 사람의 편의를 위해서 존재한다는 것을 부정할 수는 없습니다. 그러니 아이가 원치 않으면 굳이 원고지 사용을 고집하실 필요는 없어요. 다만 언제 어디서 원고지를 만날지 모르니 사용 방법을 간단히 익혀두면 긴장할 필요 없겠지요? 엄마들도 아이의 원고지 교정 방법을 알고 계시면 아이에게 "다 지우고 다시 써!"라고 소리 안 지르셔도 됩니다. 원고지에서는 교정부호를 사용하면 제대로 고쳤다고 쳐줍니다. 아이가 "엄마, 다 지워야 해요?"라고 공포에 떨며 원고지를 들고 왔을 때 간단하게 교정부호로 고쳐주고, "엄마가 교정했으니 그럴 필요 없어."라고 해보세요. 아이가 속으로 생각할 겁니다. '우와~ 님 좀 짱인 듯!'

자, 그럼 원고지 사용법 배워볼까요?

① <기행문>

② 대구 팔공산을 다녀와서

④ 서울 갈현초등학교

⑤ 4-5 박민정

~~~~~~~~~~~~~~~~~~~~~~~~~~~~~~~~~~~~~

나의 정원을 찾아서

③ '리디아의 정원'을 읽고

금오초등학교

6~4 송현주

⑥ 리디아는 가정형편이 좋지 않아서 삼촌댁에 잠깐 가 있기로 하고 엄마, 아빠와 헤어진다. **내용이 새롭게 바뀔때 비운다.**

⑦ 나도 리디아처럼 할머니댁에서 살았던 때가 있었다. 그 때는 너무 힘들었다. ⑧ 엄마, 아빠가 보고 싶어서 울기도 했다. 그래서 이 책을 읽으며 옛날 생각을 많이 했다. 리디아가 나였다면 어땠을까? ⑨ 나처럼 울지는 않았겠지? ⑩ 리디아, ⑪ 정말 용감한 아이다.

할머니께서는

⑫ "맘 단디 먹어라. 엄마가 곧 데리러 올 끼다." **한 칸에 다 쓴다.**

하며 나를 달래 주셨다.
~~~~~~~~~~~~~~~~~~~~~~~~~~~~~~~~~~~~~

⑬ '정말 엄마가 나를 데리러 금방 오실까?' 각각 한 칸씩 쓴다.
나는 할머니댁 마루에 앉아 엄마가 오실 ⑭'그 날'을 기다렸다. 드디어 엄마가 오시던 날⑮…….

• 제목과 이름 쓰기

① 맨 윗줄에는 글의 종류를 써도 무방하지만 안 써도 됩니다. 예를 들어 운문과 산문을 같이 제출하는 숙제일 때는 글의 종류를 밝히면 좋고, 굳이 밝히지 않아도 글의 종류를 읽는 사람이 알고 있다면 밝히지 않아도 되지요.

② 글의 제목은 두 번째 줄 가운데쯤 씁니다. 대충 가운데쯤 쓰시면 돼요. 독후감 같은 경우에는 제목을 쓰고 나서 읽은 책도 밝혀주어야 하니까 ③ 제목 밑에 읽은 책 이름을 써주시면 됩니다.

④ 학교를 쓸 때에는 지방을 밝혀도 되고 밝히지 않아도 됩니다. 학교에 숙제를 낼 때에는 밝히지 않아도 되고, 전국 대회의 백일장에 나간다면 밝혀야 되겠지요? 학교는 한 줄에 쓰고 뒤에 두 칸 남겨둡니다. 아마 세 칸 남기라고 하는 책도 있을 거예요. 원고지 사용법이라는 것이 나라에서 딱 정해준 법이 없습니다. '보기 좋게' 쓰는 것이 기준이지요. 그러다 보니 이 책은 이렇게 쓰라고 하고, 저 책은 저렇게 쓰라고 해서 더 헷갈린다는 엄마들도 계시던데, 스트레스 받지 마시

고 편한 방법으로 쓰면 됩니다. 이름 뒤에 두 칸 남기면 맞고, 세 칸 남기면 안 되고 하는 게 아니라 보기에 적당하면 어떤 방법이든지 괜찮다는 말입니다. ⑤ 그 밑 줄에는 학년과 반, 이름을 씁니다. 이름 뒤에도 역시 두 칸 남기시고요.

• 본문 쓰기

⑥ 이름을 쓰고 난 후 한 줄 띄고 글을 시작하는 것 알고 계시지요? 처음 시작할 때는 무조건 한 칸 띄는 것도 잊지 않으셨지요? 문제는 그다음부텁니다. 아이들이 원고지 매수를 늘리려고 무조건 '~했다.' 뒤에는 다 띄고 새로운 줄에 시작하려고 하지요. 이러면 일곱 장 금방 채울 수 있잖아요. 그런데 이렇게 놔두시면 안 돼요. 새로운 줄에 시작할 때는 반드시 '새로운 내용일 때'뿐입니다.

⑦ 새로운 줄에 쓴다는 것은 내용이 새롭게 싹 바뀐다는 뜻이지요. 읽는 사람이 '아, 줄이 바꼈으니 이제 새로운 내용이 시작되는구나.' 하고 생각할 수 있도록 하는 표시입니다. 다시 말해 내용이 새롭게 바뀌는 경우가 아니면 무조건 다 붙여 써야 합니다. ⑧ 예를 들어 '~했다.'가 문장의 맨 끝에 와서 한 칸 띄고 써야 할 때에도 새로운 내용이 아니면 다 맨 앞에 쓰세요.

• 기타 여러 가지 헷갈리는 애들

⑨ "~을까?"가 문장의 맨 끝에 온 경우 '까'를 쓰고 나니 물음표 쓸

자리가 없네요. 그럴 때 물음표를 다음 줄 첫 칸에 써야 할까요? 아니에요. 물음표, 느낌표. 큰따옴표, 작은따옴표 같은 애들은 글자가 아니므로 그냥 옆에 남는 자리에 써주시면 됩니다. 글자가 아니라고 좀 차별하네요.

⑩ 만약 문장 중간에 물음표나 느낌표가 왔을 때에는 글자처럼 생각하고 다음 칸을 한 칸 띄어줍니다. 물음표 쓰고 다음 칸에 바로 붙여서 글자를 쓰시면 안 돼요.

⑪ 온점이나 반점은 너무 작으니까 원고지 구석에 써주시고 그냥 반점 포함해서 한 칸만 비우시면 돼요.

⑫ 큰따옴표는 대화를 할 때 쓰는 문장부호입니다. 줄글을 쓸 때 대화는 무조건 새로운 줄에 써야 합니다. 맨 앞 칸에 한 칸 띄고 그다음 칸에 큰따옴표를 쓰고 대화를 적습니다. 말이 길어져서 다음 줄로 내려와야 할 때에는 역시 맨 앞 칸은 띄고 그다음 칸부터 씁니다. 대화글을 너무 특별우대 하네요.

⑬ 작은따옴표는 생각을 나타낼 때 쓰는데, 쓰는 방법은 큰따옴표와 같습니다. ⑭ 단, 큰따옴표나 작은따옴표가 강조의 뜻을 나타낼 때에는 문장 중간에 쓰셔야 합니다.

⑮ 줄임표는 한 칸에 3개씩 점을 찍으시고 마지막에 온점을 찍어주세요.

⑯ 가을에는

　기도하게 하소서

　낙엽들이 지는 때를 기다려 내게

주신

　겸허한 모국어로 나를 채우소서

　가을에는

　사랑하게 하소서

⑰ 10000 원　⑱ student　⑲ 1/2

⑯ 시를 쓸 때에는 앞의 두 칸을 비워야 합니다. 무조건이요. 그런데 종종 긴 행이 있지요? 그래서 한 행이 다음 줄로 넘어갈 경우에는 한 칸 앞에 써줍니다. 그래야 읽는 사람이 '아, 아직 행이 안 끝났구나.'라고 알 수 있지요. 1연이 끝나면 한 줄 띄는 건 잊지 않으셨죠?

⑰ 숫자가 여러 개 있을 때에는 한 칸에 두 개씩 씁니다. 귀찮다고 10000원을 한 칸에 다 쓰시면 안 돼요.

⑱ 알파벳도 한 칸에 두 개씩 밖에는 못 씁니다.

⑲ 분수는 한 칸에 다 씁니다.

교과서에 있는 모든 문장들은 칸이 없을 뿐이지 원고지 사용법을 기준으로 해서 써놓은 것입니다. 그러니 혹시 여기에 소개되지 않은 헷갈리거나 어려운 문장이 있을 때에는 교과서에서 찾아보세요.

• 교정부호

아무리 프로페셔널 작가라고 해도 원고지를 쓰다 보면 잘못 쓰는 일이 생깁니다. 그러니 아이들은 이런 일이 얼마나 많겠습니까? 그런데 그때마다 다 지우고 다시 쓰라고 하면 이 무슨 형벌입니까? 그래서 교정부호가 생긴 것이지요. 원고지를 쓸 때에 혹시 잘못 썼더라도 교정부호로 고치면 틀리지 않은 것으로 여깁니다. 그러니 아이가 혹시 잘못 썼더라도 엄마가 교정부호로 고쳐주세요.

백일장 같이 중요한 대회에 제출하는 글은 가급적이면 교정부호가 없는 것이 보기에 좋습니다. 그러니 대회에 내보내는 글은 원고지에 옮기기 전에 먼저 한 번 연습을 해보는 것이 좋겠지요?

• 원고지를 쓰게 하는 우리의 자세

원고지 사용법이 쓰다 보면 매우 까다롭습니다. 아마도 그래서 원고지가 점점 안 쓰이고 있는 것이겠지요. 사정이 이렇다 보니 아이들이 원고지를 사용하는 일은 일 년에 두세 번이 될까 말까 하지요. 너무 오랜만에 한 번씩 쓰니 아이는 쓸 때마다 원고지 사용법을 헷갈려 합니다.

엄마가 분명히 저번에 원고지 사용법을 가르쳐줬는데 아이가 다음에 쓸 때 다 잊어버리고 쓸 때마다 어떻게 쓰는 건지 몰라 하면 엄마

는 우리 아이가 진짜 머리가
나쁜 건지, 내 말을 귓등으로
듣는 건지, 머리 뚜껑이 열리며
마징가제트가 출동을 하려고
합니다. 그런데 말이죠, 인간
은 새롭게 받아들인 정보를 반
복해서 학습하지 않았을 경우

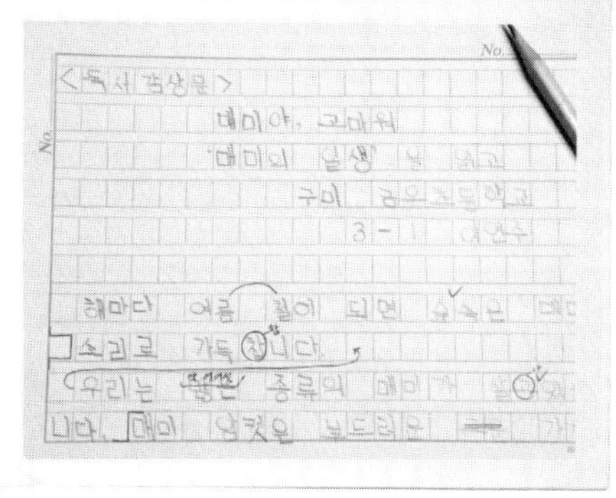

에는 학습한 내용의 80%를 한 달 안에 싹 까먹어버린다는 연구결과
가 있습니다. 그러니 일 년에 두세 번 쓰는 원고지 사용법은 배울 때
마다 새로운 정보가 되는 것이지요. "나는 한 번 보고 기억하잖아요!"
하시는 엄마, 저기 계시네요. 엄마들이 원고지 사용법을 한 번만 보고
도 기억이 나는 것은 우리가 학교 다닐 때 줄 곳 했던 것이 기억에 남
아있기 때문이지 우리 머리가 애들보다 좋아서는 아니랍니다.

아이가 저번에 가르쳐줬던 원고지 사용법을 싹 잊어버리고 완전히
새로운 것을 보는 얼굴을 하더라도 열 받지 마시고 다시 처음부터 가
르쳐주세요. 자꾸 반복하다 보면 지들도 언젠가는 알게 되겠지요.

부호	이름	사용하는 경우	부호의 쓰임	교정 후
∨	띄움표	띄어 써야 할 곳을 붙여 썼을 때	소년의얼굴	소년의 얼굴
⌒	붙임표	붙여야 할 곳이 떨어져 있을 때	재미 있어	재미있어
⊔	고침표	틀린 내용을 바꿀 때	조용히 / 가만히 떠올리며	조용히 떠올리며
＝	지움표	필요 없는 내용을 지울 때	빨리빨리 먹어라	빨리 먹어라
⎨	넣음표	글자가 빠졌을 때	어서 / 어서 가자	어서어서 가자
℃	뺌표	필요 없는 글자를 뺄 때	선생님의 모습	선생님 모습
∽	자리 바꿈표	글자의 앞, 뒤 순서를 바꿀 때	골목에서 소녀는	소녀는 골목에서
⅃	오른자리 바꿈표	오른쪽으로 글자를 옮길 때(부호가 끈이라고 생각하고 당겨보세요. 글자가 오른쪽으로 밀려나지요?)	너무 갑갑해	너무 갑갑해
Ꞁ	왼자리 바꿈표	왼쪽으로 글을 당길 때(끈을 당기면 글자들이 따라옵니다)	어른들의	어른들의
⌐	줄바꿈표	한 줄로 된 것을 두 줄로 바꿀 때	했다. 그러나	했다. / 그러나
↵	줄이음표	두 줄로 된 것을 한 줄로 바꿀 때	안다. / 그렇지만	안다. 그렇지만
＞	줄비움표	줄을 비울 때	이것은 우리의 / 마지막 소원	이것은 우리의 / / 마지막 소원
(	줄붙임표	줄을 붙일 때	이 소원을 / / 꼭 이루리라	이 소원을 / 꼭 이루리라

우리는 엄마이기 때문에
할 수 있습니다.
엄마니까요!

"선생님 애는 글 참 잘 쓰겠어요. 선생님이 다 봐주실 것 아니에요?"
제 수업을 들으시고 이렇게 말씀하시는 엄마들을 종종 만납니다. 저는, 바쁜 엄마랑 같이 산다는 이유로 친구네 집과 놀이터에 정붙이고 살아가는 딸아이를 생각하며 그저 웃지요. 딸애는 엄마 편하라고 종종 친구네서 저녁까지 해결하고 들어옵니다.

다른 엄마들한테 이런 저런 독후활동을 해주라고 권하고 온 날이면 '오늘 저녁에 독후활동 하나 해줄까?' 생각했다가도 갑자기 피곤해지는 몸과 부엌에 쌓여있는 설거지 때문에 또 다음으로 미루게 됩니다.

책에 제시된 방법들, 사실 마음먹는 게 어렵지 실제로 해보면 "에이~ 뭐 해보니 별거 아니잖아. 하나도 안 어렵네." 소리가 저절로 나오실 겁니다. 맞아요. 하나도 안 어렵습니다. 그런데 문제는 이 쉬운 게 자주, 주기적으로 해주기가 너무나 어렵다는 게 우리의 문제입니다.

맘먹고 뭐 하나 해주려고 하면 애는 오늘 학원 숙제 많다고 투덜거리지 이 갈리게 이쁜 남편이 꼭 애 뭣 좀 시키려고 맘먹은 날 일찍 온다고 전화하지, 옆집 아줌마 맛도 별로 없는 밑반찬 쬐끔 들고 와서 가지도 않지, 때맞춰 백화점은 왜 30주년 기념세일을 하는지, 에라 다음에 해주지 이거 오늘 안 해준다고 뭐 큰 일 나나. 하는 마음이 쓱 고개를 듭니다. 한 번 하는 것은 크게 어렵지 않으나, 반복해서 해준다는 것은 참으로 많은 것들과 싸워야 하는 어려운 일이에요.

이 어려운 싸움에서 이기려면 전략이 있어야겠지요? 그래서 이런 전략을 권해드려요. 우선 포도송이가 10개, 또는 20개 매달린 포도를 종이 위에 그리세요(사과나무도 괜찮아요). 내가 아이에게 글쓰기 지도를 하거나 독후활동을 해주었을 때마다 포도에 스티커를 붙이거나 색칠을 합니다. 계획했던 횟수를 다 채워서 아이를 지도했을 때 백화점에 가서 찍어놓은 실크 머플러를 삽니다. 남편이 "뭘 또 샀냐?"라고 하면 "이거 학원비 번 돈으로 산 거야!"라고 소리를 지릅니다.

이런 방법도 있어요. 홈쇼핑에 맘에 드는 명품 핸드백이 보이면 12개월 무이자로 일단 삽니다. 그리고 카드값 명세서가 나올 때마다 아이에게 글쓰기 지도나 독후활동을 해주는 거지요. 나는 핸드백 생기

고, 아이는 엄마랑 재미난 활동을 하니 이거 너무 좋은 아이디어 아닙니까? 저도 올해에는 명품 핸드백 하나 장만하려고 각오를 다지고 있습니다!

대나무 중에 '모죽'이라는 이름의 대나무가 있는데요. 이 모죽을 땅속에 심으면 평균 5년을 땅 속에서만 산답니다. 대나무를 심어놓고 성질 급한 사람은 "얘, 왜 안 나와?" 하고 가버리기 십상이겠지요? 그런데 옆에서 진득하게 물을 주며 기다리다 보면 5년 후에 쏙! 죽순을 틔웁니다. 일단 땅 위로 올라온 모죽이 60~70미터의 어른 대나무로 성장할 때까지는 채 두 달도 걸리지 않는다고 해요. 하루에 1미터씩 쑥쑥 자라는 것이지요. 땅 위에서 아무 것도 보이지 않는다는 이유로 죽었다고 생각한 모죽은 사실 그 오랜 기간 땅속에서 뿌리를 몇 십 미터 밖까지 퍼트리고 있었던 것입니다.

한두 번의 글쓰기로 아이의 글쓰기 실력, 땅 위로 올라오지 않습니다. 기를 쓰고 가르쳤는데도 눈에 보이지 않으면 힘이 빠지면서 '우리 애는 안되나 보다. 그래, 책 같이 될 리가 있겠어?' 하며 그만두고 싶은 생각 드실 거예요. 하지만 아이는 지금 땅 속에서 뿌리를 견고히 하고 있는 중이에요. 엄마가 주는 물을 마시며 무럭무럭 땅 위로 올라오려고 준비하는 중입니다. 그저 땅 속에 있어서 안 보일 뿐이지요. 지금 땅 속에서 아이의 잠재력은 자라고 있는데, 눈에 안 보인다고 그만 두시면 물 안 준 모죽처럼 말라죽어버립니다. 언제 땅 위로 올라올지 몰라요. 어떤 아이는 몇 달이 걸리기도 하고, 어떤 아이는 몇 년이 걸리기도 하지요. 중요한 것은 이 기간 동안 우리 엄마들이 지치지 않고, 포기하지 않고, 아이에게 꾸준히 글쓰기 지도를 하면서 아이와 함께 걸어가야 한다는 것입니다. 언젠가는 쏙! 땅 위로 올라와서 하루에 1미터씩 자라는 대나무 같은 아이가 될 것이라는 믿음을 놓지 않고 아이를 믿고 기다려주는 것이지요. 참으로 힘겹고, 지루하고, 지치는 일이지만, 우리는 엄마이기 때문에 할 수 있습니다. 엄마니까요.

엄마라는 이유로 이 힘겨운 과정을 아이와 함께 하려고 마음을 다 잡으시는 모든 엄마들께 건투를 빕니다!

감사합니다. 사랑합니다. 꾸벅

- '너보다 더 강의 잘하는 사람 본 적이 없다.'라는 어이 상실 격려 멘트를 실제로 내가 믿어버리게 만드는 초능력자 엄마, 아빠
- 말로는 절대 발설되지 않는 경상도식 사랑을 묵직한 김치통으로 증명해 보여주시는 어머님, 아버님
- 조증과 울증 사이를 널뛰듯 하는 마누라와 사는 것을 운명으로 받아들이고 열심히 다음 생을 꿈꾸는 남편 이영진 씨
- 그네 중독을 어렵게 극복하고 예술혼을 불살라 '바이엘 3권' 도전에 매진하고 있는 씩씩한 딸 연수
- 자신이 과체중임을 깨닫지 못하는 것만 빼면 흠잡을 게 없는 동생 민성이
- 어이없는 학교현실과 문제 많은 초등교육에 대한 정보 무한리필 해주시는 쿨함의 정수 이윤정 형님
- 7년 간 가톨릭센터에서 울고 웃으며 같이 수업했던 꽃보다 예쁜 이주여성들과 의리의 동지, 우리 선생님들
- 많은 자료로 힘을 주신 전순덕 샘과 예쁜 딸 채현이
- 배려, 격려, 프로의식이 무엇인지 알려준 박은정 차장님과 부산 이쁜이 손효진 샘
- 도서관에서 문화센터에서 평생교육원에서 내 수업을 들어주고, 웃어주고, 공감해주고, 고민을 얘기해준 수많은 엄마들
- 이제는 제법 길어져버린 삶에 지침과 스승이 되어주신 생각나는, 생각나지 않는 많은 분들

이 책을 쓰는 데 도움을 준,
사놓으면 절대 돈 안 아까운 책들

데이비드 엘킨드, 《기다리는 부모가 큰 아이를 만든다》, 정미나 옮김, 한스미디어, 2008

데이비드 엘킨드, 《놀이의 힘》, 이주혜 옮김, 한스미디어, 2008

김형경, 《사람풍경》, 예담, 2006

신의진, 《신의진의 초등학생 심리백과》, 갤리온, 2008

김명미, 《초등읽기능력이 평생성적을 좌우한다》, 글담출판사, 2008

EBS 아이의 사생활 제작팀, 《아이의 사생활》, 지식채널, 2009

윤정륜, 《학교교육심리학》, 형설출판사, 2002

반숙희, 박안수, 《갈래별 글쓰기》, 나라말, 2000

아람유치원 아이들, 《맨날맨날 우리만 자래》, 보리, 2003

이호철 엮음, 《잠귀신, 숙제귀신》, 보리, 2005

권미숙, 조정연, 《글자 많은 책도 그림책만큼 좋아하게 만드는 독후활동 117가지》, 바다출판사, 2005

명로진, 《베껴 쓰기로 연습하는 글쓰기 책》, 타임POP, 2010

안도현, 《가슴으로도 쓰고 손끝으로도 써라―안도현의 시작법》, 한겨레출판, 2009

스티븐 킹, 《유혹하는 글쓰기》, 김진준 옮김, 김영사, 2002

편집부, 《마침표 논술독서》, 시서례, 2007

윌리엄 진서, 《글쓰기 생각쓰기》, 이한중 옮김, 돌베개, 2007

부록

토론하기 | 상상하기 | 인터뷰 기사 쓰기 | 가족신문 기사 만들기
관찰기록문 쓰기 | 조사기록문 쓰기 | 위인전 읽고 독후감 쓰기
산타 할아버지께 편지 쓰기 | 일기 쓸 게 없는 날엔 이렇게 해봐요!

*우리 아이에게 글쓰기 지도를 할 때
유용하게 쓸 수 있는 활동지를 모아봤습니다.
책에 실린 자료를 그대로 이용해도 좋고,
또 아이와 함께 여러 가지 방법으로 응용해봐도 좋겠지요?

토론하기

1. 지금 내가 꼭 사고 싶은 것은 무엇인가요?

2. 그것이 왜 필요한지 그 이유를 적어봅시다.
   ①
   ②
   ③
   ④
   ⑤

3. 그것을 사기 위해서는 얼마가 필요한가요?

4. 그 돈을 마련하기 위해 엄마 아빠는 어떤 일을 하시나요?
   그 돈을 마련하기 위해 나는 어떤 일을 할 수 있을까요?

5. 사고 싶은 것이 여러 개 있는데 엄마는 그중 하나만 골라야 한다고 말씀하십니다. 그 이유는 무엇인가요? 나는 어떻게 해야 할까요?

6. 엄마께 그 물건을 사달라는 간절한 부탁의 편지를 써봅시다.

♠ 위와 같이, 먼저 이야기할 문제를 아이와 엄마가 함께 정하고 토론을 시작하면 아이와 싸우지 않고 토론을 할 수 있습니다. 토론에서는 먼저 화를 내는 사람이 지는 겁니다. 토론을 하기 전에 '끝까지 화를 안 내는 사람 원하는 대로 하기' 규칙을 정하세요.

상상하기

1세 : 탄생, 엄마 아빠의 사랑을 듬뿍 받고 태어난다.

7세 :

13세 :

17세 : 고등학교에 입학해서 나의 진로를 결정한다.

20세 :

30세 :

40세 :

50세 :

60세 :

70세 :

80세 : 손주들의 재롱을 보며 인생을 정리하는 자서전을 쓴다.

○○세 : 조용히 눈을 감는다.

♠ 자신의 미래에 대해 자세하고 진지하게 생각해본 아이는 스스로 노력하는 아이가 됩니다. 이런 문제에 대해 아이와 이야기할 때에는 아이가 엄마 마음에 들지 않는 직업을 선택한다 하더라도 무조건 지지해주세요. 아이의 꿈은 자주 바뀌니까요. 지금은 지지와 사랑이 중요합니다.

인터뷰 기사 쓰기

30년 뒤에 나는 어떤 사람이 되어 있을까요? 30년 뒤의 성공한 내가 되어 인터뷰를 해볼까요?

1. 먼저 하시는 일을 좀 말씀해주시죠.

2. 어떻게 해서 이 일을 하시게 되었습니까?

3. 어릴 때 꿈은 무엇이었습니까?

4. 어릴 때의 꿈이 이 일을 하는 데 어떤 영향을 주었나요?

5. 이렇게 성공하시게 되기까지 가장 어려웠던 점은 어떤 것이었습니까?

6. 그 어려움을 어떻게 이겨내셨나요?

7. 누가 가장 큰 도움을 주었고, 어떤 도움을 주었습니까?

8. 새로 계획하고 계신 일이 있으면 말씀을 해주시지요.

9. 성공한 사회인으로서 지금 자라나고 있는 청소년에게 당부하고 싶은
   말씀이 있으시다면?

10. 인터뷰 감사합니다. 마지막으로 인터뷰를 마친 소감을 한마디 해주
    시지요.

♠ 쑥스러워하지 마시고 진짜 기자처럼 연기하세요. 엄마가 진지해야 아이가 진지해집니다. 엄마가 받아
적은 기사를 1인칭으로 바꿔 그대로 연결하면 '내 장래 희망' 글이 됩니다.

가족신문 기사 만들기

부모님의 옛날 이야기를 들어보고 가족신문 기사를 만들어볼까요?

1. 부모님은 언제 어디서 처음 만났나요?
O 언제　　　　:
O 어디서　　　:
O 어떻게　　　: 예)친구 소개로

2. 어디(장소)에서 주로 데이트를 하셨나요?

3. 부모님은 서로 무엇이라고 불렀나요? 예)허니

4. 누가 먼저 사랑 고백을 하셨나요?

5. 받았을 때 가장 좋았던 선물은 무엇이었나요?

6. 무엇 때문에 주로 싸웠고 누가 먼저 사과했나요?

7. 결혼하는 데 어떤 어려움이 있었나요?

8. 결혼 프러포즈는 누가 먼저 하셨나요?

9. 만나서 얼마 만에 결혼하셨나요?

10. 신혼여행 때 기억할 만한 사건은 무엇이었나요?

11. 나를 임신했을 때 아빠가 엄마한테 해준 일, 말은 어떤 것이 있었나요?

12. 나를 낳았을 때 부모님 마음은 어떠했나요?

13. 인터뷰를 하고 난 소감을 한 말씀 해주세요.

♠ 이 외에도 여러 가지 기사를 만들어 가족신문 만들기에 도전해보세요.

관찰기록문

초등학교 　학년　 반 이름:

관찰문제			
관찰장소		관찰시간	
관찰 후 그림 그리기			
관찰 후 알게 된 내용& 발견한 사실			

♠ 관찰할 것: 우리 집 식물의 잎, 과일 속 씨앗 보기, 잠자리 지렁이 나비 등의 곤충, 씨앗이 자라는 과정, 우리 가족의 발, 과학도감, 식물도감의 내용(책을 보고 책에 있는 사진을 똑같이 따라 그리고 난 후 책의 내용을 적어도 됩니다.) 등

조사기록문

초등학교　학년　반 이름:

조사한 사람	
조사기간	
조사의 목적 (이 주제를 조사하려는 이유)	
조사방법	
조사한 내용	
조사를 통해 알게 된 사실	1. 2. 3. 4. 5.
조사를 하고 난 소감	

♠ 조사한 사람: 혼자 조사한 것일 때는 내 이름, 조를 짜서 조사했을 때는 조원 이름

♠ 조사방법: 인터뷰 방식, 자료 수집 방식, 현장방문 방식 등

♠ 조사한 내용: 우리고장의 문화 유적지, 우리 반 학생들의 장래 희망, 우리 반 학생들의 사교육 실태, 우리 집 주변 간판에 쓰인 외국어와 외래어 남용 사례, 요즘 아이들이 좋아하는 연예인 베스트 10, 밸런타인데이. 화이트데이 등 국적 없는 명절에 관한 친구들의 의식 조사, 요즘 아이들의 한 달 평균 독서량 (학년별, 또는 성별), 우리 반 친구들의 취미생활 베스트 10, 지구 온난화의 원인, 우리 아파트 분리 수거의 문제점, 할머니가 어린이였을 때 놀이 문화, 우리 집의 생활비 사용 실태 등.

위인전 읽고 독후감 쓰기

초등학교　학년　반　이름:

위인		
연도	나이	사건이나 업적
가장 대표적인 업적		
위인이 우리 역사에 미친 영향		
위인전을 읽고 느낀 점		

♠ 독후감을 쓰는 다양한 형식 중 하나입니다. 여러 개를 만들어 놓으면 훌륭한 방학숙제, 또는 나만의 노트가 됩니다.

348

산타 할아버지께 편지 쓰기

핀란드의 북부 지역인 '로바니에미'에는 산타 할아버지가 살고 계십니다.
인구가 5만 8천 명인 이곳에는 연간 100만 명 이상의 관광객이 찾아오고 특히 연말
이면 산타를 찾아 수십 만 명의 관광객이 몰려듭니다. 로바니에미로 향하는 전세기
로 핀란드의 하늘길이 정체될 정도지요.

산타 마을(Santa Claus' Village)은 로바니에미 북쪽 8Km 지점의 전나무 숲
속에 있습니다. 뾰족 지붕을 갖춘 오두막이 여러 채 세워져 있고 겨울이면 커다란
눈사람들이 거리에 등장하지요. 산타 집무실, 산타 우체국, 기념품 가게, 레스토랑
등으로 이루어진 작은 마을인 이곳의 산타 집무실 나무문을 열고 들어가면 벽난로
옆 의자에 앉아 배꼽까지 내려오는 풍성한 수염을 가진 산타가 커다란 웃음으로 손
님을 맞이 한답니다. 아, 당장 달려가고 싶은 산타 마을. 하지만, 산타 마을에 갈 수
없더라도 산타를 만날 수는 있어요. 크리스마스 날 산타 할아버지께 카드를 보내는
거지요.

산타 마을에는 평균 195국가에서 약 75만 통의 편지가 배달됩니다. 산타 우체국은
각국에서 날아 온 편지를 정리해 이듬해 봄부터 답장을 보내줍니다. 우리도 한글
답장도 받을 수 있어요. 한국인 엘프(산타를 돕는 요정)가 있기 때문이지요. 산타는
없다, 그런 걸 믿는 건 유치하다고 생각하는 아이들이 자신의 이름이 적힌 산타의
자상한 답장을 받는다면 그 기쁨은 어떤 크리스마스 선물과도 비교되지 않겠지요?
* 산타 우체국 주소: Santa Claus' main Post Office, 96930 Napaiiri, Finland

♠ 각국에서 보내 온 편지 중 우표가 붙은 봉투는 우표 수집가들에게 판매되고 그 수익금은 유니세프 기
금으로 적립되어 세계의 어린이들을 돕습니다. 한국인 엘프는 "산타에게 편지를 보낼 때에는 요금 스티
커가 아닌 우표를 붙여달라."고 신신당부 했답니다. 아이와 함께 우체국으로 고고씽~
♠ 답장을 받는 기간은 평균 3~4개월이 걸리므로 크리스마스에 맞춰 답장을 받고 싶으신 엄마들은 가을
에 편지를 보내세요. '에이~ 설마 답장이 진짜 오겠어?'하며 엄마 성화에 못 이겨 편지를 쓴 아이도 답장
을 받으면 펄쩍 펄쩍 뛰면서 친구들에게 자랑하느라 바쁘답니다.

로바니에미 산타마을에 사시는 산타 할아버지

산타 할아버지의 일을 돕는 엘프. 우리나라 엘
프도 있답니다.

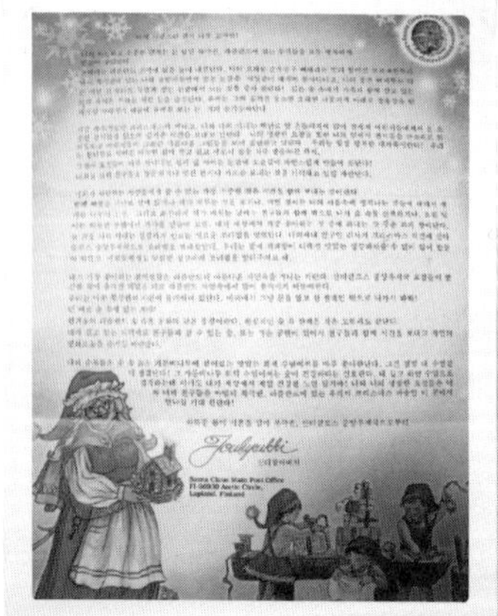

'너의 사랑스런 편지 너무 고마워'라는 말로 시작하는, 자상함이 뚝뚝 떨어지는 산타 할아버지의 답장. 산타 할아
버지의 친필 사인이 적힌 답장을 받은 우리 아이, 하늘로 날아오르려 한답니다.

일기 쓸 게 없는 날엔
이렇게 해봐요!

1. 내가 고른 단어나 우리 가족 이름으로 삼행시를 지어봐요.

2. 만약 나에게 알라딘의 램프가 생긴다면 어떤 소원을 빌지 써봐요.

3. 세상에 없어져야 할 것 다섯 가지를 생각해보고 적어봐요.

4. 우리 가족이나 내 친구 중 한 명의 장점과 단점을 차례로 적어봐요.

5. 내가 아는 노래 가사를 내 마음대로 바꿔봐요.

6. 10년 뒤의 나에게 편지를 써서 보내봐요.

7. 기자가 되어 성공한 나와 인터뷰를 해봐요.

8. 이 세상에 전화가 없다면, 내가 대통령이라면…… 상상의 세계를 적어봐요.

9. 마음에 드는 동시 한 편을 골라 쓰고 그림도 그려 넣어봐요.

10. 칭찬하고 싶은 사람에게 칭찬 내용을 적어 상장을 만들어봐요.

11. 우리 집 화초를 자세히 관찰하고 그림을 그려 관찰기록 일기를 만들어봐요.

12. 엄마와 말했던 내용을 그대로 적어 대화글로만 된 일기를 만들어봐요(휴대폰의 녹음기능을 이용해요).

13. 오늘 읽었던 책 내용을 간단하게 적어 독후일기를 만들어봐요.

14. 책에서 만난 주인공에게 하고 싶은 말을 편지로 써봐요.

15. 흥미로운 인물을 인터넷에서 찾아보고 그 인물을 소개하는 일기를 써봐요.

16. 오늘 있었던 뉴스를 신문이나 인터넷에서 찾아서 붙이고 내 의견을 달아봐요.

17. 오늘 본 TV 프로그램의 내용이나 개선점을 정리해서 적어봐요.

18. 마음이 아플 때 일기장에 병원진료카드를 만들어 병명, 발병원인, 처방전 등을 쓰면서 치료일기를 만들어봐요.

19. 내가 엄마, 아빠를 사랑하는 이유를 열 가지 적어봐요.

20. 내가 엄마, 아빠께 바라는 점 열 가지를 적어봐요.

21. 할 말이 있는 가족에게 편지 일기를 써서 보내봐요.

22. 내 마음을 마인드맵으로 만들어봐요.

23. 신문에서 오늘 내 기분과 비슷한 얼굴을 하고 있는 사람 사진을 오려 붙이고 이유를 써봐요.

24. 신문에 나오는 단어 중 나를 표현할 만한 단어를 모아서 붙여봐요.

25. 찬성할 수 없는 엄마 말씀에 찬성할 수 없는 적절한 이유를 찾아서 써봐요.

26. 일기 쓰기 싫은 날, 쓰기 싫은 이유를 모두 적어봐요.